高等职业教育园林类专业系列教材

园林植物生长发育与环境

王 冲 朱志民 主编

中国林業出版社
CFPH China Forestry Publishing House

内容简介

本教材共有4个模块，12个单元。模块1为植物的生长发育，包括植物的细胞、组织和器官，植物器官与栽培，植物的呼吸、休眠与贮藏，植物的生长特性，植物生长物质与除草剂；模块2为园林植物生长与生态因子，包括园林植物生长与温度、园林植物生长与光照、园林植物生长与水分、园林植物生长与大气、园林植物生长与土壤环境及营养、园林植物生长与生态因子调控；模块3为城市生态系统；模块4为实践教学。通过学习，使学生能够了解并识别植物根、茎、叶、花、果实、种子的形成及形态特征，能科学地阐述园林花木与环境因子的关系，学会分析园林花木生长发育过程中遇到的涉及生态学方面的现象，能够解决露地花卉生产、苗木栽植与养护及设施园艺生产中所出现的实际问题。

图书在版编目(CIP)数据

园林植物生长发育与环境 / 王冲，朱志民主编. —北京：中国林业出版社，2021.1（2024.1重印）
ISBN 978-7-5219-0988-3

Ⅰ.①园… Ⅱ.①王…②朱… Ⅲ.①园林植物-植物生长-高等职业教育-教材②园林植物-环境生态学-高等职业教育-教材 Ⅳ.①S688.01

中国版本图书馆CIP数据核字(2021)第009967号

中国林业出版社·教育分社

策划编辑：田苗 曾琬淋　　**责任编辑**：曾琬淋

电话：(010)83143630　　**传真**：(010)83143516

出版发行　中国林业出版社(100009 北京市西城区德内大街刘海胡同7号)
E-mail：jiaocaipublic@163.com
http://www.forestry.gov.cn/lycb.html

印　刷　北京中科印刷有限公司
版　次　2021年1月第1版
印　次　2024年1月第2次印刷
开　本　787mm×1092mm 1/16
印　张　17.5
字　数　445千字(含数字资源)
定　价　58.00元

数字资源

《园林植物生长发育与环境》
编写人员

主　　编

王　冲　朱志民

副 主 编

张姣美　傅海英

编写人员（按姓氏拼音排序）

傅海英（辽宁生态工程职业学院）

金丽丽（辽宁生态工程职业学院）

李岩岩（辽宁生态工程职业学院）

王　冲（辽宁生态工程职业学院）

张姣美（辽宁生态工程职业学院）

朱志民（辽宁生态工程职业学院）

前言

园林植物生长发育与环境作为一门综合化的园林类专业基础课，以掌握园林植物生长发育规律、调控植物生长环境、指导园林植物生产为目的。同时，它以园林植物生长发育为主线，紧紧围绕园林植物生长发育与环境因子的相互关系和调控途径为主题，深刻剖析园林植物与生长环境之间的关系。本教材是在汇聚辽宁生态工程职业学院优势教学资源、校企共建的慕课基础上进行编写，旨在编写一本面向高等职业学校园林技术、园艺技术、林业技术等专业学生，面向相关林业方面的企事业单位人员及农村基层技术人员和广大农民朋友，面向农业各类培训班的教材。通过教材的推广，推动相应的慕课平台扩大资源开放度，增强慕课应用活力，进而完善慕课建、用、学的完整体系。

本教材作为高职院校园林及相关专业基础教学内容的主要载体，强调知识掌握与技能掌握相匹配、课程项目资源与实训实习需求匹配，根据高职院校人才培养特点，以岗位能力作为培养目标确定教材内容和结构体系，注重操作技能和应用能力，可以为后续专业课程及园林应用打下基础。同时，作为专业基础课程教材，摒弃单纯理论教学，充分发挥数字化教学资源的优势，借鉴慕课基本标准，将相应慕课资源中的动画和PPT与教材深度融合，积极促进慕课与课堂教学有机结合，激发学生的学习兴趣，促进学生的学习能力的培养，提高协作意识，并将被动式学习转变为探究式学习。对教学大纲、教学设计、课程资源等进行了重新梳理，具有较好的逻辑性，内容合理、针对性强，并通过增加自主学习资源、拓展提高、课后习题等内容丰富教材。

本教材共有4个模块，12个单元。模块1为植物的生长发育，包括植物的细胞、组织和器官，植物器官与栽培，植物的呼吸、休眠与贮藏，植物的生长特性，植物生长物质与除草剂；模块2为园林植物生长与生态因子，包括园林植物生长与温度、园林植物生长与光照、园林植物生长与水分、园林植物生长与大气、园林植物生长与土壤环境及营养、园林植物生长与生态因子调控；模块3为城市生态系统；模块4为实践教学。通过学习，使学生能够了解并识别植物根、茎、叶、花、果实、种子的形成及形态特征，能科学地阐述园林花木与环境因子的关系，学会分析园林花木生长发育过程中遇到的涉及生态学方面的现象，能够解决露地花卉生产、苗木栽植与养护及设施园艺生产中所出现的实际问题。

本教材由王冲、朱志民主编。王冲负责起草编写大纲和对全书进行统稿。编写任务分工如下：前言、单元 8、单元 10、实训 9 至实训 11 由王冲编写；课程导入、单元 2、单元 4、单元 5 和实训 1 至实训 8 由傅海英编写；单元 1、单元 3 由张姣美编写；单元 6、单元 7 和单元 12 由李岩岩编写；单元 9、单元 11 由朱志民编写；全书内容的编排由金丽丽负责。沈阳锦沃园林工程有限公司的孔玲玲及沈阳兰坡阡陌景观设计有限公司的刘晨参与本教材的框架设计。本教材中的许多文字和图表引用了参考文献，在此也一并致谢！

由于编者水平有限，书中难免存在不足，诚恳希望教材使用者多提宝贵意见，以便修正。

编者

2020 年 6 月

目 录

课程导入

1 本课程的内涵

园林植物是构成园林景观的基本材料，指能绿化、美化、净化环境，具有一定观赏价值、生态价值和经济价值，适用于布置人们的生活环境、丰富人们精神生活和维护生态平衡的栽培植物。园林植物包括木本和草本两大类，如各种针叶树、阔叶树、花卉、竹类、地被植物、草坪植物及水生植物等。

园林植物生长是指植物体积与重量的增加，即量的不可逆增大，从细胞水平上来讲，是细胞的分裂和延伸。园林植物发育是植物体结构和功能由简单到复杂的变化过程，从细胞水平上来讲则是细胞的分化，完成性机能的成熟，导致开花结实。生长是一切生理代谢的基础。发育必须在生长的基础上进行，没有生长就不能完成发育。植物的生长发育过程是相当复杂的，不但受遗传基因的控制，而且受环境条件的影响。

环境是植物生存的基本条件。环境因子的变化，直接影响植物生长发育的进程和生长质量。只有在适宜的环境中，植物才能生长发育良好，花繁叶茂。例如光照、温度、水分、空气和土壤，是植物生长过程中不可缺少又不可代替的，无论哪个发生变化，都对植物发生影响。同时，环境因子又不是孤立的，而是相互关联和制约的，它们综合地影响着植物的生长发育。

可见，植物的生长发育与外界环境之间的关系是十分复杂的，我们只有认真研究，掌握其规律，根据植物的生长特性，创造适宜的环境条件，才能促进园林植物正常生长发育，达到美化环境、增强其观赏价值的目的。本课程旨在讲述植物生长发育与环境之间的关系。

2 课程的主要内容和地位

本课程主要内容包括：介绍了植物根、茎、叶、花、果实、种子的生长发育规律，即植物生理与物质代谢知识；介绍与园林植物有关的大气中的主要现象，即园林气象知识；介绍与园林植物有关的土壤、肥料条件及其在园林绿化中的应用，即园林土壤肥料知识；介绍园林植物生存条件，园林植物及其群落与环境相互作用的过程及其规律，即园林植物生态知识。

本课程在结构体系上，打破了传统学科界限，把植物生理与物质代谢知识、园林植物生态学知识，气象学知识和土壤肥料知识有机地融合在一起，以园林植物生长发育为主线，以气象因子和土壤环境的变化规律及其与园林植物的相互关系为重点，形成全新的园林植物生长发育与环境课程结构。

在园林工作中，了解园林植物生长发育规律，能对一般常见的生物学现象进行科学合理解释。同时，了解园林植物与环境的相互关系，一方面便于正确地改善环境条件，以满足园林植物对外界物质和能量的要求；另一方面可充分发挥植物的生态适应潜力，使其能最充分地利用环境条件和最有效地改造环境，从而最大限度地发挥植物在园林绿化中的优势和潜力。

作为园林工作者，只有不断提高自身知识和能力水平，做到学以致用，才能为后续学习园林植物栽培养护、园林规划设计、园林施工等专业课程奠定基础。

3 本课程的学习方法

“园林植物生长发育与环境”课程学习，应注重理论联系实际，在掌握课程内容基础上能用园林生态的观点，辩证的方法，做到“勤看、勤做、勤问、勤思”。勤看，指的是勤看书、勤观察，了解植物生长发育基本规律，掌握植物生长与环境的关系；勤做，指的是在学习理论的同时，要重视基本技能的训练，提高动手能力；勤问，指的是善于向他人学习，尤其是那些具有丰富实践工作经验的园林工作者，不断向他们求教；勤思，指的是对所学到的植物生长发育与环境的生态关系，进行分析归纳。

模块 1

植物的生长发育

学习目的

以木本园林植物生长发育为主，掌握植物细胞、组织、器官生长发育规律及其与园林栽培的关系；掌握植物的呼吸作用、休眠、衰老与贮藏相关知识；掌握植物生长周期性、独立性、相关性相关知识；掌握植物生长物质及园林应用；掌握除草剂及其园林应用。

模块导入

植物生长是指植物体积与重量(即质量)的增加，植物发育是植物体结构和功能由简单到复杂的变化过程。植物的生长发育过程是相当复杂的，不但受遗传基因的控制，而且受环境条件的影响。本模块主要介绍植物的细胞、组织和器官，植物器官与园林栽培，植物的呼吸、休眠和衰老，植物的生长特性，以及植物生长物质与除草剂等方面知识，旨在为园林植物栽培实践打下坚实的基础。

单元1　植物的细胞、组织和器官

学习目标

(1)了解植物细胞及主要细胞器的结构组成、特点及生理功能。

(2)了解植物细胞的分裂方式，掌握细胞有丝分裂和减数分裂的意义。

(3)掌握常见植物组织的类型、特征分布及生理功能。

(4)了解植物营养器官及生殖器官的外部形态、内部结构及功能，熟悉根系的构成及类型、种子和果实的形成。

(5)能运用细胞与组织的基本知识分析和阐述植物的各种生理活动。

(6)能运用植物器官的形态与结构的相关知识指导园林植物栽培实践。

早在1925年，生物学大师Wilson就提出："一切生命的关键问题都要到细胞中去寻找答案。"1665年，英国皇家科学学会的罗伯特·胡可用显微镜观察了一小片软木，看到软木由许多蜂窝状的小格子组成，把每一个小格子命名为"细胞"。实际上，他当时所观察到的是死细胞的空腔，细胞内的其他结构是后来其他学者观察发现的。如同所有生命一样，植物体由细胞组成，其体内的细胞不断地分裂、长大，植物体也随之不断生长。细胞的内部运作格外精巧复杂。细胞是植物体的结构单位，又是功能和遗传单位。细胞具有全能性，即一个完整的植物细胞在合适的条件下进行培养，可以通过繁殖、分化而长成一株完整的植物。

1.1　植物的细胞

1.1.1　植物细胞的形态

植物细胞的形态多种多样，有圆球形、多面体形、长筒形、椭圆形、纺锤形、圆柱形和管状等，如单细胞的藻类植物常为圆球形或近圆球形。在多细胞植物体中，由于细胞间的相互挤压，往往形成不规则的多面体形。细胞的形状主要决定于其担负的生理功能及其所处的环境条件。例如，担任疏导功能的导管、筛管细胞，呈长筒形；而支持器官的细胞呈纺锤形；吸收水、肥的根毛细胞向外产生一条长管状的突起，以扩大吸收表面积(图1-1)。细胞形态的多样性反映了细胞形态与其功能的相统一。

A.圆形单细胞（衣藻细胞）

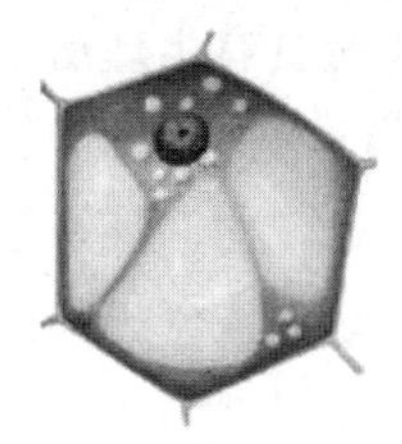
B.不规则多面体细胞（马铃薯块茎细胞）

C.长筒形输导细胞（导管细胞）

D.吸收营养细胞（向外突起的根毛细胞）

图1-1　植物细胞的形态

植物细胞的体积一般很小，一般直径在10~100μm。在种子植物中，细胞用肉眼很难直接分辨出来，一般直径5~25μm，必须借助于光学显微镜；也有少数的植物细胞肉眼可以看到，如油松的管状细胞长达1~2mm，西瓜瓤的细胞直径约1mm，棉籽的表皮毛可达75mm。大多数的细胞体积都很小，这有利于细胞生命活动的进行，因为体积小则表面积相对较大，有利于细胞与外界进行物质和信息的交流，对细胞的生活具有特殊的意义。

在同一植物体内，不同部位细胞的体积与其代谢活动及功能有关。细胞的大小也受许多外界条件的影响，如水肥供应的多少、光照的强弱、温度的高低或化学药剂的使用等，这些均可使植物细胞大小发生变化。

1.1.2　植物细胞的结构

植物细胞虽然大小不一、形状多样，但基本结构一般都是相同的，由细胞壁、细胞膜、细胞质和细胞核4个部分组成(图1-2)。不同于动物细胞的是，植物细胞外由细胞壁包被，细胞壁往往具有一定的硬度和弹性。而细胞膜、细胞质和细胞核都是由生命物质——原生质组成，总称原生质体。

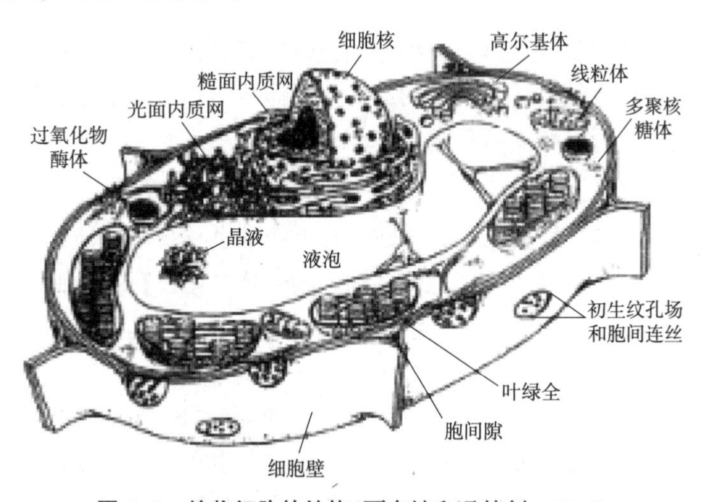

图1-2　植物细胞的结构(贾东坡和冯林剑，2015)

1.1.2.1 细胞壁

细胞壁是包被在原生质体最外面、具有一定硬度和弹性的结构，由原生质体分泌的物质组成，主要有纤维素、半纤维素、果胶质和少量具有生理活性的蛋白质。它的存在导致植物体的生命活动与动物有了很多不同，如物质运输、细胞识别、渗透调节、保护机制、形态变化等。细胞壁对细胞主要有保护作用和支持作用，维持细胞一定的形状及相对稳定的环境。在植物体中，不同细胞的细胞壁厚度及组成成分也不同，影响着植物的吸收、保护、支持和物质运输等生理活动。

(1)细胞壁的结构

细胞在发育过程中，形成细胞壁的物质在种类、数量、比例及物理组成上具有差异，使细胞壁产生了胞间层、初生壁和次生壁3层。

①胞间层　又称中层，为相邻的两个细胞所共有，是细胞在分裂时最初形成的细胞板，它把两个子细胞分开，由果胶质组成。果胶柔软且富有黏性，可将细胞黏在一起，并且保持着一定的可塑性，对于细胞间的挤压具有一定的缓冲性。果胶在酸性或碱性条件下可以被果胶酶溶解，从而引起胞间层以及细胞的相互分离。叶片在脱落前会在叶柄基部形成离层，一些果实成熟时会变软，都与胞间层的溶解有着直接的关系。

②初生壁　随着子细胞体积的增长，由细胞的原生质体向外分泌出的纤维素、半纤维素、果胶质会附着在胞间层的内侧，形成了初生壁。初生壁较薄，一般为1~3μm，质地柔软、有弹性，可随着细胞生长时体积的增大而延展。很多细胞在形成初生壁后，便停止了细胞壁的产生，初生壁就成为它们永久的细胞壁。

③次生壁　某些特化的细胞，在细胞停止生长后，原生质体会继续分泌纤维素、木质素等物质，这些物质会沉积在初生壁内侧的局部或全部，形成次生壁。使细胞腔越来越小。次生壁一般较厚，5~10μm，使细胞的刚性增强，机械强度增大。不同的细胞次生壁的厚薄与形状会有一定的差别，如构成纤维、导管等的细胞以及石细胞在分化成熟后，次生壁加厚，原生质体消失。

初生壁与次生壁的主要区别是：在细胞生长时形成的、随着细胞的生长可以进行伸展的是初生壁；细胞停止生长以后所沉积的、没有延伸性、能增加细胞壁厚度及硬度的是次生壁，它加强了细胞壁的机械支持作用。

(2)细胞壁的变化

担负着不同功能的植物细胞的细胞壁在结构上经常也有与之对应的变化，而这种变化的形成离不开细胞壁的化学组成。细胞壁在细胞的生长分化过程中，原生质体往往会分泌一些特殊物质填充其中或外表面，改变细胞壁的组成及性质，进而使细胞壁适应一定的生理功能。常见的变化有角质化、栓质化、木质化和矿质化。

①角质化　角质是一种不饱和度很高的高级脂肪酸类的聚合物。细胞壁被角质所浸透，并常在细胞壁的外表面形成角质层。角质化一般发生在植物体表面的表皮细胞上。例如，植物叶片和幼茎的表皮细胞的细胞壁常常角质化。角质化的细胞壁不易透水，可以避免植物体水分的过度散失、防止机械损伤和增强对病菌的抵抗能力。

②栓质化 木栓质是一种脂类化合物，细胞壁中渗入了木栓质的变化称为栓质化。栓质化后的细胞壁，失去了对水和空气的通透性。因此，栓质化的细胞往往成为死细胞。一般植物老茎、枝和老根表面都会有栓质化细胞，细胞壁中含有的木栓质较多，可以防止水分的散失，对植物体有很好的保护作用。一些植物在应对恶劣条件时，细胞壁中往往会增加木栓质的含量进而提高植物体的抗性。细胞壁栓质化后会有一定的弹性，利用栓质化细胞的这种特性，可以将木材做成软木塞、隔音板等。

③木质化 木质素是一种大分子的聚合物，木质素填充到细胞壁中的变化称为木质化。经过木质化后，细胞壁的硬度提高，机械支撑能力增强。起到支持作用的机械组织和起到输导作用的输导组织的细胞壁常常会分布一些木质素。此外，木质化细胞大量地存在于木本植物体内，如果实、根、树皮等的细胞壁都会出现一定程度的木质化。

④矿质化 细胞壁渗入钙盐或硅质等矿物质的变化称为矿质化。细胞壁经过矿质化后，变得粗糙坚硬，增加了支持力，同时保护植物避免受到侵害。禾本科植物的茎叶非常尖利，就是因为它们的表皮细胞的细胞壁发生了矿质化，硬度增加，起到了保护作用。

1.1.2.2 细胞膜

紧贴着细胞壁的是细胞膜。细胞膜又称质膜，包围在原生质体表面。细胞膜在细胞生命活动中有着至关重要的作用，它的主要功能是控制细胞与外界环境的物质交换。细胞膜是任何物质进出细胞的“必经之地”，并且具有选择透性，是细胞的屏障，保证了细胞内环境的相对稳定。细胞膜的选择透性是指不同的物质透过它的能力不同，进而细胞能从外部环境取得生长所必需的水分、养分等物质，又能抵御有害物质的进入；同时，细胞膜还能排出生理代谢产生的废物及防止内部重要成分任意流失。此外，细胞膜还有许多其他重要的生物功能。例如，细胞膜能接受外界的信号刺激并进行传递，使细胞产生对应的反应，进而调节细胞的生命活动；还可以抵御病菌的感染，参与细胞间的相互识别等。细胞膜并不只是简单的一层隔离屏障，同时也是一个参与细胞生命活动的重要结构。

1.1.2.3 细胞质

细胞质膜以内、细胞核以外的部分称为细胞质。在光学显微镜下，细胞质是透明、黏稠并能流动的，其中分散着许多细胞器。在细胞质中，没有特定的形态和结构的是细胞质基质，具有一定形态结构的就是细胞器。

(1)细胞质基质

细胞质基质是细胞质中除细胞器和后含物以外的部分，质地为透明或半透明、具有一定弹性的胶状物。其化学组成成分比较复杂，由水、无机离子、氨基酸、葡萄糖、果糖、蛋白质、脂蛋白、多糖、RNA、酶类等物质组成。细胞质基质是细胞中各种代谢活动和生化反应的重要场所，可以为细胞代谢活动如糖酵解、蛋白质的合成、厌氧呼吸等提供所必需的物质和环境条件。细胞质基质还可以作为一个缓冲系统，用来调节由于细胞代谢活动所导致的酸碱度的变化，进而使细胞的生命活动保持正常状态。

细胞质基质在生活细胞中是不停地运动着的，同时带动其中的细胞器做持续的、有规则的运动，即胞质运动。胞质运动是一种消耗能量的现象，其运动速度与细胞的生理状态有着紧密的联系，如果细胞死亡，胞质运动就会停止。胞质运动使得各细胞器间有了密切的联系，同时对细胞内物质的转移及运输有着重要的作用。

(2)细胞器

漂浮于细胞质基质中，具有特定形态、结构与生理功能的就是细胞器。细胞器各自有不同的生理功能，协同完成细胞内的许多代谢过程和生理反应，它们组成了细胞的基本结构，使细胞维持正常的工作和运转。细胞中的细胞器有：质体、线粒体、液泡等。

①质体　是植物细胞特有的细胞器。质体根据所含色素、结构和功能的不同，可分为叶绿体、有色体和白色体。

叶绿体　是能进行光合作用的细胞所含有的细胞器。在植物体内也是最重要、最普遍的质体。叶绿体主要存在于植物的叶肉细胞中，茎的皮层细胞和未成熟的果实中也有分布。不同种类的植物细胞中，叶绿体的大小、数量及形状往往不同。叶绿体含有叶绿素 a、叶绿素 b、叶黄素和胡萝卜素 4 种色素，叶绿素 a 和叶绿素 b 主要吸收蓝紫光和红光，胡萝卜素和叶黄素主要吸收蓝紫光。这些色素吸收的光都可用于光合作用。其中，叶绿素 a 和叶绿素 b 是最主要的光合色素，在色素中所占比例最大，能直接吸收并利用光能，直接参与光合作用。其他两类色素并不直接参与光合作用，它们只能将吸收的光能传递给叶绿素，起到辅助作用。

植物叶片的颜色与细胞叶绿体中色素的比例有着密切的关系。细胞中所含 4 种色素的比例由于植物种类的不同而不同，或者在同一植物的不同发育时期往往在不断地变化，因而植物体或植物的叶片常常表现出不同的颜色。一般情况下，绿色的叶绿素含量要比黄色的叶黄素和胡萝卜素多，所以正常叶片呈绿色。但是到秋天、叶片营养不良或叶片衰老时，绿色的叶绿素会由于气温的降低、营养元素的缺乏、激素的改变等因素被破坏或者分解，而胡萝卜素和叶黄素比较稳定，所以叶片呈现出黄色或橙黄色。某些植物叶片呈现红色或者在秋天叶片变红，是由细胞液泡中的花青素所造成的。因秋天温度降低，植物体内积累较多糖分以适应寒冷，体内的可溶性糖多了，就形成较多的花色素储存于液泡中。而花色素类似于酸碱指示剂，从碱性到酸性会呈现从蓝色到红色的颜色渐变。具体而言是，pH 7~8 时，呈淡紫色；pH<3 时，呈红色；pH>11 则呈蓝色。由于秋天时液泡中花色素增多，且细胞液 pH 偏酸性，因此叶片变红。彩色树种由于它鲜艳的色彩，创造出了优美的景观，在现代城市园林绿化中发挥着越来越重要的作用。

有色体　是缺乏叶绿素，只含有胡萝卜素和叶黄素的质体，由于二者的比例不同，使有色体可呈现黄色、橙色或橙红色等一系列颜色。有色体存在于植物的果实、花瓣、贮藏根、枝条或衰老的叶片中。有色体的主要功能尚不十分清楚，但有一点是明确的，即有色体能积聚淀粉和脂类，并可帮助传粉。

白色体　是不含可见色素的质体，呈无色颗粒状。普遍存在于幼嫩的或不见光的植物组织中，如植物的贮藏器官中普遍存在。白色体的主要功能是积累淀粉、蛋白质及脂肪。根据其贮藏物质的不同，白色体可分为 3 种类型：淀粉体(造粉体)、造蛋白体、造油体。

质体间的相互转化：随着细胞的发育和环境条件的变化，在一定条件下，3 种质体之间是可以相互转化的。有色体可由叶绿体失去叶绿素转化而来，如果实在成熟的过程中，叶绿体可以转变为有色体，进而使成熟的果实呈现由红到黄等一系列颜色；另外，还可由白色体转化而来。白色体中含有的无色色素其实是无色的原叶绿素，因此，白色体见光后便可转化为叶绿体。例如，如马铃薯变绿的现象就是由于淀粉体在光照条件下可转变为叶绿体；胡萝卜的根在光照条件下可以由黄色变成绿色就是因为有色体转化成了叶绿体。

②线粒体　普遍存在于动植物体的细胞内，是细胞进行呼吸作用的细胞器。呼吸作用是将植物体内复杂的有机物在酶的作用下分解成二氧化碳和水的过程，在此过程中释放出大量的能量。呼吸作用释放的能量，可以通过线粒体的膜转运到细胞的其他部位，供植物生长发育或各种代谢活动所需。因此，线粒体常被看作细胞中的“动力工厂”。除了为细胞提供能量外，线粒体还参与了细胞分化、细胞信息传递和细胞凋亡等过程，并拥有调控细胞生长和细胞周期的能力。

③液泡　也是植物细胞所特有的泡状结构，在植物细胞中普遍存在。液泡被单层膜即液泡膜包裹。液泡膜与细胞膜不仅形态、结构相似，同时也具有选择透性功能。但是液泡膜的选择透性比细胞膜要高。液泡内含细胞液，成分复杂，是细胞内各种代谢活动产生的。细胞液的成分主要是水、无机盐、有机物，贮藏着有机酸、糖类、蛋白质等，还有一部分分泌物，如花青素、单宁、生物碱、草酸钙等。它们大多以溶解状态存在于细胞液中。但是在一些特定的时期，液泡中有时还会出现结晶状物质，如盐类溶液浓度过大，饱和进而结晶，常见的有碳酸钙、草酸钙结晶。不同种类的植物和不同类型的细胞，所含细胞液的成分和浓度常不相同。

不同细胞中液泡的形态和数量有很大差异，也不是所有的植物细胞中都有液泡。未成熟的植物细胞以及风干的种子是没有液泡的。幼嫩的植物细胞中，液泡小但是数量很多，分散于细胞质基质中，随着细胞的生长和分化，最后多个小液泡会融合成一个大液泡。因此，在成熟的植物细胞中具有一个中央大液泡，可占据整个细胞体积的90%，这也是植物细胞与动物细胞最明显的区别之一。

植物液泡是一个具有多种功能、参与重要代谢活动的细胞器，并不是静止不动的。液泡的主要功能是可以调节细胞渗透压，维持细胞内水分平衡。液泡膜具有特殊的选择透性，使液泡具有高渗性质，使得水分向液泡内运动，对调节细胞渗透压、维持膨压有很大作用，并且能使多种物质在液泡内贮存和积累。植物之所以能够保持挺立的状态，就是靠液泡水分充足维持细胞的膨压；反之，如果细胞失水，植物体就会萎蔫。高浓度的细胞液还可以使植物对于不良的环境条件具有一定的抗性。液泡还可以阻挡一些有害物质，防止细胞受害。同时，有些植物细胞的液泡中还含有大量的苦味物质，可以阻止动物对其的伤害。液泡中含有多种水解酶，进而可以将进入到细胞质中的外来物及一些衰老的细胞器分解。液泡还使得植物体呈现出不同的颜色，如红色或蓝色的花冠、果实等，往往是由于液泡中含有花青素。

1.1.2.4　细胞核

细胞核是细胞中最重要的结构，是细胞遗传和细胞代谢活动的控制中心，对细胞的代谢、生长、分化起着重要作用。细胞核内部含有细胞中大多数的遗传物质，也就是DNA。

细胞核也是真核细胞区别于原核细胞最显著的标志之一。所有的真核细胞(除高等植物成熟的筛管细胞、哺乳动物成熟的红细胞外)都有细胞核。它主要由核膜、染色质、核仁、核质等组成。

①核膜　是一种将细胞核完全包覆的双层膜，可使细胞核成为一个相对独立稳定的内环境。由于多数分子无法直接穿透核膜，因此在核膜上分布着核孔，核孔可以作为物质的进出通道。这些孔洞可让小分子与离子自由通过，而蛋白质等较大的分子则需要载体蛋白的帮助才能通过。核运输是细胞中最重要的功能，基因表现与染色体的保存，皆有赖于核孔上所进行的输送作用。

②染色质　是由 DNA 和多种蛋白质复合形成的，细胞核中的遗传物质以染色质的形式存在。染色质在细胞分裂过程中，会盘绕、卷曲、折叠形成染色体。染色质与染色体分别出现在细胞分裂的不同时期，两者之间可以相互转换。

③核仁　呈圆球形，由 RNA 和蛋白质及少量的 DNA 组成。它是合成 rRNA 及制造核糖体的重要场所。在细胞分裂的周期内，核仁会有规律地消失与重建。

④核质　核膜内除核仁、染色质以外的透明的胶质物质就是核质。核质为细胞核内的代谢活动提供了一个良好的内环境。

1.1.2.5　细胞的后含物

细胞在新陈代谢过程中产生的各种无生命的物质，统称为细胞的后含物。如绿色植物的光合作用产物在进行运输时，会暂时贮存其中的一部分，当植物需要时，再进行运输利用。这些后含物存在于细胞器或细胞质中。常见的植物后含物有：贮藏物质如淀粉、蛋白质、脂类，大多数植物的髓、液泡内的晶体如草酸钙晶体、碳酸钙晶体等，次生代谢物质如单宁、木质素、花色素苷、植物碱等。

1.1.3　植物细胞的增殖

一株幼苗能长成参天大树，靠的就是植物细胞数量的增加和细胞本身体积的增大。然而，细胞体积并不能无限制地增大，更主要的是通过细胞数量的增加，因此，细胞就需要进行自我增殖，而细胞的增殖是通过细胞分裂实现的。单细胞的植物进行细胞分裂后，会直接增加新个体的数量。而多细胞的植物，细胞分裂为植物的生长、壮大提供了基础。因此，在植物的生命历程和繁殖后代上，细胞分裂具有重要的意义。植物细胞的分裂方式可分为无丝分裂、有丝分裂和减数分裂。

1.1.3.1　无丝分裂

无丝分裂是最早被发现的一种细胞分裂方式，过程比较简单、原始。这种分裂方式是细胞核和细胞质的直接分裂，所以又称为直接分裂。在无丝分裂的初期，细胞核和核仁先伸长，接着细胞核会继续伸长至中部凹陷，最后断开，细胞核就一分为二了。随着细胞核的分裂，细胞质也开始伸长并分裂，同时在中间部位形成新的细胞壁。在无丝分裂过程中，不会出现核膜和核仁消失，不会出现染色体、纺锤丝等结构。但是在整个过程中，染色质也会进行复制，细胞也会增大。当细胞核体积增大一倍时，细胞核首先发生分裂，其中的遗传物质就被分配到子细胞中去，至于核中的遗传物质如何分配，还没有明确发现。

无丝分裂不能保证母细胞的遗传物质被平均地分配到两个子细胞中去，所以无法维持细胞遗传的稳定性。但是，无丝分裂的分裂过程相对简单，速度快，消耗能量也少。

无丝分裂多发生于低等植物，在高等植物中也会出现，如叶柄的伸长、小麦胚乳的形成、不定根的形成、离体培养的愈伤组织的形成等都是以无丝分裂方式进行的。

1.1.3.2 有丝分裂

有丝分裂较无丝分裂更复杂，是细胞增殖中最为普遍的一种分裂方式，也称为间接分裂。有丝分裂具有周期性，即连续分裂的细胞，从一次分裂完成时开始，到下一次分裂完成时为止，从形成子细胞开始到再一次形成子细胞结束为一个细胞周期。一个植物细胞完成一个细胞周期需要几十个小时不等，不同的温度会导致细胞周期时间的不同。有丝分裂是一个连续的过程，按先后顺序划分为间期、前期、中期、后期和末期5个时期。

(1) 间期

细胞在分裂之前，会在间期进行一定的物质准备。此时的细胞无明显变化，好像处于静止的状态，然而，细胞内部此时却在为分裂进行着一系列的准备活动，主要是DNA的复制、蛋白质的合成。有丝分裂间期是有丝分裂全部过程的重要准备过程，是一个重要的基础工作。

(2) 前期

间期细胞进入有丝分裂前期时，细胞核的体积增大，染色质细丝螺旋缠绕并逐渐缩短变粗，形成清晰可见的染色体。因为染色质在间期中已经完成复制，所以每条染色体由两条染色单体组成，即两条并列的姐妹染色单体，这两条染色单体有一个共同的着丝点连接。核仁渐渐消失，于是染色体散布于细胞质中，这时细胞两极开始出现纺锤体。

(3) 中期

中期的时间最长并且特征最明显。呈分散状态的染色体此时的着丝点与两极伸出的纺锤丝逐渐相连，最终染色体集中在了细胞中部的赤道面上，此时的染色体是最短、最粗的，因此有丝分裂中期适于进行染色体形态、结构和数目的研究。

(4) 后期

排列在赤道面上的姐妹染色单体从着丝点处分开，并在纺锤丝的牵引下移向两极。这时，细胞的两极各有一套与母细胞数目相同的染色体。

(5) 末期

末期是指从子染色体到达两极开始至形成两个子细胞为止的时期。此时期的染色体与前期经历着相反的变化，两极的染色体解开螺旋，转变成间期状态的染色质细丝，形成了新的核膜与核仁，形成了2个细胞核。此时期，两极的纺锤丝消失，但中间区的纺锤丝却保留下来，向周围扩展的同时与细胞中的一些其他物质经过改组融合而形成细胞板。细胞板逐渐扩展到原来的细胞壁直至把细胞质一分为二。细胞质中的细胞器不是均等分配的，而是随机进入两个子细胞中。细胞板是由两层薄膜构成，薄膜之间会积累果胶质，进而形成胞间层，两侧的薄膜不断地累积纤维素，然后各自就发育成为子细胞的初生壁。

有丝分裂是由一个细胞分裂成两个完全相同的新细胞的分裂方式。有丝分裂的过程中，染色体复制一次，细胞分裂一次，所以每个子细胞的染色体数与母细胞的数目一样。使得两个新细胞与母细胞的遗传特性完全一致。

1.1.3.3 减数分裂

减数分裂是发生在有性生殖过程中的一种特殊形式的细胞分裂。不同于有丝分裂和无丝分裂，减数分裂仅发生在生命周期某一阶段，并且减数分裂只发生在特定的细胞中，如在被子植物中，花粉母细胞开始形成花粉粒时及胚囊母细胞开始形成胚囊的过程中会发生减数分裂。进行减数分裂时，细胞连续分裂两次，而染色体在整个分裂过程中只复制一次，因此，细胞中的染色体数目比原始母细胞减少了1/2，减数分裂也因此得名。

减数分裂是进行有性生殖的植物母细胞成熟、形成配子的过程中出现的一种特殊分裂方式，在植物的进化过程中具有很重大的意义：通过减数分裂，花粉母细胞和胚囊母细胞分别产生了染色体数目减半的精子和卵细胞，经过受精作用，精子与卵细胞结合后形成合子，恢复了母本染色体原有数目，从而保持了物种染色体数的恒定，保护了物种遗传的稳定性。同时，减数分裂过程中由于同源染色体间会发生基因的交换及重组，使物种的遗传性变得多样化，促进了物种的进化。

1.2 植物的组织

细胞的分化是指细胞的形态、结构及功能等都发生了变化，进而形成了各种类型的组织细胞。低等植物的细胞一般不进行分化或仅仅是简单的分化，进化程度较高的高等植物由于逐渐对复杂环境条件的适应，植物体内会分化出很多的功能性组织。

植物组织是指来源相同、形态和结构相似、执行同一生理功能的细胞群。组织是植物体内细胞生长、分化的结果，组织其实就是一群细胞，这群细胞有着相似的形态、结构和功能，而不同的细胞群就形成了各种组织。植物体组织类型很多，按其发育程度和主要的生理功能以及形态结构的特点，可分为分生组织和成熟组织。

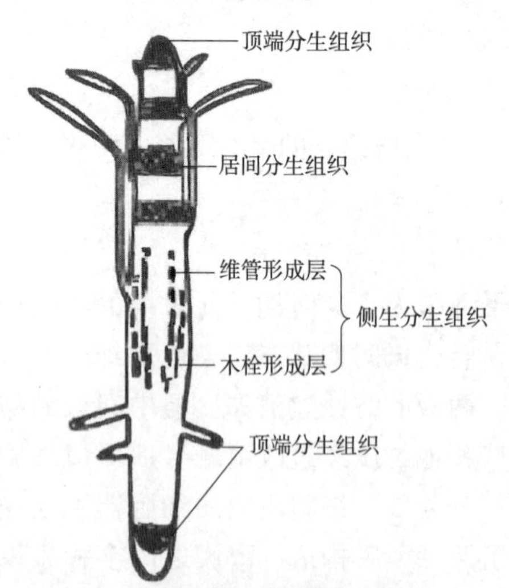

图1-3 分生组织在植物体内的分布
（贾东坡和冯林剑，2015）

1.2.1 分生组织

分生组织是存在于植物体的特定部位、分化程度较低或部分分化，并能持续进行细胞分裂活动的细胞群。根据其来源和性质，可分为原生分生组织、初生分生组织和次生分生组织；根据其在植物体内所在的位置，可分为顶端分生组织、侧生分生组织和居间分生组织(图1-3)。

原生分生组织一般位于根尖和茎尖的前端，有强烈并持久的分裂能力。如温带地区的树木，原生分生组织在冬季休眠时会停止细胞分裂，而到生长季细胞便会恢复分裂能力。初生分生组织由原生分生组织衍生而来，与原生分生组织紧接，它的细胞保持分裂能力，在继续分裂的同时细胞还进行分化，进而向成熟组织过渡。次生分生组织是由一部分成熟组织的细胞在一定条件下脱分化后恢复分裂能力而形成的，一般位于器官的侧面，如木栓形成层和愈伤组织。

顶端分生组织位于根、茎的顶端，具有长期且旺盛的分裂能力，进而使根尖、茎尖能不断地进行伸长。茎尖的顶端分生组织在植物生长发育的特定阶段还能形成叶芽、花芽等。侧生分生组织位于植物根、茎的侧面，不是所有的植物都具有侧生分生组织。木本植物根、茎的增粗就是侧生分生组织维管形成层活动的结果，维管形成层保持分裂能力，每年都能在侧方产生新的组织，进而使树木不断加粗。居间分生组织位于已分化的成熟组织区域之间，在一定时间内保持有分裂能力。如小麦、水稻的拔节、抽穗就是依靠茎节间基部的分生组织活动，植物倒伏后的复立也是居间分生组织活动的结果。

1.2.2 成熟组织

由分生组织细胞分裂产生的大部分细胞，不再具有分裂能力，经过生长和分化，逐渐形成各种具有特定形态结构和生理功能的组织，这些组织称为成熟组织，也叫永久组织。根据形态特征和主要生理功能不同，成熟组织可分为薄壁组织、保护组织、机械组织、输导组织和分泌组织。

1.2.2.1 薄壁组织

薄壁组织又称为基本组织，是植物体中最基本、分布最广的一类组织。薄壁组织的分化程度相对较低，具有潜在的分生能力和较大的可塑性，可转化为其他特化组织。如在扦插和嫁接时，愈伤组织的形成一般都是由薄壁组织恢复分裂能力而得来的。薄壁组织具有同化、吸收、贮藏、通气等与植物营养相关的功能，因此，薄壁组织可根据功能的不同分为同化组织、吸收组织、贮藏组织、通气组织等类型。

1.2.2.2 保护组织

植物在生长过程中，为了避免外界的危害，在其器官表面会被排列整齐的一层或几层细胞覆盖着，此即保护组织。其功能主要是避免水分过度散失，调节植物与环境的气体交换，抵御外界风雨和病虫害的侵袭，防止机械或化学的损伤。保护组织根据来源和形态结构不同，又分为表皮和周皮。

表皮是在植物体的早期形成的，包被在植物体幼嫩的根、茎、叶、花、果实的表面，直接接触外界环境的单层生活细胞。少数植物具有由多层活细胞构成的复表皮。表皮细胞排列紧密，无细胞间隙，充分起保护作用。茎和叶的表皮细胞的细胞壁常出现角质化，透水能力下降，大大地控制了植物体内水分的散失。有些植物如葡萄、苹果的果实，在角质层外还有一层蜡质，具有防止病菌在体内萌发的作用。此外，有些植物的表皮还具有表皮毛和气孔。植物表皮上具有的不同形状的表皮毛可以作为植物识别的重要特征之一。

周皮是在某些植物后期增粗阶段形成的保护结构。有些植物的根、茎由于侧生分生组织的存在会不断地进行加粗生长，而不具分裂能力的表皮细胞就会慢慢地被撑破。在表皮遭受破坏失去保护机能后，周皮的出现替代了表皮的保护作用。周皮是由侧生分生组织——木栓形成层活动所产生的，由向外分裂产生的木栓层和向内分裂产生的栓内层及木栓形成层共同组成周皮。木栓层的细胞壁常会发生高度的栓质化和木质化，随着细胞壁的加厚，原生质体会死亡，细胞腔内便会充满空气，成为高度不透水、不透气、不导热和耐酸等的保护层。周皮形成后，周皮下方的活细胞会通过周皮上存在的皮孔与外界进行气体交换。皮孔的形状、色泽、大小及单位面积上的数目因植物种类不同而异，可作为树种识别的依据之一。

1.2.2.3 机械组织

机械组织的主要功能是起机械支持和保护的作用。植物体之所以能有一定的硬度、挺立的枝干、平展的树叶，能够抵抗狂风暴雨的袭击等，都与机械组织有关。机械组织的细胞壁会加厚，根据细胞壁不同的加厚方式，可将其分为厚角组织和厚壁组织。

厚角组织由活细胞构成，其细胞壁的增厚发生在细胞的角隅处，既有支持作用，又不影响细胞的正常生长。厚角组织一般分布在叶柄、叶脉、花梗等，使器官保持直立，同时还能随着器官的延伸而扩展。厚壁组织由死细胞构成，细胞壁发生较均匀的木质化加厚，一般分布于成熟的不再进行延伸的器官中，具有坚硬的支持作用。厚壁组织根据形态的不同可分为纤维和石细胞。常见的厚壁组织有纺织原料的韧皮纤维和造纸的木纤维；桃、李等果实的内果皮，梨果肉的沙粒状物都由石细胞构成。

1.2.2.4 输导组织

输导组织是植物体中物质长距离运输的主要组织，也是最复杂的组织。土壤中的水分和养分，被根吸收后会由根部的输导组织运送到地上部分器官的疏导组织。叶片光合作用的同化产物，也由叶、茎等的输导组织运送至其他器官中进行利用或贮藏。植物体内的营养物质有时会被重新分配及利用，也是通过输导组织来完成。根据运输物质的不同，输导组织可分为两大类：导管和管胞，筛管和筛胞。

导管和管胞存在于木质部中，输送的物质主要是根系从土壤中吸收的水分与溶于水的无机盐。导管普遍存在于被子植物中，由管状死细胞连接而成。管状细胞的细胞壁木质化加厚，原生质消失，横壁全部或部分溶解消失，进而细胞上下贯通形成导管。根据管壁加厚的花纹不同可分为环纹、螺纹、梯纹、网纹、孔纹 5 种类型的导管。其管径依次由小变大，输导能力由弱变强。导管的长度可从几厘米至 1m 左右，藤本植物的导管可达数米。管胞是蕨类和裸子植物输送水分和无机盐养料唯一的通道，由单个的梭形死细胞构成。管胞端壁偏斜、无穿孔，末端相互连接进行疏导，疏导速度较为缓慢，不及导管。

筛管和筛胞输送的物质主要是有机养料。筛管是由一系列的长筒形、端壁形成筛板的活细胞连接而成。相连两个筛管分子的横壁局部溶解成很多小孔，有机养料便可通过小孔进行运输。筛管的旁边有一个相伴的小细胞，称为伴胞，伴胞也是活细胞。筛胞是裸子植物和蕨类植物体内输送有机养料的通道，由单个的管状活细胞构成。其纵壁上虽有具穿孔的筛域，但筛域上原生质丝通过的孔要比筛孔细小很多，疏导能力较差(图1-4)。

1.2.2.5 分泌组织

分泌组织是指能产生分泌物质的细胞群。根据存在部位和分泌物的排泌情况，可将分泌组织分为外分泌组织和内分泌组织。外分泌组织分布于植物的体表，将分泌物排到植物体外，如腺毛和蜜腺。内分泌组织分布于基本组织中，分泌物滞留在植物体内。内分泌组织一般包括乳汁管、树脂道和分泌囊等。如漆树的分泌道能贮存漆汁，漆汁是一种天然涂料。花的分泌囊中会产生精油，具有一定的香味，可以招引昆虫进行传粉。芸香科植物的气味也是在分泌囊中产生的。

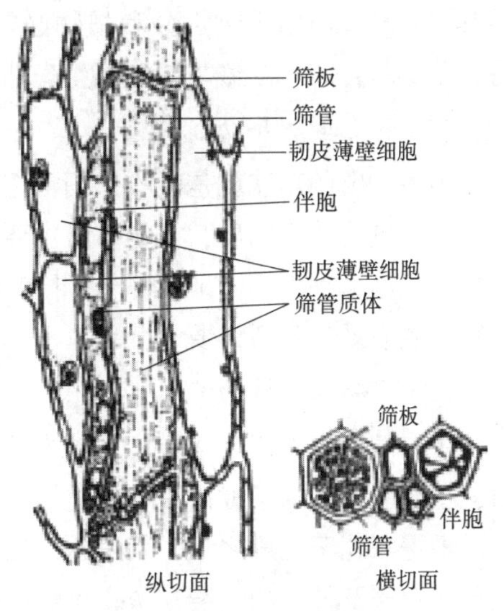

图1-4 筛管与伴胞
(贾东坡和冯林剑，2015)

1.3 植物的器官

由几种不同的组织按照一定的顺序排列起来，具有一定形态、结构，执行一定生理功能的一部分植物体，称为一个器官。如植物的叶片，由外至内是由保护组织、薄壁同化组织、输导组织及机械组织组成的。

不同的植物种类具有器官的数目是不同的。在高等植物中，较低等的种类仅有根、茎、叶3种器官，而一株成年的被子植物具有根、茎、叶、花、果实和种子6种器官。其中，根、茎、叶是植物进行营养生长的器官，花、果实和种子是有性生殖器官。

1.3.1 根

1.3.1.1 根的来源

根是植物的地下部分，是植物在长期进化中为了适应陆生生活而形成的。“植物地上生长看地下”“根深叶茂、本固枝荣”，均说明了根的重要性。

种子在萌发的过程中，种子的胚吸收营养物质后，胚根和胚芽会快速地生长发育。胚根首先发育成根，称主根。当主根长到一定长度时，它的内部便会生出许多侧向的支根，称为侧根。侧根与主根形成一定角度。当侧根长到一定长度时，侧根的内部又会生出新的次一级的侧根，称为须根，它是根系最活跃的部分。主根和侧根的生长位置固定，称为定根。许多植物的茎、叶、老根或胚轴上长出根，这些根的发生位置不固定，称为不定根。可利用植物产生不定根的特性进行扦插、压条等营养繁殖。植物的根部经多次反复分支，形成整株植物的根系，即一株植物所有根的总体，以适应和满足植株的生长发育需要。

1.3.1.2 根的功能

根对植物而言是至关重要的。它们不仅将植物安全地固定住并提供支持，还能从土壤或其他生长介质中吸收水分和植物必需的营养物质。根主要具有吸收与疏导、固着与支持、分泌与合成、贮藏与繁殖等生理功能。

(1)吸收与疏导功能

根最主要的功能就是吸收作用，它能从土壤或其他生长介质吸收水分、溶于水的无机盐类和二氧化碳等物质，植物体最主要的吸收器官就是根。根还能将吸收的这些物质通过输导组织输送到植物的地上部分，同时叶片产生的光合作用产物也会通过输导组织运输到根系，供根系生长所需要。

(2)固着与支持功能

主根随着生长逐渐木质化，当木质厚度达到 2mm 以上时，主根通常就失去了吸收能力，主要功能变为了提供固着和支持，同时把更为纤细的须根同植物的其他部分连接在一起。根深深扎于土壤之中，其发达的根系和内部的机械组织使植物体固着在土壤中，能抵挡自然灾害及外力的侵袭，防止植物倒伏。如大树移栽过程中保留的根系与新环境土壤的结合度差，因此栽植后对部分树木必须进行适当的支撑及加固。

(3)分泌与合成功能

根系可以分泌或合成多种物质。如根系可以分泌出减缓根与土壤摩擦的物质，一些杂草能够分泌出使周围植物死亡的生长抑制物等。根系可以合成氨基酸、生长激素和植物碱等多种有机物。

(4)贮藏与繁殖功能

根内具有发达的薄壁组织，其中贮藏着大量的营养物质。秋、冬季，落叶树木准备休眠，在落叶前后会将大量的水分及养分向根部运输，进行贮藏，第二年早春温度回升，植物解除休眠，贮藏的水分及养分又向上运输，供应树木地上部分的生长。有些植物的根还具有繁殖能力，根部可以产生不定芽而萌发形成新的植株。

1.3.1.3 根系的构成及类型

(1)根系的构成

根系是指一株植物地下部分全部根的总称。植物的根系通常由主根、侧根、须根构成。不同植物的根系构成不同。一些植物可以形成一个巨大的直根直接向下生长，而其他植物仅会产生浅层的根系网络，如杜鹃花属的一些种类。扎得最深的根往往出现在沙漠和温带针叶林中，而苔原以及温带草原上的植物通常根系最浅。沙漠植物表现出多样的策略来应对这些极端环境，例如，耐旱植物要么把水储存在多肉组织里，要么有强大的根系尽可能多地收集稀缺的水分，如产自西亚的波斯骆驼刺有着沙漠植物中最庞大的根系之一。

(2)根系的类型

①直根系和须根系　根据根系的外部形态进行分类，可分为直根系和须根系。有明显而发达的主根，并且主、侧根区分很明显的根系称为直根系，如大多数双子叶植物和裸子植物的根系。而大多数单子叶植物的主根不发达，或者不能区分出主、侧根或由不定根构成的根系，称

为须根系，须根系的根一般不增粗(图1-5)。须根系的特点是种子萌发时所发生的主根很早退化，而由茎基部长出丛生须状的根，这些根不是来自老根，而是来自茎的基部，是后来产生的，称为不定根。不定根的数量非常惊人，如一株成熟的黑麦草有1500万条根及根的分支，根总长度达到644km，根表面积有一个排球场大。

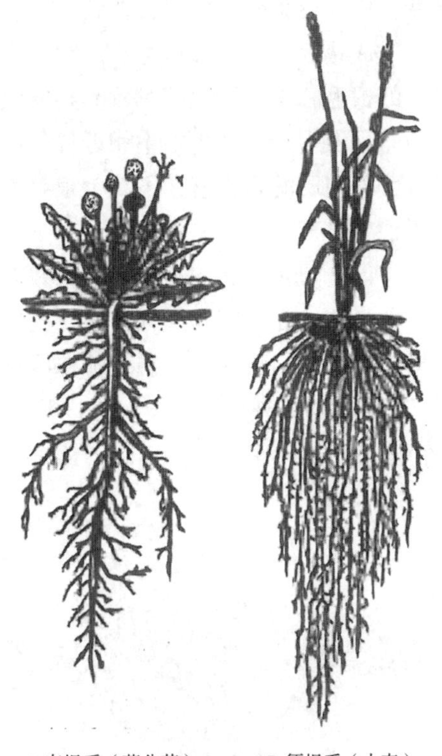

A.直根系（蒲公英） B.须根系（小麦）

图1-5 直根系与须根系

（贾东坡和冯林剑，2015）

②实生根系、茎源根系和根蘖根系　根据根系的发生来源进行分类，可分为实生根系、茎源根系和根蘖根系。实生根系是指由种子繁殖或用实生砧木嫁接繁殖的树木根系。实生根系一般主根发达，分布较深，对根际环境有较强的适应力，个体间差异较大。茎源根系是指采用扦插、压条、埋干等繁殖方式的植株根系，来源于母体茎、枝或芽上的不定根。其特点是主根不发达，分布较浅，对根际环境的适应力不如实生根系，但个体间差异较小。有的植物在其水平分布的根上易产生不定芽而形成根蘖，与母体分离后，即形成独立的植株。用分株法繁殖的植物其根系均属根蘖根系，其特点与茎源根系相似。

1.3.1.4 根的结构和生长

(1)根尖的结构

根尖是植物体主根、侧根、不定根的最先端到着生根毛部分的幼嫩区域，其长度为0.5~2.0cm。植物从地下获取养料主要通过根尖完成，因此植物的根尖被认为是根部活动最活跃的区域，其主要组成分为4个部分：根冠、分生区、伸长区和成熟区(图1-6)。

①根冠　在根尖最先端，其基本功能是保护内部幼嫩分生组织细胞，避免分生组织细胞直接暴露在土壤中，同时根冠细胞的细胞壁还能分泌出润滑土粒的黏液，为根尖在土壤中安全、有序、健康生长提供保障。

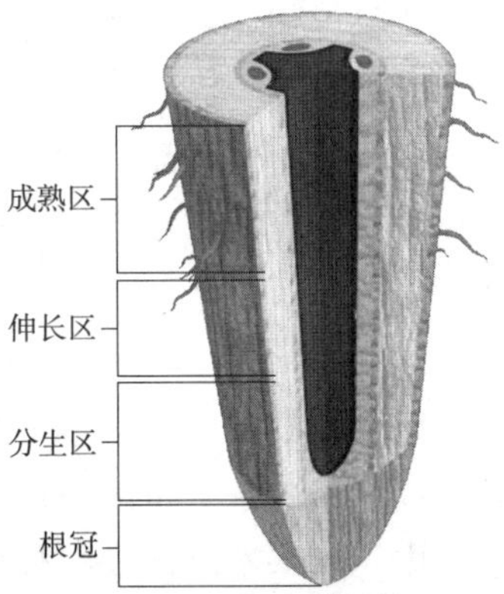

成熟区
伸长区
分生区
根冠

图1-6 根尖的结构

②分生区　被根冠包裹，保留少部分分生细胞以维持本区域基本形态和功能，其细胞的持续分裂能够补充根冠老化或死亡的细胞，同时也为伸长区细胞的生长和分化提供保障。可以说，分生区是植物根系结构完整的基石。

③伸长区　分生区细胞向上，分裂能力逐渐减弱，细胞便开始纵向伸长生长，形成伸长区。分生区与伸长区前后衔接，共同完成根的向重力生长。可以说，伸长区是根

部变长的必要条件。同时，伸长区生长的活跃间接促进根部矿质营养的吸收。

④成熟区　是根尖最上位的组成部分，通常因其表皮具有根毛，又被称作根毛区。成熟区的根毛，加大了根部对营养物质吸收的表面，进而促进植物体对营养物质的吸收。因根的向重力生长，新生根毛靠近伸长区，根毛的寿命很短，上部老化的根毛相继死亡，其吸收营养物质的重任落在了新生根毛上，随着根尖生长，根毛区向新的下层空间延伸，有利于根毛对营养物质的吸收。

在创造园林景观的过程中，移栽对植株根尖和根毛的损伤不可避免，必须对移栽植株进行恰当的枝叶修剪和水分补充，这样不仅能够降低移栽植株的蒸腾作用，还能保证植株因损伤而降低的吸水量，防止植株因过度失水而死亡，进而保证园林景观的建成效果。

(2)根的初生生长和初生结构

由分生区产生的新的细胞，经过分裂、生长、分化的过程，被称为根的初生生长。初生生长产生的各种组织组成的结构即为初生结构。根的初生结构始于成熟区。在根的成熟区横切，看到的横截面就是根的初生结构。双子叶植物根的初生结构在横切面上由外至内分为表皮、皮层、维管柱3个部分(图1-7)。

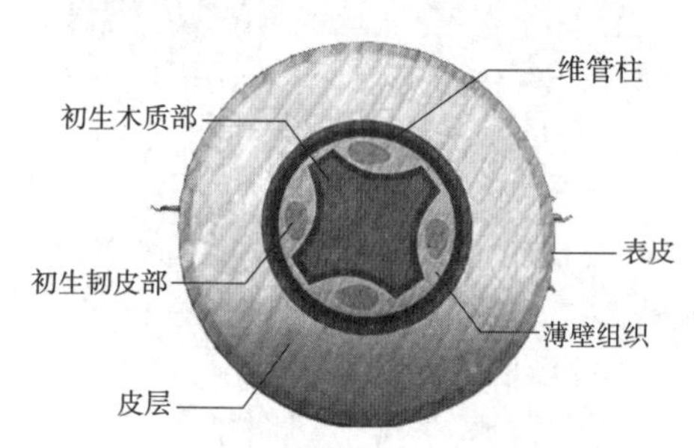

图1-7　根的初生构造示意

①表皮　根最外边的一层细胞就是表皮。这层细胞排列整齐，形状呈长方体，细胞壁薄，有利于吸收水分和溶于水的无机盐。表皮细胞上有时还会看到很多向外延伸的根毛，根毛数量很多，这大大地增加了根的吸收表面积。

②皮层　在根的横截面上看到占比例最大的就是皮层，它是紧挨着表皮的多层薄壁细胞，薄壁细胞中贮藏着很多营养物质，同时皮层连接了幼根最外层的表皮和中间的维管柱，所以皮层也起到了横向运输的作用。皮层又可分为3个部分，靠近表皮的最外一层细胞称为外皮层，靠近维管柱的最内一层细胞称为内皮层，中间的多层细胞称为中皮层。外皮层的细胞壁在根毛脱落后，会发生栓质化，起到保护根内部结构的作用。内皮层细胞的两侧和上、下常有带状加厚的壁结构，称为凯氏带。凯氏带的存在犹如栅栏一样，切断了水分及养分通过内皮层的细胞间隙及细胞壁运输的途径，保证了根的吸收具有选择性。

③维管柱　皮层内部的部分为维管柱，由于位置的关系也称中柱。维管柱的构成比较复杂，主要由中柱鞘、初生木质部、初生韧皮部和薄壁组织4个部分组成。

中柱鞘　位于维管柱的最外层，紧挨着内皮层的一层或几层细胞就是中柱鞘。这层细胞仍然保持着分裂能力，在一定的条件下可分化形成不定芽、侧根和不定根、维管形成层和木栓形成层等。根在进行次生生长时，中柱鞘细胞便开始活动。

初生木质部　位于根的中央，呈辐射状，主要包括导管、管胞、木纤维和薄壁细胞，主要功能是输导水分和溶于水的无机盐。早期发育形成的导管靠近外侧的中柱鞘，水分横向运输的距离缩短；而后期内侧形成的导管直径大，这样能够提高运输效率，也能满足随着植株的生长，水分及养分需求量的增加。在木质部发育的过程中，如果木质部没有分化到维管柱的中央，就会形成髓，一般常见于主根直径较大的植物。

初生韧皮部　位于初生木质部的辐射角之间，两者均成束状且相间排列。其主要功能是输导同化产物。由筛管和伴胞组成。初生韧皮部的发育方式与初生木质部相同。早期形成的在外侧，晚期形成的靠近内侧。

薄壁组织　位于初生韧皮部与初生木质部之间，常由一层或几层薄壁组织细胞组成。在双子叶植物中，它们是保持有潜在分裂能力的细胞，进行次生生长时会分裂形成维管形成层的一部分。而在单子叶植物根的初生结构中，初生韧皮部与初生木质部之间的薄壁细胞不能恢复分裂能力，不进行次生生长，所以单子叶植物根的加粗有限。

(3)根的次生生长和次生结构

单子叶植物和少数草本双子叶植物的根一生中只进行初生生长。而多数的双子叶植物和裸子植物的根在完成初生生长后会继续进行次生生长。次生生长是指幼嫩的主根及侧根在完成纵向生长后，自上而下会逐渐进行加粗生长，使根系呈现出上粗下细的外部形态。次生生长的本质是一次增粗生长。次生生长是中柱鞘细胞及初生木质部与初生韧皮部间的薄壁细胞恢复分裂能力所产生的，次生生长产生的各种组织称为次生结构。次生结构是维管形成层和木栓形成层两者共同活动产生的，由外向内依次为周皮、初生韧皮部(常被挤坏)、次生韧皮部、形成层、次生木质部。此外，次生木质部与次生韧皮部中还分别含有木射线和韧皮射线(图1-8)。

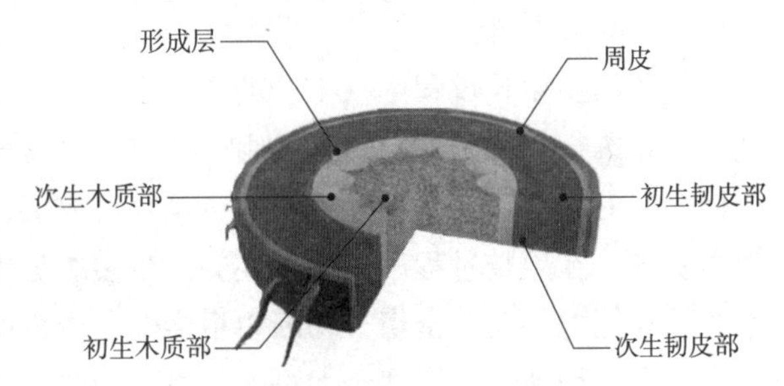

图1-8　根的次生构造示意

①维管形成层　由薄壁细胞和中柱鞘细胞两部分共同发育而来。在初生结构中，位于初生木质部和初生韧皮部之间的薄壁细胞恢复了分裂能力，早期薄壁细胞分裂形成了片段存在的维管形成层，接着每个维管形成层片段逐渐向左、右两侧扩展，并渐向外移，直到与中柱鞘相接。同时，正对着木质部外侧的中柱鞘细胞也开始恢复分裂能力，分裂成为维管形成层的一部分。这时，片段存在的维管形成层就连接在一起，成了一个完整的环。

维管形成层变成环状后，开始进行平周分裂。向内分裂产生的细胞形成次生木质部，位于初生木质部外侧；向外分裂产生的细胞形成新的次生韧皮部，位于初生韧皮部内侧。次生木质部与次生韧皮部相对排列。次生木质部细胞分生的速度要快于次生韧皮部细胞，尤其是靠近初生韧皮部内侧的地方增加速度最快，两侧的增加较慢，次生木质部所占的比例越来越大。且早期的初生韧皮部细胞在内侧压力的挤压下已逐渐消失，次生韧皮部又逐渐被向外推。早期呈现波浪状的维管形成层环逐渐变成了圆形。之后维管形成层继续不停地进行平周分裂，使根的直径不断增粗，同时维管形成层也开始增大、不断地向外移动。维管形成层细胞还会进行径向分裂，使周径扩大，以适应内部次生木质部的加粗生长。

维管形成层不仅产生了次生木质部和次生韧皮部，正对着木质部外侧的中柱鞘细胞形成的那部分维管形成层片段，会分裂出呈径向排列的次生射线。在一些老根中，次生木质部、次生韧皮部中也分别会有木射线、韧皮射线的存在，它们有横向运输的作用。

②木栓形成层　由于维管形成层的持续分裂，根不断地在进行增粗生长。而位于最外侧的表皮和皮层细胞，会不断地受到内侧加粗导致的挤压，直至破裂脱落。外层的表皮和皮层组织在破坏前，中柱鞘细胞开始进行切向和径向的分裂形成木栓形成层。木栓形成层向外分裂产生木栓层，向内分裂产生几层薄壁细胞，称为栓内层。木栓层、木栓形成层和栓内层共同构成了周皮。位于外侧的木栓层细胞的细胞壁发生栓质化，能够起到防止水分散失及抵御病虫害入侵的作用。

多年生植物根的维管形成层可以保持较长时间的活动，而木栓形成层每年都会重新产生。早期的木栓形成层由中柱鞘细胞产生，之后的发生位置逐渐向内转移，最后可由韧皮组织或韧皮射线产生。由于周皮每年都在累积，所以老根往往会形成很厚的皮。

次生结构形成后，根的直径明显增粗，但初生木质部仍然呈辐射状保留于根的中央，这也成为识别老根的重要特征。

(4)侧根的形成

在根的初生生长过程中，植物的侧根发生于根毛区中柱鞘细胞的某些特定部位，中柱鞘细胞首先进行切向分裂，增加细胞的层数，并产生向外突起的组织，随后细胞继续分裂，使突起的部位继续变大、变长，直至穿过皮层、表皮，形成侧根。侧根与主根中的输导组织相连。在生长过程中，侧根还会产生多级分支的侧根。

主根和侧根的关系密切，切断主根会促使侧根的形成和生长。因此，在园林植物栽植时常会把主根切断，这样便会促进产生更多的侧根，进而提高植物栽植的成活率。

1.3.2　茎

1.3.2.1　茎的来源

种子萌发时首先胚根伸长，将来发育成植物的主根；接着上胚轴连带着胚芽向上不断伸长突破土表，发育成茎和叶。茎一般呈直立或匍匐状态，常见的形状有圆柱形、三棱形、四棱形等，是植物地上生长部分的骨干，上面着生叶、花、果实。茎将植物地下的根与地上的叶片紧密地联系起来，它也是输送水分、养分的主要营养器官。

1.3.2.2　茎的功能

(1)输导功能

茎是最主要的疏导器官，它的内部含有发达的输导组织。根系吸收的水分和无机盐可以通过茎输送到植物地上各个部分；叶片产生的光合产物也必须通过茎才能运送到植物的其他部位进行利用或贮藏。

(2)支持功能

茎内往往含有具有支持作用的机械组织，加厚的细胞壁使茎形成了坚韧的结构。枝、叶、花均着生在茎上，使它们在空间上进行合理分布，便于生命活动的进行。

(3)贮藏和繁殖功能

茎可以贮藏大量的营养物质。一些地下变态茎如洋葱贮藏大量营养物质和水分。有些植物茎还可产生不定根或不定芽，如多肉植物的茎可以通过扦插进行繁殖，具有匍匐茎的草莓可以通过压条进行繁殖。

(4)光合作用

幼嫩植物的茎常呈绿色，能进行光合作用。某植物的叶片退化，茎就作为光合作用的主要器官，如仙人掌类的肉质变态茎，体内含有大量叶绿体，可以进行光合作用，合成有机物质。

1.3.2.3 茎的结构和生长

(1)双子叶植物茎的初生生长及初生结构

茎和根一样，在生长的过程中会进行初生生长和次生生长。虽然不同植物茎的外部形态有很大差别，但是内部结构却基本相同。茎的初生生长产生初生结构，茎的初生结构包括表皮、皮层和维管柱3个部分。

①表皮　将一根幼嫩的或非木质茎横向切断，横切面上将呈现出容易识别的外层，称为表皮。表皮位于幼茎最外层，由排列整齐的单层活细胞构成，其功能是保护和防水。表皮细胞的细胞壁常会发生角质化加厚，表皮上有时还会有气孔或表皮毛，这些结构的存在可以防止茎内的水分过度散失。有些植物的茎会呈红色或紫色等色泽，是因为它的表皮细胞中含花青素。

②皮层　紧挨着表皮的就是皮层，由薄壁组织发育而来。靠近外侧的细胞常分化为厚角组织，在多棱形(芹菜)的茎中，棱角的部分常有厚角组织的分布，在一定程度上可以增强幼茎的机械支持作用。幼茎的皮层薄壁组织中常有叶绿体的存在，可以进行光合作用，幼茎因此常呈绿色。

③维管柱　位于皮层内侧，包括维管束、髓和髓射线(图1-9)。

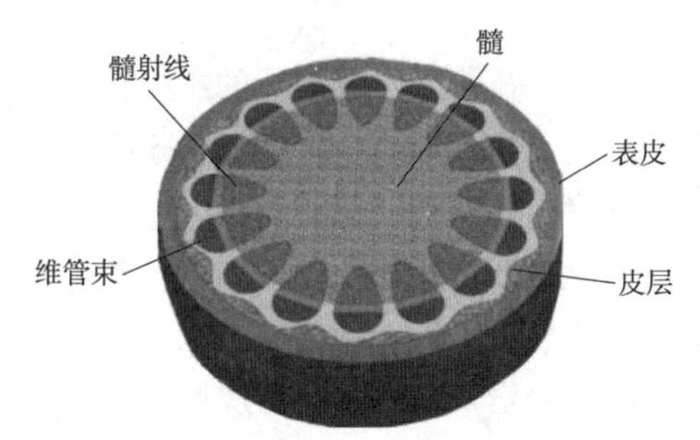

图1-9　茎的初生构造示意

维管束　有时茎被切断后，可以看到水滴在切面的外围渐渐形成一个环，此即显示了维管组织的位置。多数双子叶植物茎的初生维管束在横切面上排成一个环状，维管束之间由薄壁组织分开，间距因植物而异，一般草本双子叶植物的间距较大，木本双子叶植物的间隔很小，基本连接在一起形成环状。一般初生木质部位于维管束内侧，初生韧皮部位于外侧。两者之间有一层分生组织。

初生韧皮部的发育方式与根相同，早期发育的位于外侧，晚期发育的靠里。由筛管、伴胞、韧皮纤维和韧皮薄壁细胞组成，主要输导有机物质。

初生木质部则相反，早期发育的位于内侧，晚期发育的位于外侧。由导管、管胞、木纤维和木薄壁细胞组成，主要功能是疏导水分和无机盐。

初生木质部与初生韧皮部之间还有具备潜在分裂能力的分生组织存在，称为束中形成层。它将参与到茎的次生生长过程中。

髓　是由位于维管束中央的薄壁细胞组成，主要起贮藏营养的作用。有些植物(如连翘)的髓只保留在节的位置，其他部分在生长过程中会逐渐消失产生中空的髓腔。有些植物(如枫杨)的茎节间会保留一些片状髓存在。

髓射线　是由相邻维管束之间呈辐射状排列的薄壁细胞组成。髓射线将皮层与髓相连接，可以完成物质的横向运输，同时还有一定的贮藏养分的作用。髓射线中的一部分细胞参与了茎的次生生长。

(2)双子叶植物茎的次生生长及次生结构

随着茎的日渐成熟，初生结构形成后便开始了次生生长。次生生长是维管形成层和木栓形成层活动的结果，导致圆周增粗，形成次生结构(图 1-10)。

图 1-10　茎的次生生长示意

①维管形成层　主要包括两个部分，即位于初生木质部与初生韧皮部之间的保持分裂能力的束中形成层，以及位于维管束之间的由保持分裂能力的髓射线薄壁细胞组成的束间形成层。两者彼此连接，形成了一个完整的环。

束中形成层主要进行平周分裂，向内产生新的次生木质部，向外产生新的次生韧皮部。

束间形成层也进行平周分裂产生维管射线。随着细胞的分裂，次生木质部的比例越来越大，此时维管形成层也在进行着垂周分裂，以扩大其周径，位置也逐渐向外移动。

初生韧皮部及早期形成的次生韧皮部随着次生木质部的增大而逐渐被挤坏，次生韧皮部所占的比例逐渐减少，远远小于次生木质部，分布在茎的周边参与形成树皮。次生韧皮部的寿命较短，往往只有 1~2 年。

次生木质部所占比例很大，多年生木本植物的木材就是次生木质部。维管形成层的活动易受季节的影响，故落叶树木产生了年轮。

②木栓形成层　维管形成层发生一段时间后，表皮细胞或者与表皮紧挨的一层细胞等开始进行细胞分裂形成木栓形成层。随着次生结构的加粗生长，表皮易被挤坏、脱落，木栓形成层产生的周皮就形成了树皮。

木栓形成层向外产生木栓层，向内产生栓内层。三者共同构成了周皮。木栓形成层的寿命一般仅有几个月，它会转变成木栓组织，在它的内侧又会形成新的木栓形成层，再形成周皮。木栓形成层的位置逐年内移，最后可到次生韧皮部。周皮形成时，在原表皮气孔的位置会形成大量的薄壁细胞，突起后撑破表皮，形成皮孔。逐年积累的周皮及其外部死亡的组织共同构成了植物学上的“树皮”。日常生活中所说的“树皮”其实是指维管形成层以外的所有部分，包括周皮、死亡的组织、韧皮部等。

1.3.3 叶

1.3.3.1 叶的功能

(1)光合作用

叶片是发生光合作用的场所，在光的照射下可以吸收空气中的二氧化碳，合成有机物，同时释放出氧气。叶片被称为植物的“产能车间”。

(2)蒸腾作用

植物体内的水分以气体的状态通过叶片气孔散失到大气中的过程称为蒸腾作用。蒸腾作用能给植物对水分及无机盐的吸收与运输提供动力，还可以降低叶片的表面温度，避免叶片发生损伤。

(3)吸收作用

叶片可以通过气孔或角质层吸收水分及养分；此外，叶片还能吸收某些有毒气体。

(4)繁殖作用

部分园林植物的叶片可以很好地诠释无性繁殖，如虎尾兰、秋海棠及多肉植物等可以通过扦插叶片进行繁殖。

(5)其他功能

叶片不仅是植物体贮藏营养物质的主要器官，还对减缓雨水对地表的冲刷起到一定作用。

1.3.3.2 叶片的结构和生长

一般双子叶植物叶片的内部结构主要包括表皮、叶肉和叶脉。

(1)表皮

叶片一般为薄的扁平体，有上、下表皮之分。叶表皮是覆盖在叶表面的一层细胞，以隔开内部细胞和外部环境。表皮细胞壁较厚，常具角质层。上表皮的角质层一般比下表皮发达。通常幼嫩的叶片角质层薄，成熟的叶片角质层厚。角质层可以有效抑制水分的散失及防止病菌的入侵。干旱气候下的植物叶片的角质层都较厚，多数常绿植物也有厚的角质层，且往往有光泽以反射太阳光从而减少水分丢失。

在下表皮上可以看到一些称为气孔的小孔，气孔是由两个保卫细胞围合而成的。保卫细胞的吸水膨胀与失水皱缩，会导致气孔的张开与闭合。值得注意的是，它们有时也存在于叶的上表皮和植物体的其他部位，但下表皮的气孔密度最大。气孔是氧气、二氧化碳和水蒸气进出叶片细胞的通道。从本质上说，正是由于气孔的存在，植物才可以呼吸。一般情况下，气孔从清晨开放，9:00~10:00 开至最大，中午前后气孔逐渐关闭，下午气孔又张开，到傍晚气孔完全关闭。气孔的开闭与环境条件有密切的关系，与植物体自身的生理状态、植物种类也有一定的关系。

叶片的表皮细胞常向外突出生长形成表皮毛，表皮毛的颜色、种类及结构因植物而异，可作为识别植物的特征之一。其主要功能是防止水分的散失。表皮上的表皮毛与气孔、角质层等共同完成对植物体的保护功能。

(2)叶肉

叶肉是指位于上、下表皮之间的同化组织，是植物进行光合作用的主要场所。包括栅栏组织和海绵组织两个部分。

①栅栏组织　靠近上表皮，长柱形的叶肉细胞像栅栏一样紧密排列着，其长轴垂直于上表皮。栅栏组织细胞内的叶绿体含量较高，是进行光合作用的主要场所。

②海绵组织　栅栏组织与下表皮之间的薄壁组织就是海绵组织，细胞具有不规则的形状，排列疏松，有很大的细胞间隙。海绵组织细胞内含有少量的叶绿体，可以进行较弱的光合作用，但主要进行蒸腾作用及气体交换。

(3)叶脉

叶脉分布于叶肉组织中，是叶片内部的维管束。叶脉主要起输导和支持作用。一般情况下，主脉或较大的侧脉中常含有多条维管束，靠近上方的是木质部，靠近下方的是韧皮部，二者之间也有维管形成层，其分裂活动较弱。维管束的周围还常出现厚角组织或厚壁组织，起到一定的机械支持作用。越细的叶脉，结构越简单。

叶脉的输导组织与叶柄的输导组织、茎的输导组织、根的输导组织依次相连，共同构成了植物体内一套完整的输导系统。

1.3.4　花

花是被子植物的繁殖结构，并随后由它产生种子和果实。被子植物典型的花由花梗、花托、花萼、花冠、雄蕊群和雌蕊群几个部分组成。

花梗也称为花柄，是着生花的小枝，支持着花，使花位于一定的空间，同时又是茎和花相连的通道。植物通过花柄向花运输营养物质。花柄的长短因植物种类而异，有的植物无花柄。

花托是花梗的顶端部分，一般略呈膨大状。花萼、花冠、雄蕊群、雌蕊群按照一定的方式或次序着生在花托上。花托的形状随植物种类而异。

花萼和花冠合称为花被，着生在花托的外围或边缘部分。花萼一般呈绿色，它可以保护幼花，并可以进行光合作用。花冠位于花萼的里侧，由花瓣组成。构成花瓣的细胞中常有花青素或有色体存在，所以花冠的颜色往往比较丰富，一般呈现黄、橙、红、紫、蓝等一系列的色彩。花冠还常释放出特殊的芳香气味，可以吸引昆虫传粉。此外，花冠还能保护雌、雄蕊。

雄蕊群和雌蕊群位于花的内部，是花的重要组成部分，主要完成花的有性生殖过程。

雄蕊群是指一朵花中所有雄蕊的统称。雄蕊包括花丝和花药两个部分，花丝着生在花托上，细长如丝。花丝的长短因植物而异。花丝的顶端着生花药，花药中的花粉囊含有花粉粒。当花粉成熟时，花粉囊会裂开，散出花粉。

雌蕊群是指一朵花中所有雌蕊的统称，位于花的中央，由柱头、花柱和子房 3 个部分组成。柱头位于雌蕊顶部，主要用于接受花粉。柱头和子房的中间是花柱，是花粉管进入子房的主要通道。雌蕊基部膨大部分就是子房，它着生于花托上。子房的外壁称为子房壁，子房室内着生胚珠，胚珠内发育产生胚囊，成熟的胚囊内产生卵细胞。

1.3.5 种子和果实

1.3.5.1 种子和果实的形成

(1)植物的双受精

植物的双受精主要包括以下3个阶段。

第一阶段：雄蕊的花粉粒成熟后，经过传粉，到达雌蕊的柱头(此时雌蕊的胚囊已成熟)；再经亲和识别，花粉粒便可以从柱头上吸取水分，增大自身体积，由萌发孔生成花粉管。

第二阶段：花粉管以花柱为路径，向胚囊生长，当其到达胚囊后，其顶端会破裂、开孔，之后释放2个精子。

第三阶段：胚囊中的卵细胞和2个极核分别与2个精子融合，形成受精卵和受精极核。这种受精现象称为双受精。

(2)种子和果实的形成

植物的双受精完成后，花瓣、雄蕊、柱头和花柱都完成了使命，因而纷纷凋落。其他的部分会发生各种变化，子房迅速膨大生长，逐渐发育成果实。其中，子房壁发育成果皮，胚珠的珠被发育成种皮，受精卵发育成胚，受精极核发育成胚乳。种皮、胚和胚乳就构成了种子，种子和果皮就构成了果实。

1.3.5.2 种子的结构和成熟时的生理变化

(1)种子的结构

种子的外部形态多种多样，其形状、大小、颜色、附属物等外部形态特征因植物种类而异。但种子的内部结构基本一致，一般由种皮、胚和胚乳组成(图1-11)。

①种皮　包围在种子外面，主要起到保护种子内部结构的作用，同时也防止机械损伤及病虫害的侵入。不同种类的植物，其种皮具有不用的颜色、厚薄、附属物及纹理等特征，这也是识别种子的重要特征之一。成熟种子的种皮上还可以看到种脐、种孔等结构。种脐是种子从果实上脱落后留下的痕迹；种孔是种子外部环境与内部结构进行物质交流的主要部位，同时种子萌发时胚根也是从种孔穿出发育成主根的。

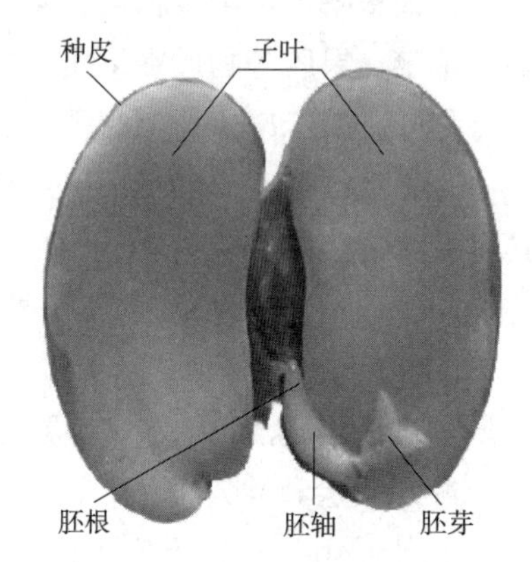

图1-11　菜豆种子纵切

②胚　是植物体的雏形，也是种子内部最主要的部分，种子的萌发就是指胚形成幼苗的过程。胚包括胚根、胚芽、胚轴和子叶4个部分。

胚根是根的原始体，将来发育成主根。胚芽常呈现雏叶的形态，将来发育成茎和叶。位于胚根和胚芽之间的就是胚轴，靠近胚芽的称为上胚轴，靠近胚根的称为下胚轴。胚轴上着生子叶，子叶的主要功能是为胚贮藏或提供养料。不同植物的种子，所含子叶的数目有差异。种子内仅有一片子叶的植物称为单子叶植物，有两片子叶的植物称为双子叶植物，有多片子叶的植物称为多子叶植物。

③胚乳　是种子内贮藏营养的场所。种子萌发时，胚可以吸收、利用胚乳中所含的淀粉、脂肪和蛋白质等。并不是所有的植物种子都具有胚乳，有些植物的种子在形成过程中，胚乳中的养分被胚所吸收，并贮藏在子叶中。

(2)种子成熟时的生理变化

种子成熟的过程就是受精卵发育成胚的过程，同时也是种子内积累贮藏物质的过程。在种子形成的初期，呼吸作用旺盛，因而有足够的能量供应种子的生长和有机物的转化及运输。随着种子的成熟，呼吸作用逐渐减弱，代谢过程逐渐减缓。随着种子体积的增大，由其他部分运来一些较简单的有机养料，如葡萄糖、蔗糖等。这些有机物在种子内逐渐转化成为复杂的有机物，如淀粉、脂肪及蛋白质等。

1.3.5.3　果实的结构和成熟时的变化

(1)果实的结构

植物双受精后，子房里的胚珠发育成种子，子房壁发育成果皮，种子与果皮共同构成了果实。而花朵其他部位的去留因植物而异，一些植物的花的其他部位会保留下来，如雌蕊、雄蕊、花萼等，也形成了果实的一部分，这种果实称为假果。而有些植物的果实只由子房发育而来，称为真果。

(2)果实成熟时的变化

果实在生长发育的过程中，不仅在形态与结构上会发生变化，其内部还会发生复杂的生理变化，而肉质类果实的变化最明显。

①物质变化　植物体光合作用产生的淀粉会贮藏到果实中，在成熟的过程中这些光合产物会被水解成可溶性糖类，如葡萄糖、果糖和蔗糖，使果实变甜。果实中所含的有机酸、单宁、果胶等物质在果实成熟的过程中也会逐渐被利用或氧化。因此，成熟的果实常具有甜味，酸味减少，涩味消失，同时质地由硬变软。

②香气产生　果实在成熟过程中，往往会产生一些芳香味，那是因为果实内部会产生具有香味的脂肪族与芳香族的酯类或醛类。如常见的柑橘中就有60多种可以释放出香气的物质，葡萄、苹果中有70多种。

③颜色变化　日常生活中，人们鉴定果实品质最常用的就是观察色泽。果实的颜色与果皮中所含色素有关，主要有叶绿素、类胡萝卜素、花青素等。果实在成熟的过程中，叶绿素会逐渐被破坏，果实就会呈现出类胡萝卜素的颜色，如黄色、橙色、红色等。此外，由于有些果实中还存在花青素，所以果实会呈现出紫色、蓝色、红色等。花青素在温度较高或较强光照的环境中会大量形成，因此向阳一面的果实颜色常常会比较好看。

④乙烯产生　成熟的果实可以产生乙烯气体。乙烯是五大类植物激素之一，能够加快物质的转化分解，提高酶的活性，促进果实成熟。

⑤呼吸强度的变化　果实成熟的过程中，呼吸强度会发生规律性的变化。先是降低，继而突然升高达到呼吸高峰，接着又下降，最后果实成熟。人们常利用果实呼吸强

度的变化来控制果实的成熟期。可以应用乙烯利来诱导果实的呼吸高峰，进而促进果实的成熟。

1.3.5.4 单性结实

果实的形成一般与受精作用密切相关，也有不经受精就由子房直接发育成果实的，称单性结实。单性结实的果实中没有种子，故这类果实称为无籽果实。

单性结实有两种情况：一种是不经传粉和其他任何刺激，子房可膨大成无籽果实，称为营养性单性结实，如香蕉、葡萄、柑橘等，可作为园艺上的优良品种。另一种情况是子房必须经过一定的刺激才能形成无籽果实，这种现象称为刺激性单性结实。例如，用马铃薯花粉刺激番茄的柱头，采用一定浓度的2,4-D、吲哚乙酸或萘乙酸等生长素水溶液喷洒到西瓜、番茄或葡萄等的花蕾或花序上，都能获得无籽果实。

自主学习资源

1. 植物生理学．张立军，梁宗锁．北京：科学出版社，2007.
2. 植物学．许玉凤，曲波．北京：中国农业大学出版社，2008.
3. 植物学．李明扬．北京：中国林业出版社，2006.
4. 植物学．李扬汉．上海：上海科学技术出版社，1978.
5. 植物与植物生理．贾东坡，冯林剑．重庆：重庆大学出版社，2015.

拓展提高

植物人工种子

1978年，“植物人工种子”的概念产生，随之带来很多有利影响。根据这一概念，研究者在农作物、园艺植物、药用植物等领域进行探索，推动了植物生产的发展，扩大了与之相关的经济效益。

人工种子有别于人们通常认为的植物受精卵，它能够在植株生长过程中很好地诠释细胞的全能性，通常称它为植物体细胞胚种子。从植物初始生长方式的角度分析，人工种子大体上分为两种：一是离体培养产生的体细胞胚；二是能够发育成苗的小颗粒物，这里的小颗粒物特指被包埋在含有营养物质的外被内的具有能够发育成完整植株能力的分生组织。

由于植物生长的季节性，贮藏人工种子十分必要。一般的贮藏方法包括低温、干燥、抑制、液状石蜡等，有时会将两种或多种方法结合使用。人工种子具有一定的优势：能够让不结实或种子价格非常高的植物品种进行繁殖；杂种优势稳固，育种时限被大大缩短；包裹材料内可以混入影响植物生长发育、抗性等的物质，人为调控植物生长发育和抗性。

人工种子已应用于部分大田作物，如水稻、马铃薯等。此外，人工种子对名优珍贵植物、繁殖困难的植物的开发利用具有重要作用，如人工种子在金线莲、石斛、半夏等重要药用植物中的应用。

尽管人工种子相关研究、应用等方面工作已取得很大进展，但此过程中也反映出一些问题，其中，最为突出的是人工种子受质量与成本制约，推广使用未能实现较大区域覆盖。目前，试管苗利用开发备受关注，它体积小、繁殖快、运输及贮存方便，有望解决这一问题，实现人工种子大范围推广使用。

课后习题

一、填空题

1. 植物细胞由________和________两个部分组成。

2. 质体可分为________体、________体和________体。

3. 线粒体是细胞进行________的细胞器，被喻为细胞中的________。

4. 有丝分裂过程可划分为间期、________、________、________和________5个阶段。

5. 植物组织可分为________组织和________组织两大类。

6. 木质部中专门输送水分与溶于水的无机盐的结构是________和________。

7. 根据根的发生部位不同，根可分为________和不定根。

8. 植物的根系通常由________、________和________构成。

9. 根据植物根系的发生及其来源，可分为________根系、________根系、________根系。

10. 根尖从顶端起依次分为________、________区、________区和成熟区，后者又称为________区。

11. 根的初生结构由外至内分为________、________和________3个部分。

12. 茎来源于种子的________。

13. 茎的初生结构可分为________、________和________3个部分。

14. 木质部的主要功能是疏导________和________，韧皮部的主要作用是疏导________。

15. 植物茎表面分布有________，它是气体和水分交换的通道。

16. 叶的表皮分布有________，它是氧气、二氧化碳等的交换通道。

17. 叶肉一般分为________组织和________组织。

18. 叶片通过光合作用产生的有机物通过叶脉的________输送至植物的其他部位。

19. ________的疏导组织与叶柄的疏导组织相连，叶柄的疏导组织与茎、根的疏导组织相连，从而使植物体形成一个完整的疏导系统。

20. 种子的结构一般由________、________和________3个部分组成。

21. 典型被子植物的花包括________、________、________、________和________5个部分。

22. 受精后的卵细胞发育成________。

23. 被子植物开花后，经传粉、受精，由________生长膨大发育形成果实，而______发育形成种子。其中，________发育形成种皮，________发育形成胚乳，________发育形成胚。

24. 被子植物的器官一般可分为________、________、________、________、________、________6个部分。依据它们的生理功能，分为________和________两大类。

二、单项选择题

1. 绿色植物细胞中，光合作用的主要场所是(　　)。

A. 叶绿体　　B. 线粒体　　C. 有色体　　D. 核糖体

2. 导管和管胞存在于(　　)。

A. 皮层　　B. 木质部　　C. 韧皮部　　D. 髓

3. 筛管和伴胞存在于(　　)。

A. 髓　　B. 皮层　　C. 木质部　　D. 韧皮部

4. 竹子等禾本科植物的拔节、抽穗，主要是(　　)的细胞旺盛分裂的结果。

A. 侧生分生组织　　B. 居间分生组织　　C. 次生分生组织　　D. 维管组织

5. 植物根、茎的伸长生长主要是(　　)的细胞分裂活动的结果。

A. 维管组织　　B. 顶端分生组织　　C. 次生分生组织　　D. 侧生分生组织

6. 由多种组织构成，具有特定的外部形态和内部结构并执行一定的生理功能的植物体组成部分是(　　)。

A. 中柱　　B. 输导组织　　C. 器官　　D. 维管束

三、问答题

1. 简述植物细胞的组成，并说出它与动物细胞最明显的区别。

2. 植物细胞壁的主要生理功能是什么？

3. 液泡有哪些生理功能？

4. 什么是组织？植物体内有哪些组织？它们的功能分别是什么？

5. 简述根的生理功能。

6. 双子叶植物的根在进行次生生长时，维管形成层是怎样发生和活动的？

单元2　植物器官与栽培

学习目标

(1)了解根、茎与园林植物栽培的关系。

(2)理解春化作用和光周期与植物成花诱导的关系。

(3)理解花芽分化的概念及影响花芽分化的外部条件。

(4)掌握根系的生长特点。

(5)掌握茎的生长特点。

(6)掌握种子萌发的条件和过程。

(7)能运用营养器官的结构与功能统一的原理和营养器官生长发育特点，解释相关的园林植物生长发育现象，指导园林植物栽培实践。

(8)能根据花期调控的相关知识，实现常见园林植物提前或延迟开花的目的。

2.1　植物营养器官与栽培

2.1.1　根与园林栽培

2.1.1.1　根的生长

(1)植物根系在土壤中的分布

植物根系在土壤中分布范围的大小和数量的多少，不但关系到植物体营养与水分状况的好坏，而且关系到其抗风能力的强弱。根据根系在土壤中生长的方向不同，可将其分为水平根和垂直根。根据根系在土壤中生长的深浅情况，又可将其分为深根性根系和浅根性根系。

①根系分布的深浅　深根性根系有一个明显的近乎垂直的主根深入土中，从主根上分出侧根向四周扩展，由上而下逐渐缩小。此类根系在通透性好且水分充足的土壤里分布较深，故又称为深根性树种，在松、栎类中最为常见，又如银杏、臭椿等。浅根性的根系没有明显的主根或主根不发达，大致以根颈为中心向地下各个方向做辐射扩展，或由水平方向伸展的扁平根组成，主要分布在土壤的中上部，如冷杉、云杉、槭树及一些耐水湿树种的根系，特别是在排水不良的土壤中更为常见。同一树种的不同变种、品种里也会出现深

根性和浅根性，如乔化种和矮化种。

②根系的水平分布与垂直分布　水平根多数沿着土壤表层几乎呈平行状态向四周横向发展，它在土壤中分布的深度和范围依地区、土壤、植物种类、繁殖方式、砧木等不同而变化。根系的水平分布一般要超出树冠投影的范围，甚至可达到树冠的2~3倍。水平根分布范围的大小主要受环境中的土壤质地和养分状况影响，在深厚、黏结、肥沃及水肥管理较好的土壤中，水平根系分布范围较小，分布区内的须根特别多。在干旱、瘠薄、疏松的土壤中，水平根可伸展到很远的地方，但须根稀少。水平根须根多，吸收功能强，对植物地上部的营养供应起着极为重要的作用。

垂直根是植物大体垂直向下生长的根系，其入土深度一般小于株高。垂直根的主要作用是固着植物体、吸收土壤深层的水分和营养元素。植物的垂直根发育好，分布深，植物的固地性就好，抗风、抗旱、抗寒能力也强。根系入土深度受土层厚度及其理化特性的影响，在土质疏松、通气良好、水分及养分充足的土壤中，垂直根发育较强；而在地下水位高或土壤下部有不透水层的情况下，则限制根系向下发展。

根系水平分布的密集范围，一般在树冠垂直投影的内、外侧，是生产上施肥的最佳范围，根系的扩展范围多为冠幅的2~5倍，根系的扩展距离至少能超过枝条的1.5倍，甚至4倍。

根系垂直分布的密集范围，一般在40~60cm的土层内，而其扩展的最大深度可达4~10m，甚至更深。一般根系下扎只有植株高的1/4~1/3或1/5，且只有主根、大型固着根等少数根系能达到这一深度，吸收根则总是靠近地表。

植物水平根与垂直根伸展范围的大小，决定着植物营养面积和吸收范围的大小。凡是根系伸展不到的地方，植物是难以从中吸收土壤水分和营养的。因此，只有根系伸展既广又深时，才能最有效地利用水分与矿物质。

(2)影响根系生长的因素

植物根系生长势的强弱和生长量的大小，随土壤的温度、含水量、通气与植物体内营养状况以及其他因素而异。

①土壤温度　植物种类不同，开始发根所需土温不一致。一般原产温带、寒带的落叶树木需要温度低，而热带、亚热带植物所需温度较高。一般根系生长的最适宜温度为15~20℃，上限温度为40℃，下限温度为5~10℃。由于不同深度土壤的温度随季节变化，分布在不同土层的根系活动程度也不同。

②土壤含水量　与根系生长也有密切关系。土壤含水量达最大持水量的60%~80%时，最适宜根系生长。过干易促使根系木栓化和发生自疏，过湿则影响土壤通透性而缺氧，抑制根的吸收作用，导致根的停长或烂根死亡。

③土壤通气　土壤通气性对根系生长影响很大。通气良好条件下，根系密度大、分枝多、须根也多；通气不良时，发根少或停止，易引起植物生长不良和早衰。城市铺装路面多，市政施工夯实以及人流踩踏频繁，造成土壤坚实，影响根系的穿透和发展，同时土壤内、外气体不易交换，会引起有害气体(CO_2等)积累中毒，影响根系生长并对根系造成伤害。

④土壤营养　在一般土壤条件下，其养分状况不至于使根系处于完全不能生长的程度，所以土壤营养一般不成为限制因素。但土壤营养可影响根系的质量，如发达程度、细

根密度、生长时间的长短等。根总是向肥多的地方生长，在肥沃的土壤里根系发达，细根密，活动时间长；相反，在瘠薄的土壤中，根系生长瘦弱，细根稀少，生长时间较短。施用有机肥可促进树木吸收根的发生，适当增加无机肥料对根系的发育也有好处。

⑤植物体内营养状况　根的生长与功能的发挥依赖于地上部分所供应的糖类等营养物质。土壤条件好时，根的总量取决于树体有机养分的多少。叶受害或结实过多，根的生长就受阻碍，即使施肥，一时作用也不大，需要通过保叶或疏果来改善根的生长状况。

另外，根系的生长还与土壤类型、土壤厚度、母岩分化状况及地下水位高低有密切关系。

2.1.1.2　根与园林植物栽培

(1)根与繁殖

多数植物在根部伤口处容易形成不定芽，利用根部这种产生不定芽的能力和特性，可采用插根、根蘖等方法进行营养繁殖，特别是对于一些种子繁殖困难或种子产量很低的植物种类来说，用根繁殖是一条重要途径。常见的有凌霄、紫藤、宿根福禄考等。

(2)根与栽植

植物对水分和无机盐的吸收主要来自根系，因此在移植苗木时应尽量减少损伤细根，保持苗木根系的吸收功能，有利于提高苗木的成活率。

生产中，应根据植物根系在土壤中的分布范围来确定起苗的根幅直径和挖掘土球的直径和高度。

深根性树种能更充分地吸收、利用土壤深处的水分和养分，耐旱、抗风能力较强，但起苗、移栽难度大。生产上多通过移栽、截根等措施，来抑制主根的垂直向下生长，以保证栽植成活率。浅根性树种则起苗、移栽相对容易，并能适应含水量较高的土壤条件，但抗旱、抗风及与杂草竞争力较弱。此外，部分树木因根系分布太浅，随着根的不断生长挤压，会使近地层土壤疏松，并向上凸起，容易造成路面的破坏。园林生产上，可以将深根性与浅根性树种进行混交，利用它们根系分布的差异性，达到充分利用地下空间及水分和养分的目的。

在园林植物栽植时，应根据根的分布习性和植株大小，选择具有不同有效土层厚度的栽植地点以保证园林植物的营养空间并保证一定的抗风倒能力。如草坪草和一、二年生花卉，有效土层厚度为20~30cm，宿根花卉为30~50cm，小灌木为40~50cm，大灌木为60~70cm，小乔木为80~120cm，大乔木为100~150cm。此外，还要根据有效土层情况适当调整栽植土的厚度。

(3)根与养护

根系水平分布的密集范围，一般在树冠垂直投影外缘的内、外侧，园林植物栽培可以根据这一特性确定施肥的最佳范围。

2.1.2　茎与园林栽培

2.1.2.1　茎的生长

(1)茎枝的加长、加粗生长

植物每年都通过枝茎生长来不断增加株高和扩大冠幅，枝茎生长包括加长生长和加粗生长两个方面。加长生长主要是枝、茎尖端生长点的向前延伸(竹类为居间生长，生长点以下各节一旦形成，节间长度就基本固定)。在温带地区的树木，一年中枝条多数生长一次；生长在热带、亚热带的树木，一年中能抽梢2~3次。

植物在生长季的不同时期抽生的枝，其质量不同。生长初期和后期抽生的枝，一般节间短，芽瘦小；速生期抽生的枝，不但长而粗壮，营养丰富，且芽健壮饱满，质量好，为扦插、嫁接繁殖的理想材料。速生期树木对水、肥需求量大，应加强抚育管理。在一根长枝条上，基部和梢部的芽质量较差，中部最好；中短枝中、上部的芽较为充实饱满；树冠内部或下部的枝条，因光照不足，芽的质量欠佳。了解枝条的生长状况对选择枝条、接穗及整形修剪有重要意义。

枝条的加粗生长是形成层细胞分裂、分化、增大的结果。加粗生长比加长生长稍晚，其停止也稍晚。在同一株树上，下部枝条停止加粗生长比上部稍晚。新梢生长越旺盛，则形成层活动也越强烈而且时间越长。秋季由于叶片积累大量光合产物，因而枝条加粗明显。

(2)茎的分枝方式

茎在生长时，由顶芽和腋芽形成主干和侧枝，由于顶芽和侧芽的性质和活动情况不同，所产生的枝的组成和外部形态也不同，因而分枝的方式各异。在长期进化过程中，每种植物都会形成一定的分枝方式。一般有单轴分枝、合轴分枝和假二叉分枝3种类型(图2-1)。

①单轴分枝　由顶芽不断向上生长形成主轴，侧芽发育形成侧枝，主轴的生长明显并占优势。这种分枝方式称为单轴分枝，也称为总状分枝。如松、杨、杉、银杏等。

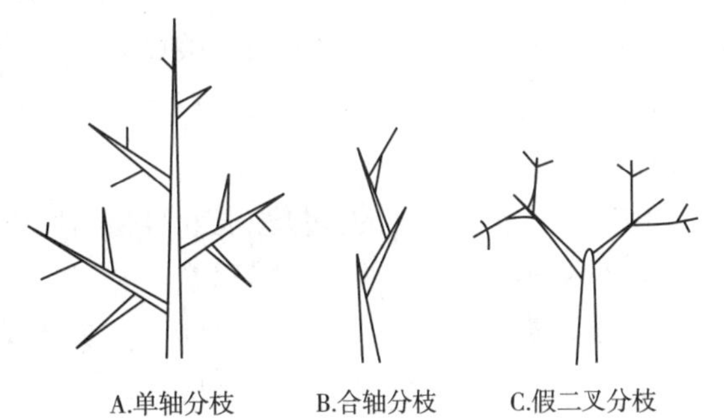

图2-1　茎的分枝类型图解(李扬汉，1982)

②合轴分枝　没有明显的顶端优势，顶芽只活动很短的一段时间后便死亡或生长极为缓慢，紧邻下方的侧芽长成新枝，代替原来的主轴向上生长，生长一段时间后又被下方的侧芽所取代，如此形成分枝称为合轴分枝。大多数树种属于这一类，且大部分为阔叶树，如白榆、刺槐、柳树、槐等。

③假二叉分枝　是合轴分枝的一种特殊形式。指有些具对生叶(芽)的树种其顶梢在生长期末不能形成顶芽，下面的侧芽萌发抽生的枝条长势均衡，相对侧向分生侧枝的生长方式。假二叉分枝的树木多数树体比较矮小，属于高大乔木的树种很少。如丁香、女贞、卫矛等。

有些植物，在同一植株上有两种不同的分枝方式。如玉兰等，既有单轴分枝，又有合轴分枝；女贞，既有单轴分枝，又有假二叉分枝。很多树木，在幼苗期为单轴分枝，长到一定时期以后变为合轴分枝。单轴分枝在裸子植物中占优势，合轴分枝则在被子植物中占优势。

(3)枝的顶端优势

植物同一枝条上顶芽或位置高的芽比其下部芽饱满、充实，萌芽力、成枝力强，抽生出的新枝生长旺盛，这种现象就是植物枝条的顶端优势。许多园林树木都具有明显的顶端优势，它是保持树木具有高大挺拔的树干和树形的生理学基础。灌木的顶端优势弱得多，但无论乔木还是灌木，不同植物种类的顶端优势的强弱相差很大。

对于顶端优势比较强的植物，抑制顶梢的顶端优势可以促进若干侧枝的生长；而对于顶端优势很弱的植物，可以通过侧枝修剪促进顶梢的生长。一般来说，顶端优势强的植物容易形成高大挺拔和较狭窄的树冠，而顶端优势弱的植物容易形成广阔圆形树冠。有些针叶树的顶端优势极强，如松类和杉类，当顶梢受到损害时，侧枝很难代替主梢的地位，影响冠形的培养。

(4)树木的层性与干性

树体一般是由主干和树冠构成的，依据树冠的枝条与主干的位置关系，组成树冠的各种枝条都有一定的名称。所谓层性，是指中心干上主枝分层排列的明显程度，是顶端优势和芽的异质性共同作用的结果。中心干上部的芽萌发为强壮的中心干延长枝和侧枝，中部的芽抽生弱枝或较短小的枝条，基部的芽多数不萌发而成为隐芽。同样，随着树木年龄的增长，中心干延长枝和强壮的侧枝也相继抽生出生长势不同的各级分枝，其中强的枝条成为主枝(或各级骨干枝)，弱的枝条生长停止早，节间短，单位长度叶面积大，生长消耗少，营养积累多，易成为花枝或果枝，成为临时性侧枝。随着中心干和强枝的进一步增粗，弱枝死亡。从整个树冠看，在中心干和骨干枝上有若干组生长势强的枝条和生长势弱的枝条交互排列，形成了各级骨干枝分布的成层现象。有些树种的层性，一开始就很明显，如油松等；而有些树种则随年龄增大，弱枝衰亡，层性才逐渐明显起来，如雪松、苹果、梨等。具有明显层性的树冠，有利于通风透气。层性能随中心主枝生长优势和保持年代的长短而变化。

干性指树木中心干的长势强弱和维持时间的长短。凡中心干(枝)明显，能长期保持优势生长者为干性强；反之，干性弱。

不同树种的层性和干性强弱不同。凡是顶芽及其附近数芽发育特别良好，顶端优势强的树种，层性、干性就明显。裸子植物的银杏、松、杉类干性很强；槐、栾树、海棠等由于顶端优势弱，层性与干性均不明显。因此，顶端优势的强弱与保持年代的长短，可以表现其层性与干性是否明显。

(5)树木的冠形

树木冠形主要指树木轮廓的形状大小和侧枝、小枝数目的多少，而芽和侧枝在主枝上生长的差别是决定冠形的重要因子。多数树木，根据其芽和侧枝的生长速度，可分为有中央领导干的圆柱形、塔形和无中央领导干的杯形、球形及伞形等。在许多树种中，冠形受活跃的顶端分生组织控制。在裸子植物树种中，如松、云杉、冷杉等，每年顶梢的伸长生长比下面的各级侧枝多，容易形成单一主干的圆锥形树冠。而多数被子植物树种，如栎类、槭树类等，顶端优势弱，各级侧枝的生长速度几乎同顶梢一样，甚至还要快些，容易形成杯形、开心形的宽树冠。一般阔叶树的冠形是卵形至长卵形的。

(6)枝条的离心生长与离心秃裸

植物茎的生长都有负向地性的特点，即向上生长，产生分枝并逐年形成各级骨干枝和侧枝，在空中扩展。这种以根颈为中心，向两端不断扩大空间的生长(根为向地性生长)称为离心生长。在枝系离心生长的过程中，随着年龄的增长，生长中心不断外移，外围生长点逐渐增多，枝叶生长茂密，造成内膛光照条件和营养条件恶化，通风不良，湿度大，内膛骨干枝上先期形成的小枝、弱枝得到的养分减少，长势不断削弱，由根颈开始沿骨干枝向各枝端逐年枯落。这种从根颈开始枯枝脱落并沿骨干枝逐渐向枝端推进的现象，称为离心秃裸。植物离心生长的能力是有限的，因植物种类和环境条件不同而异，在特定的生境条件下，植物只能长到一定的高度和体积。

2.1.2.2 茎与园林植物栽培

(1)茎与繁殖

茎是园林植物营养繁殖的重要器官之一。植物的硬枝和嫩枝扦插繁殖、压条繁殖、嫁接繁殖以及根状茎和块茎的分生繁殖都是用植物的茎来完成的。

①扦插繁殖原理　选截一段合适的枝条插入基质中，保湿，诱导插入部分长出不定根进而形成新植株的人工培养繁殖方法，称为枝条扦插。扦插能否生根，关键在于不定根能否及时形成。其生根的途径有两种。一种是皮部生根型，其生根部位大多是皮孔和芽的周围。还有一种是愈伤组织生根型，其不定根的形成要通过愈伤组织的分化来完成。因为这种生根需要的时间长，生长缓慢，所以凡是扦插成活较难、生根较慢的树种，其大多是愈伤组织生根型。在同一植物中，插穗取自植株基部较取自上端的成活率高；就同一枝条而言，又以中、下部为优，因为中、下部发育较好，贮藏物较丰富，过氧化物酶的活性也较高；取自健壮、年龄较幼的植株的插穗，其成活率亦较高。

②嫁接繁殖原理　将一株植物的枝条或芽，接到另一株有根系并切去上部的植物上，利用植物具有创伤愈合能力，使它们彼此逐渐愈合成为一个新植株的人工营养繁殖方法，称为嫁接。用来嫁接的枝条或芽称为接穗，承受接穗并具有根系的部分称为砧木。嫁接能够成活，主要是依靠砧木和接穗结合部位伤口周围的细胞生长、分裂和形成层的再生能力。嫁接后首先是伤口附近的形成层薄壁细胞进行分裂，形成愈伤组织，逐渐填满接口缝隙，使接穗与砧木的新生细胞紧密相接，形成共同的形成层，向外产生韧皮部，向内产生木质部，由砧木根系从土壤中吸收水分和无机养分供给接穗，接穗的枝叶制造有机养料输送给砧木，二者结合形成能够独立生长发育的新植株。

嫁接成活的关键，一方面取决于嫁接技术，砧木和接穗的形成层要对接齐；另一方面取决于砧木和接穗间细胞内物质的亲和性，一般亲缘关系越近，亲和力越强，品种间嫁接要比种间嫁接成活容易。

(2)茎与修剪

茎以及由它长出的各级枝、干，是组成树冠的基本部分，也是扩大树冠的基本器官。枝干系统及所形成的树形决定于各种树木的枝芽特性，建立和维护良好的树形需要整形修剪。

①顶端优势　人工切除顶芽，可以促进侧芽生长，增加分枝数。在生产实践中经常根据顶端优势的原理，进行观花、观果树整形修剪，如果树摘心、打顶以增加分枝，提高产

量。在园林树木中，针叶树顶端优势较强，阔叶树较弱，可通过短截、疏枝、回缩等修剪手段，调节主、侧枝关系，满足栽培目的。幼树的顶端优势比老树和弱树明显，修剪时幼树轻剪，利于快速成形，老、弱树修剪时宜重剪，以促隐芽萌发，更新树冠。

②芽的异质性　同一枝条上不同部位的芽在形态和质量上都有差异。一般情况下，枝条中部的芽发育充实、饱满，梢部和基部的芽发育较差，多为半饱满芽或秕芽，最基部多表现为发育极差的芽痕。饱满芽翌年易萌发或受刺激后优先萌发。在修剪中，作为更新修剪，常在枝条中部或中上部饱满芽处短截，剪口留饱满芽，促进树木生长。幼树整形时也常在饱满芽上定干。若是为了缓和生长，在上部弱芽处或盲节处剪截，多用于辅养枝或枝组的培养。

③干性与层性　修剪时顺应树木的自然习性，合理调整树体结构。如干性弱的桃、樱花，属于喜光树种，上部过于茂密会导致内膛枝光秃，形成伞盖般树冠，花、果集中到树冠上部，所以要修剪成杯状开心形，形成立体开花结果的良性结构。干性强的树种具有优美的层性结构，每次修剪需留好主干和各级主枝的延长枝，引导树体保持良好的层性。

2.2 植物生殖器官与栽培

2.2.1 植物成花诱导

植物都要达到一定的年龄或是处于一定的生理状态，才能感受外界条件而成花。如果植物尚未达到“性成熟”阶段，即使具备了开花所必需的外界条件，也不能开花。植物在能对环境起反应而成花之前所必须达到的生理状态，称为花熟状态。

植物在进入花熟状态后，便可接受成花诱导，进而花芽分化形成花器官。成花诱导是指在合适的环境条件下，植物细胞内部发生的成花所必需的一系列的生理变化过程。其发生主要与光照条件和温度条件有关。

2.2.1.1 春化作用与成花诱导

(1)春化作用

植物花器官的发育与营养器官一样，在适合的生理温度范围内发育最好。但某些植物如金盏菊、雏菊、金鱼草等，在发育的某一阶段中，要求经受一定的低温诱导，以后才能形成花器官。这种低温诱导并促进花器官形成的效应，称为春化作用。

(2)植物对春化作用的反应类型

需要春化的植物包括冬性1年生植物、大多数越冬的2年生植物和一些多年生草本植物(如菊花)。这些植物春化所需要的温度范围和持续时间有所不同。有效温度一般介于0~10℃，最适温度为1~7℃。低温处理时间，一般需要1~3个月，这种特性是植物在系统发育中形成的，与其原产地有着密切关系。据此可将植物分为3类。

①冬性植物　春化要求温度低，时间长，一般要求0~10℃、30~70d才能完成春化作用，多起源于北方。2年生花卉如月见草、毛地黄等，秋播草花如罂粟、虞美人、蜀葵及矢车菊等，早春开花的多年生草花如鸢尾、芍药等多属此类。

②春性植物　春化要求温度高、时间短，一般5~12℃、5~15d即可成花。1年生花

卉如一串红、鸡冠花等，秋季开花的多年生草花如菊花等多属此类。

③半冬性植物　介于上述两类之间，对低温要求不太敏感，一般 3～15℃、15～20d 完成春化阶段。

总之，冬性越强，要求春化的温度越低，春化的时间越长。春化阶段除了低温以外，还需要呼吸底物(如蔗糖)、氧气、水分和光照等条件的配合，否则春化作用不能进行。

(3)春化处理

用人工低温来代替自然低温，以满足植物对低温要求的处理，称为春化处理。如果这些植物不经春化处理，其开花过程会推迟几周甚至几个月。如冬性 1 年生植物，若改为春播，则夏天不能开花结实或延迟开花。

不同种类的植物，接受春化处理的生长时期不同，一般可在种子萌发或在植株生长的任何时期中进行。冬性 1 年生植物往往在种子萌动状态下就能感受低温诱导而完成春化作用。

植物春化作用感受低温的部位主要是茎尖端的生长点，有些 2 年生植物是营养体(包括叶片在内)，多数多年生木本植物则以休眠茎的分生组织接受自然低温春化处理。

春化作用是一个诱导过程，低温春化处理后花原基并不立即出现，在外形上没有明显差异，其后必须在适合的光照条件下才能成花。但是经春化诱导的植株，代谢活性加强，茎尖生长点或其他分生组织的细胞内发生一系列变化。

2.2.1.2　光周期与成花诱导

(1)光周期及光周期现象

有些植物在整个生育期间，虽然对低温没有特殊要求，但需要一定时期的适宜光照诱导才能分化出花芽。一天中白天和黑夜的相对长度称为光周期。光周期影响植物生长发育的现象，称为光周期现象。

(2)植物对光周期的反应类型

不同植物成花所需的日照长度不同，根据对光周期反应的不同，一般可将植物分为 4 种类型，详见 7.4.2。

(3)光周期诱导

植物只要得到一定时间的适宜光周期处理，以后即使处于非诱导光周期下，仍可保持诱导光周期的刺激效果，而能在任何日照长度下开花。这种植物在非诱导光周期条件下，能保持诱导光周期刺激效果的现象，称为光周期效应。这种能够发生光周期效应的处理，称为光周期诱导。光周期诱导所需的天数，称为光周期诱导周期数。

①光周期诱导的周期数　不同植物的光周期诱导周期数不同，如日本牵牛只需一个诱导周期就可以开花，而有些植物则需较多的诱导周期。

②光周期诱导的感应部位　感应光周期的部位主要是植物的叶片。一般幼嫩的叶片和衰老的叶片敏感性差，刚刚展开的叶片对光周期最敏感。

③光周期诱导所需的光照强度　光周期诱导所要求的光照强度远低于光合作用所需的光照强度。一般 50～100lx，但不同植物甚至品种的反应亦有不同，这在生产中应予以注

意。用不同波长的光来间断暗期的研究发现，抑制短日照植物成花或促进长日照植物成花最有效的是600~660nm的红光，蓝光效果很差，绿光无效。

在自然条件下，昼夜总是在24h的周期内交替出现的，因此，与临界日长相对应的还有临界暗期。临界暗期是指在昼夜周期中短日照植物能够开花的最短暗期长度，或长日照植物能够开花的最长暗期长度。暗期间断处理试验表明，暗期的长短对植物成花诱导具有决定性作用。例如，翠菊在昼长夜短的夏季，只有枝叶的生长，当进入秋季以后出现昼短夜长时，才能长出花蕾。对于短日照植物，必须超过某一临界暗期才能形成花芽；对于长日照植物，必须短于某一临界暗期才能开花(图2-2)。一般认为，木本植物的开花结实不直接受光周期的控制。

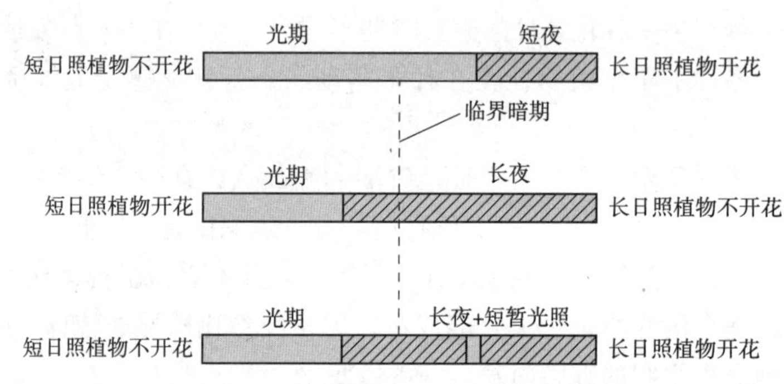

图2-2　短夜、长夜、长夜闪光对长日照植物、短日照植物开花的影响(关继东等，2013)

综上所述，光周期和春化作用是植物成花诱导的两个重要条件。在植物成花的不同阶段分别起作用，并且是相互联系的。

2.2.2　花芽分化

2.2.2.1　花芽分化的概念

植株的生长点既可以分化为叶芽，也可以分化为花芽。生长点由叶芽状态向花芽状态转变的过程，称为花芽分化；从生长点顶端变得平坦、四周下陷开始，到逐渐分化为萼片、花瓣、雄蕊、雌蕊以及整个花蕾或花序原始体的全过程，称为花芽形成。生长点由叶芽生理状态(代谢方式)转向花芽生理状态的过程，称为生理分化；生长点的细胞和组织由叶芽形态转为花芽形态的过程，称为形态分化。因此，狭义的花芽分化仅指形态分化，广义的花芽分化包括生理分化、形态分化、花器官形成直至性细胞的产生。

2.2.2.2　花芽分化的类型

植物的花芽分化与气候条件有着密切关系，而不同的植物对气候条件有不同的适应性，因此，花芽分化开始时期和持续时间的长短各异。

①夏秋分化型　绝大多数早春和春、夏间开花的植物，如海棠类、榆叶梅、迎春、连翘、玉兰、紫藤、丁香、牡丹等都属此类。它们都是前一年夏、秋(6~8月)开始分化花芽，并延迟到9~10月完成花器官的主要部分，后须经过冬季休眠，第二年春、夏开花。

②冬春分化型　原产温暖地区的植物，如柑橘类，是从12月至翌春期间分化花芽，其分化时间较短且连续进行，不需要休眠就能开花。

③当年分化型　许多夏秋、开花的植物，如木槿、紫薇、珍珠梅等，都是当年新梢上形成花芽并开花，也不需要经过低温。

④多次分化型　在一年中能多次抽梢，每抽梢一次，就分化一次花芽并开花，如茉莉花、月季等。

2.2.2.3　影响花芽分化的外部因素

外部条件可以影响内部因素的变化，并刺激有关开花的基因，然后在开花基因的控制下合成特异蛋白质，从而促进花芽分化。

(1)光照

光照对植物花芽形成的影响是很明显的。如有机质形成、积累与内源激素的平衡等都与光照有关。光对植物花芽分化的影响主要体现在光量、光照时间和光质等方面。

强光对新梢内生长素的合成起抑制作用，这是抑制新梢生长和向光弯曲的原因。紫外线钝化和分解生长素，从而抑制新梢生长，促进花芽形成，所以在高海拔地区，植物开花早，生长停止早，树体矮小。

许多树木对光周期并不敏感，其表现是迟钝的，但并不是与光周期毫无关系。如杏在长日照条件下形成花芽多，在短日照条件下形成花芽少。

(2)温度

温度影响植物一系列生理活动，如光合作用、根系的生长和吸收及蒸腾作用，也影响激素的水平等。高温(30℃以上)、低温(20℃以下)抑制生长素的产生，因而抑制新梢的生长，从而对花芽分化产生影响。对某些植物来说，一定范围的低温有促进花芽分化的作用，如紫罗兰只有通过10℃以下的低温才能完成花芽分化。花芽分化要求的温度与开花需要的温度往往是不一致的，原产热带或亚热带的植物开花所需要的温度较高，如牵牛花、鸡冠花、半支莲、凤仙花等在10~16℃时开花最好。

(3)水分

花芽生理分化之前适当控制水分，有利于光合产物的积累和花芽分化。因为控制水分会增加植物体内氨基酸特别是精氨酸水平，从而有利于发育。同时叶片脱落酸含量提高，从而抑制赤霉素和生长素的合成，并抑制淀粉酶的产生，促进花芽分化。如干旱区山地植物成花比充足灌水处的植物早。

(4)矿质营养

施肥特别是施用大量氮素对花原基的发育具有强烈的影响。植物缺乏氮素时，限制叶组织的生长，阻止成花诱导作用。施用硫酸铵既能促进苹果的生长，又能促进花芽分化。氮对成花作用的关键是施氮的时间以及氮与其他元素的配比是否合适。磷对成花的作用因植物种类而异，如苹果施磷增加成花，但樱桃、梨、桃、杜鹃花等对磷无反应。缺铜可使苹果、梨等花芽减少。总之，大多数元素缺乏时，都会影响成花。

2.2.2.4　花芽分化的控制途径

在了解植物花芽分化规律和条件的基础上，可综合运用各项栽培技术措施，调节植物体各器官间生长发育的关系与外界环境条件，来促进或控制植物的花芽分化。

决定花芽分化的首要因素是营养物质的积累水平，这是花芽分化的物质基础。所以应采取一系列的技术措施，如适地适树、选砧、嫁接、整形修剪、疏花、疏(幼)果、施肥，以及生长调节剂的施用等，在此基础上，再使用生长抑制剂，如比久(B_9)、矮壮素(CCC)、乙烯利等，可抑制枝条生长和节间长度，促进成花。

控制花芽分化应因树、因地、因时制宜，注意以下几点：研究各种植物花芽分化的时期与特点；抓住分化临界期，采取相应措施进行促控；根据不同分化类别的植物其花芽分化与外界因子的关系，通过满足或限制外界因子来控制；根据植物长势，对枝条生长与花芽分化关系进行调节；使用生长调节剂调控花芽分化。

必须强调的是，对植物采取促进花芽分化的措施时，需要建立在健壮生长的基础上，抓住花芽分化的关键时期，施行上述措施(单一的或几种同时进行)，才能取得满意的效果。

2.2.3 植物开花

花芽的花萼和花冠展开的现象称为开花。不同植物的开花时期、异性花的开花次序以及不同部位的开花顺序等都有很大差异。

2.2.3.1 开花顺序

(1)不同植物的开花时序

同地区不同植物在一年中的开花时间早晚不同，除特殊小气候环境外，各种植物的开花先后有一定顺序。如在沈阳地区常见树木的开花先后顺序是：京桃、杏树、桃、紫丁香、白蜡、刺槐、木槿、槐等。了解当地树种开花时序对于合理配置园林树木、保持四季花开具有重要指导意义。

(2)不同品种的开花时序

同种植物的不同品种之间，开花时间也有早晚，并表现出一定的顺序性。如在北京地区的碧桃，‘白碧桃’于3月下旬开花，而‘亮碧桃’则要到4月上旬开花，可以利用其花期的差异，通过合理配置来延长和改善美化效果。

(3)同株植物上的开花顺序

雌雄同株异花的植物，雌、雄花的开放时间有的相同，也有的不同。同株植物不同部位的花开放早晚、同花序上不同部位的花开放早晚也可能不同，掌握这些特性也可以在园林植物栽培和应用中提高美化效果。

2.2.3.2 开花类型

根据植物开花与展叶时间顺序上的特点，常分为先花后叶型、花叶同放型和先叶后花型3种，通过合理配置可有效提高总体景观效果。

(1)先花后叶型

在春季萌动前已完成花芽分化，花芽萌动不久即开花，先开花后展叶，如迎春、连翘、山桃、玉兰、梅、杏、李、紫荆等，常能形成满树繁花的艳丽景观。

(2) 花叶同放型

花芽也是在萌芽前完成分化，开花时间比先花后叶型稍晚，开花和展叶几乎同时展现，如榆叶梅及紫藤中开花较晚的品种与类型。

(3) 先叶后花型

多数在当年生长的新梢上形成花器并完成分化，一般于夏、秋开花，是树木中开花最迟的一类，有些甚至能延迟到初冬，如木槿、紫薇、槐树、珍珠梅等。

2.2.3.3 花期

花期即开花期的延续时间。花期长短受树种或品种、树体营养状况以及外界环境的影响而有很大差异。

(1) 树种和品种的遗传性状影响

在北京地区，山桃、玉兰、榆叶梅等花期短的只有 7~8d，长的可达 60~130d。早春开花的树木多在秋、冬季完成花芽分化，一旦温度合适就陆续开花，一般花期相对短而整齐；而夏、秋季开花的树木，花芽多在当年生枝上分化，分化早晚不一致，开花时间也不一致，花期持续时间较长。

(2) 树体营养状况和外界环境等栽培因子影响

花期的长短首先受树体发育状况影响，一般青壮年树较衰老树的花期长而整齐，树体营养状况好则花期延续时间长。花期的长短也因天气状况而异，遇冷凉潮湿天气时花期会延长，而遇到干旱高温天气则花期会缩短。不同小气候条件也影响花期长短，如在树荫下、建筑物北面生长的树木花期长，但花的质量往往受影响。

2.2.3.4 开花次数

原产温带和亚热带地区的绝大多数树种每年只开一次花，但也有些树种或栽培品种一年内有多次开花的习性，如月季、柽柳等，紫玉兰中也有多次开花的变异类型。

2.2.4 植物的花期调控

各种观花植物都有其不同的开花时期，这种差别是由植物的遗传性决定的，但也受外界因素制约。开花比自然花期早的栽培方式称为促成栽培，开花比自然花期迟的栽培方式称为抑制栽培。促成栽培和抑制栽培都是在充分了解园林植物正常生长发育规律后，用人为的方法来控制环境因子，满足其要求，使植物依照人们的意愿在指定的时间开花。花期调控在以观花为主的园林植物的栽培中占有相当的位置。

(1) 温度处理

温度影响植物生长发育的各阶段，包括打破休眠、春化作用、花芽分化、花芽生长和花茎伸长的控制等方面。进行适当的加温处理可以提前打破休眠形成花芽，加速花芽生长并提早开花；反之，适当的降温处理可使之延迟开花。如大岩桐，在适宜的开花季节能连续开花，当夏季高温来临则生长受阻停止开花，若采取降温防暑措施创造适宜生长发育的外界环境，可使其继续开花。

(2)光照处理

对于长日照植物和短日照植物，可以人为控制光照时数，以提早或延迟其花芽分化和生长来调控花期。如对短日照植物(菊花)，在植株长到一定大小时利用遮光和人为补光的方法，配合适当的温度条件可有效地保证菊花的周年供应。

(3)生长调节物质处理

利用植物生长调节剂处理植物可诱导或打破休眠，促进或抑制生长，促进或抑制花芽分化，进而起到调节花期的作用。如使用生长素类激素(GA、NAA 等)在生长期喷洒或涂抹球根、生长点、芽等部位会促进侧芽萌发、茎叶生长、提早开花，而喷洒生长抑制剂(TIBA、CCC 等)则可明显延迟花期。

(4)栽培管理措施

草本花卉常通过调节繁殖期或栽植期，采用修剪、摘心、摘叶、施肥和控水等措施，有效地调节花期。

2.2.5 种子的萌发及幼苗形成

2.2.5.1 种子的萌发条件

成熟的具有生命力的种子，在适宜的条件下，胚由休眠状态转入活动状态，开始萌发生长形成幼苗的过程，称为种子的萌发。种子萌发必须具备 3 个外界条件：充足的水分、适宜的温度、充足的氧气。

(1)充足的水分

干燥的种子含水量少，许多生命活动无法进行，所以种子萌发的首要条件是吸收充足的水分。

水在种子萌发过程中所起的作用是多方面的。首先，种子浸水后，坚硬的种皮吸水软化，可以使更多的氧透过种皮进入种子内部，加强细胞呼吸等新陈代谢作用，同时使 CO_2 透过种皮排出种子之外。其次，种子内贮藏的有机养料，在干燥的状态下是无法被细胞利用的，细胞里的酶不能在干燥的条件下发挥作用，只有在细胞吸水后，各种酶才能开始活动，把贮藏的养料进行分解，成为溶解状态向胚运送，供胚利用。此外，胚和胚乳吸水后体积增大，柔软的种皮在胚和胚乳的压迫下易于破裂，为胚根、胚芽突破种皮向外生长创造条件。

(2)适宜的温度

种子萌发时，种子内的一系列物质变化都是在各种酶的催化作用下进行的。而酶的作用需要有一定的温度才能进行，所以温度也是种子萌发的必要条件之一。

不同植物因其原产地不同，种子萌发时所要求的温度也不同。原产南方的植物，种子萌发所需温度较高；而原产北方寒冷地区的植物，种子萌发所需温度较低。对于大多数植物来说，种子萌发温度有最低、最高和最适 3 个基点。大多数植物种子萌发的最低温度为 0~5℃，低于此温度则不萌发；最高温度为 35~40℃，高于此温度也不能萌发；最适温度为 25~30℃。在最适温度下种子萌发最快，但呼吸作用亦强，消耗的有机物质多，供给胚的养料相应减少，导致幼苗细长柔弱。因此，种子的适宜播种期气温一般应稍高于最低温度而低于最适温度。

(3) 充足的氧气

种子萌发时，呼吸作用增强，需要吸入大量氧气，把细胞内贮藏的营养物质如葡萄糖逐渐氧化分解为 CO_2 和水，并释放出能量供各种生理活动利用。播种过深或土壤积水，都会造成通气条件不好而缺氧，影响种子正常萌发。严重缺氧则会造成种子进行无氧呼吸，消耗大量能量，并积累有毒物质，使种子失去活力。

2.2.5.2 种子的萌发过程

种子萌发的过程可分为吸胀、萌动和发芽3个阶段。吸胀是干种子内的蛋白质、淀粉等亲水物质吸水膨胀的物理过程。吸胀的种子由于含水量增加，酶活性增强，胚乳或子叶贮藏的营养物质发生分解并合成新的复杂的有机物质构成新细胞，使胚细胞的数目增多，体积加大。当胚的体积大到一定程度时，胚根便顶破种皮而出，即为萌动。种子胚根伸出后，立即向下伸入土层，固定于土壤形成主根，吸收土壤中的水分和营养，同时胚芽突破种皮向上生长伸出土面，即发芽。长出土面的子叶或幼叶遇光变绿，能进行光合作用，幼小的植物可以独立生长，种子萌发即告完成。

2.2.5.3 幼苗的类型

由胚长成的具有根、茎、叶的幼小植物体，称为幼苗。根据种子萌发过程中胚轴的生长和子叶出土情况的不同，将幼苗分为子叶出土型幼苗和子叶留土型幼苗两种类型。

(1) 子叶出土型幼苗

种子在萌发时，胚根先突破种皮伸入土中，形成主根，然后下胚轴加速伸长，将子叶和胚芽一起推出土面，这种方式形成的幼苗称为子叶出土型幼苗。大多数裸子植物和双子叶植物的幼苗都属于这种类型，如刺槐、松、皂荚等。

(2) 子叶留土型幼苗

种子萌发时，下胚轴不伸长或不发育，只有上胚轴伸长，子叶或胚乳并不随胚芽伸出土面，而是始终留在土中，这种方式形成的幼苗，称为子叶留土型幼苗。大多数单子叶植物和部分双子叶植物属于这种类型，如核桃、油茶、毛竹等。

子叶出土或留土是植物体对外界不同环境的适应，这一特性为播种深浅提供依据。一般子叶出土型幼苗的种子播种宜浅，子叶留土型幼苗的种子播种可以稍深。

自主学习资源

1. 园林植物生长发育与环境．关继东，向民，王世昌．北京：中国林业出版社，2013.

2. 园林植物栽培养护．严贤春．北京：中国农业出版社，2013.

3. 园林植物栽培学．金雅琴，张祖荣．上海：上海交通大学出版社，2012.

拓展提高

根颈、菌根及根瘤与园林栽培

1. 根颈

根和茎的交接处称为根颈。因树木的繁殖类型不同，分为真根颈与假根颈。实生树的根颈是真根颈，由种子下胚轴发育成；采用营养繁殖的树的根颈为假根颈，由枝、茎生出不定根后演化而成。根颈是植株地上与地下交接处，是营养物质交流必经的通道。根颈的特点是进入休眠最迟，解除休眠最早，对外界环境条件变化比较敏感，容易遭受冻害。根颈部分埋得过深或全部裸露，对植物生长发育均不利。

2. 菌根

许多树木的根系常有菌根共生。菌根是非致病或轻微致病的菌根真菌，侵入幼根与根的生活细胞而产生的共生体。菌根的菌丝体能组成较大的生理活性表面和较大的吸收面积，可以吸收更多的养分和水分，在土壤含水量低于萎蔫系数时，能从土壤中吸收水分，还能分解腐殖质，并分泌生长素和酶，促进根系活动和活化树木生理功能。菌根菌还能产生抗性物质，排除菌根周围的微生物，菌壳也可成为防止病原菌侵入的机械组织。菌根的生长，一方面要从寄主树木根系中吸取糖类、维生素、氨基酸和生长促进物质；另一方面，对树木的营养和根的保护起着有益的作用。寄主和菌根菌通过物质交换形成互惠互利的关系。

3. 根瘤

一些植物的根与微生物共生形成根瘤，这些根瘤具有固氮作用。豆科植物的根瘤是一种称为根菌的细菌(革兰氏染色阴性菌)从根毛侵入，而后发育形成的瘤状物。菌体内产生豆血红蛋白和固氮酶进行固氮，并将固氮产物输送到寄主地上部分，供给寄主合成蛋白质之用。豆科植物与根瘤菌的共生不但使豆科植物本身得到氮素的供应，而且还可以增加土壤中的氮肥，这就是在实际生产中种植豆科植物作为绿肥改良土壤的原因。迄今为止，已知约有1200种豆科植物具有固氮作用，而在农业上利用的还不到50种。木本豆科植物中的紫穗槐、槐、合欢、皂荚、紫薇、胡枝子、紫荆、锦鸡儿等都能形成根瘤。近年来的研究表明，一些非豆科植物如桦木科、木麻黄科、鼠李科、胡颓子科、杨梅科、蔷薇科等科中的许多种以及裸子植物的苏铁、罗汉松等植物也形成根瘤，具有固氮能力，有的种类已应用于固沙和改良土壤。与非豆科植物共生的固氮菌多为放线菌类。非豆科植物根瘤固定的氮量与豆科植物几乎相近。

课后习题

一、名词解释

顶端优势、层性、干性、离心生长、离心秃裸、单轴分枝、合轴分枝、假二叉分枝、扦插、嫁接、春化作用、光周期现象、临界日长。

二、填空题

1. 影响根系生长的因素主要有________、________、________和树体有机营养。

2. 茎的分枝方式有________分枝、________分枝和________分枝。

3. 根系依其在土壤中伸展的方向，可以分为________根和________根两种。

4. 影响花芽分化的外部因素有________、________、________和________。

5. 种子的萌发过程可分为________、________和________3个阶段。

三、单项选择题

1. 根据植物根系在土壤中的生长情况，可分为(　　)。

A. 直根系和须根系　　B. 实生根系和茎源根系

C. 深根系和浅根系　　D. 不定根和定根

2. 园林生产上，给树木施肥的最佳范围是(　　)。

A. 离树干越近越好　　B. 树冠垂直投影的内、外侧

C. 树冠投影到地面的1/2处　　D. 离主干远一些即可

3. 一般植物根系垂直分布的密集范围是在(　　)的土层内。

A. 10~30cm　　B. 40~60cm　　C. 70~100cm　　D. 100cm以上

4. 限制根系常年生长的主要因素是(　　)。

A. 温度　　B. 光照　　C. 水分　　D. 土壤

5. 一般在一个长枝条上，(　　)芽质量最好。

A. 上部　　B. 中部　　C. 下部　　D. 基部

6. 园林生产上，扦插、嫁接繁殖的理想材料一般选择(　　)抽生的枝条。

A. 生长初期　　B. 速生期　　C. 生长后期　　D. 生长末期

7. 树木的干性强弱是构成骨架的重要生物学依据。下列树种中哪一种树木干性最强？(　　)

A. 槐　　B. 海棠　　C. 银杏　　D. 榆

8. 园林生产上，扦插能否成活关键在于(　　)能否及时形成。

A. 不定根　　B. 不定芽　　C. 不定叶　　D. 枝条

9. 园林树木嫁接成活的关键是(　　)。

A. 接穗　　B. 砧木　　C. 亲和力　　D. 嫁接技术

四、问答题

1. 根与园林植物栽培有哪些关系？

2. 茎与园林植物栽培有哪些关系？

3. 简述园林植物花期调控的措施。

4. 简述种子萌发所需要的条件。

单元3 植物的呼吸、休眠与贮藏

学习目标

(1)理解呼吸作用的意义和影响呼吸作用的因素。

(2)理解种子、树木休眠的原因，掌握其调控途径。

(3)熟悉园林植物离体器官的生理特点与贮藏关系。

(4)会运用植物呼吸和休眠机理，指导园林植物繁殖材料和产品贮藏保鲜。

3.1 植物的呼吸作用

3.1.1 呼吸作用的概念及类型

植物的呼吸代谢集物质代谢与能量代谢为一体，是植物生长发育得以顺利进行的物质、能量和信息的源泉，没有呼吸就没有生命。呼吸作用是植物体中的有机物质在一系列酶的作用下逐步被氧化分解并同时释放出能量的过程。呼吸作用主要发生在细胞质和线粒体中。

根据呼吸作用进行过程中有无氧气的参与，将植物的呼吸作用分为有氧呼吸和无氧呼吸。

(1)有氧呼吸

有氧呼吸是指植物体内的有机物在有氧气的参与下，彻底地被氧化分解，释放出二氧化碳和水的过程，并且过程中会有大量的能量进行释放。有氧呼吸是高等植物呼吸的主要形式，其有机物一般以葡萄糖为主。有氧呼吸是一个极其复杂的过程，中间需要进行很多次的生理生化反应，同时也会有一系列的反应产物生成。有氧呼吸的反应方程式可以进行以下表示：

$$C_6H_{12}O_6+6O_2 \xrightarrow{\text{酶}} 6CO_2+6H_2O+\text{能量}$$

(2)无氧呼吸

高等植物虽然以有氧呼吸为主，但在缺氧或无氧的条件下，为了适应恶劣的条件，也会进行无氧呼吸。无氧呼吸是指在无氧条件下，植物体内的有机物在酶的催化作用下被分解成不彻底的氧化产物，同时释放出少量能量的过程。微生物的无氧呼吸被称为发酵。无氧呼吸产生的产物主要有两种：乙醇和乳酸。高等植物的细胞进行无氧呼吸一般产生乙醇，但如马铃薯块茎、玉米的种胚等无氧呼吸会产生乳酸。无氧呼吸的反应方程式如下：

$$C_6H_{12}O_6 \xrightarrow{酶} 2C_2H_5OH+2CO_2+能量$$

$$C_6H_{12}O_6 \xrightarrow{酶} 2CH_3CHOHCOOH+2CO_2+能量$$

由于乙醇对植物细胞有一定的危害。所以如果植物体进行了长时间的无氧呼吸，如植物体被水淹没或者土壤过度板结时，就会在体内产生大量的酒精，植物体就会出现“酒精中毒”。所以在生产上，要适时松土，及时排水。

3.1.2 呼吸作用的生理意义

只要有生命，就会有呼吸。呼吸作用在植物体的整个生命历程中均起到至关重要的作用。

呼吸作用的意义主要有以下几点：

(1)为植物体的生命活动提供能量

植物体进行的一切生命活动都需要消耗能量，如细胞的分裂、原生质的运动、水分及养分的吸收、器官的形成等。而呼吸作用把贮藏在有机物质中的化学能转变成 ATP，供生命活动利用。一般情况下，植物体中生长旺盛的部位往往呼吸作用也比较强烈，目的就是提供更多的 ATP 供植物生长。

(2)提供各种有机物合成的原料

呼吸作用是一个复杂的生理生化过程，整个过程中会产生很多的中间产物。而其中的一部分产物会参与合成其他的物质，如蛋白质、核酸、氨基酸和脂肪等。

(3)提高植物的抵抗力

植物组织在被病菌入侵时会发生破坏，而呼吸作用可以把病菌产生的毒素破坏掉，减弱其对植物组织的破坏。此外，植物发生损伤或被害虫袭击时，伤口处细胞的呼吸作用会大大增强，产生大量的能量及中间产物，进而有利于伤口的修复。

3.1.3 影响呼吸作用的因素

3.1.3.1 内部因素

(1)不同植物种类的呼吸速率不同

一般情况下，生长旺盛的植物呼吸速率高，生长缓慢的植物呼吸速率低。

(2)同株植物不同器官呼吸速率不同

同一株植物，幼嫩器官往往生长旺盛，呼吸速率也快，趋于衰老的器官呼吸速率下降；生殖器官的呼吸速率一般都大于营养器官，且花的呼吸速率最高，根系的呼吸速率最低。

3.1.3.2 外部因素

(1)温度

呼吸作用是极其复杂的生理生化过程，其中进行的每一次反应都需要有酶的催化。而酶的活性直接影响着反应进行的速度，进而影响呼吸作用。酶的活性与温度又有着密切的联系，酶的活性随着温度的升高而增强，达到一定温度时，酶活性最强，若继续增加温度，酶的活性反而会下降。温度通过影响酶的活性来影响呼吸作用。一般情况下，温带地区的植物呼吸速率的最适温度为25~35℃，此时的呼吸作用最快；最低温度在0℃左右，此时呼吸作用很慢；能忍受的最高温度在35~45℃，若长时间保持高温，植物的呼吸作用也会迅速下降。呼吸作用所能忍受的最低温度与其自身的生理状况有关系。越冬器官在较低的温度下也能进行呼吸作用，如针叶在-25℃仍可进行呼吸。若在夏季，温度降到0℃，便停止呼吸作用。

(2)氧气

O_2是有氧呼吸的一个反应物，故O_2浓度的变化直接影响着反应进行的速度。大气中的氧气含量为21%，基本不变，故植物在空气中暴露的地上部分基本不会缺氧。但是生长在土壤中的地下部分的器官就会受土壤含氧量的影响，当土壤长时间积水或出现土壤板结时，土壤中的含氧量就会降低，此时根系就会因缺氧而进行无氧呼吸，从而使植物生长受阻。

(3)二氧化碳

CO_2是呼吸作用的产物，故CO_2浓度的高低直接会影响反应的进行。当环境中的CO_2浓度升高时，就会抑制呼吸作用的进行。土壤中的微生物呼吸会产生大量的CO_2，如果土壤严重板结，就会造成土壤通气不良，无法与大气进行气体交换，就会大量积累CO_2。因此，在生产中要注意适时中耕松土，开沟及时排水，降低CO_2浓度，使植物的根系正常生长。

(4)水分

植物体呼吸作用过程中发生的一切生理生化反应都需要以水为介质，细胞原生质的含水量直接影响着呼吸作用。如干种子的含水量极低，其呼吸作用也很弱；随着种子含水量的增加，呼吸作用也会加强。因此，贮藏种子时要降低其含水量以减弱呼吸作用。

(5)机械损伤

植物发生机械损伤时，为了伤口的愈合，受伤组织的呼吸速率会显著上升。因此，在生产上，一定要减少植物体的机械损伤，进而减少有机物质的消耗，促进植物体的生长。

3.1.4 呼吸作用与生产

植物的生长离不开呼吸，一般生长速度快、代谢旺盛的植株其呼吸作用就强，而具有一定强度的呼吸作用是很有必要的，如种子萌发过程中，较强的呼吸作用可以加速种子中贮藏物质的分解，进而促进胚的生长与发育。

植物光合作用产生的同化物是作物产量的主要来源，而植物进行的呼吸作用会消耗这些同化物，所以，呼吸作用的强弱也会影响到作物的产量。呼吸作用强度能满足植物体正常的生长代谢即可，如果呼吸作用继续加强，便会消耗过多的有机物，降低作物产量。在生产上，有时会降低夜间的温度来维持作物的产量就是这个原因。一方面，生产上应设法促进，以增强植物体的生长发育；另一方面，由于呼吸作用会消耗有机物质，同时释放出大量的热量会使环境的温度升高，进而呼吸作用更加旺盛，在此过程中也会造成微生物的大量繁殖，影响产品品质，故在贮藏产品时要设法降低呼吸作用。在生产中，要严格控制种子、切花、插条、果蔬等的贮藏条件，设法降低植物的呼吸作用，做到安全贮藏。尤其是在种子及果实贮藏时，为了延长其贮藏期，一定要控制好外界环境条件达到减弱呼吸的目的。

3.2 植物的休眠

3.2.1 植物休眠的概念

植物休眠是指植物整体或一部分生长极为缓慢或暂时停顿的现象。植物只有在一定的环境条件下才能维持生命，繁衍后代。在漫长的进化过程中，植物体形成了完整的保护性或自卫性机制来适应多变的外界条件，尤其当处于某些恶劣的环境中时，植物能以某些必要的方式度过逆境。例如，1年生植物通过开花结实以种子作为延存器官繁衍后代，而多年生植物除结实外，还以器官脱落或延存器官甚至整株进入休眠状态，这样既繁衍了后代，又躲避了恶劣的环境。例如，多年生草本植物遇到干旱、高温或低温等不良环境，可在地下形成变态的器官，如球茎、鳞茎、块茎、块根等进行休眠，并且在这些变态器官中不仅具有休眠芽，而且贮藏大量养料，以维持其生命活动。不管是种子休眠，还是营养器官休眠，其外部表现都为生长的暂时停顿。在休眠状态下，植物对外界不良环境条件的抵抗力大大增强，因此休眠是植物赖以生存的主动适应过程。

3.2.2 植物休眠的类型

(1) 冬季休眠与夏季休眠

依据休眠发生的季节进行分类，可分为冬季休眠和夏季休眠。温带地区的植物由于不适应冬季的严寒，在冬季会出现叶片脱落，生长停止，开始冬季休眠；而有些生长在夏季高温、干旱地区的植物为了躲避不良环境，出现叶片脱落、生长停顿等现象，进行夏季休眠，如风信子、唐菖蒲、仙客来等。

(2) 强迫休眠与生理性休眠

依据休眠的原因进行分类，可分为强迫休眠和生理性休眠。强迫休眠是指由于不良的环境条件致使种子不能萌发的现象。如若条件适宜，种子就能萌发。而有些种子即使环境条件适宜，由于种子自身的生理原因而导致不能萌发的现象，称为生理性休眠。生理性休眠即使给予适宜的条件，也不能解除休眠状态。

(3) 种子休眠与芽休眠

依据休眠的器官进行分类，可分为种子休眠与芽休眠。一、二年生植物大多以种子为休眠器官，刚成熟的种子进行播种，即使环境条件适宜，也不一定能萌发，必须经过一段时间低温贮藏才能萌发，即种子处于休眠状态。

而另一些植物以营养器官休眠。多年生木本植物遇不良环境时，节间缩短，芽停止抽出，并在芽的外层出现“芽鳞”的保护性结构，以便度过低温或干旱的环境。当逆境结束后，芽鳞脱落，新芽伸长，或抽出新枝，或开出花朵。由此可见，叶、枝、花等均是以

“芽”的原始体形式通过休眠期。

3.2.3 种子休眠

很多一、二年生植物会通过开花结实在秋季形成种子，以种子作为休眠器官来抵御冬季的严寒和不良的环境条件。种子休眠对于种质资源的保存具有很重大的意义。

3.2.3.1 种子休眠的原因

(1)种被障碍

种被是指果皮、种皮及果实外的附属物等。种被障碍是由于种皮厚实、不透水、不透气或种皮上的蜡质层、角质层等原因导致胚不能萌发生长的现象。如豆科、茄科、百合科等多种植物的种子。

(2)种子未完成后熟

一些植物种子的胚在完成形态结构的发育后，还会继续经过复杂的生理生化反应，使其在生理上也达到成熟，即种子的后熟作用。这些种子只有完成了后熟作用才能在适当的条件下进行萌发。如苹果、桃及松柏类的种子等。

(3)胚未发育完全

大多数植物的种子脱离母体时，胚已经完成了分化。但一些植物的种子从植物体上脱落后，胚的生长、分化仍未完成，胚的结构不完整，体积也很小，种子采收后还会经过一段时间的生长和发育，胚会继续从胚乳中吸取营养直至发育完全，然后才可萌发。如银杏、冬青、兰花、白蜡树等的种子。

(4)种子内存在抑制萌发的物质

有些植物的果肉、种皮、胚乳或子叶等部位会存在抑制萌发的物质，致使种子不能萌发。不同植物体内所含的抑制物不同，常见的有脱落酸、香豆素、氰化物、植物碱等。如毛白蜡休眠的果皮及种子中含有抑制物脱落酸。这些抑制物质有的可以被雨水或融化的雪水冲洗掉。

3.2.3.2 打破种子休眠的途径

休眠的种子经过长时间的雨水冲洗、冷热交替、动物进食及微生物分解等作用，休眠状态终会被打破。但是自然条件下解除休眠所需的时间长且萌发早晚不一。在生产实践上，常采用人工措施来打破种子休眠。

(1)机械破损

该法适用于种皮比较坚硬的种子，可用沙子与种子摩擦、划破种皮或去除种皮等方法打破休眠，促使萌发。如紫云英、苜蓿等的种子。

(2)沙藏法

沙藏法是在冬季，把种子和湿润的沙子分层或混合放置于地窖或室外阴凉通风处，促进种子萌发的方法，又称为湿沙层积法。层积的时间因植物而异。此法适用性广，适于长期休眠的种子。如生产上，蔷薇科和松柏类植物的种子需经后熟作用，因此就需要经过低温(5℃左右)层积处理1~3个月才可萌发。沙藏法可结合变温处理，效果更好。

(3) 水浸催芽

水浸催芽的主要目的是软化种皮，增加透性，使种子吸水能力增强，促进各种代谢活动的进行，促进胚的生长与发育。同时，果肉或种皮中所含的抑制萌发的物质也可以随浸泡、冲洗而被排出，有利于种子的萌发。水浸催芽是最简单的一种催芽方法，具体做法是：在播种前把种子浸泡在一定温度的水中。浸种的水温对催芽效果影响很大，因树种特性而异。树种不同，浸种水温各异。对于种皮较薄的种子，如杨、柳、榆、桑、悬铃木种子，种子含水量较低，适用20~30℃温水或冷水浸种，只需数小时就可吸胀。对于种皮较厚的种子，如油松、侧柏、马尾松、华山松、落叶松、枫杨、槐、元宝枫、臭椿等的种子，适用40~60℃温水浸种，需1~3d。对于种皮坚韧致密的种子，如刺槐、紫穗槐、合欢、皂荚、山楂、相思树、核桃等的种子，可用70~90℃热水浸种，需3~5d或更长时间。

(4) 化学药物处理

在生产上常用化学药剂来处理休眠的种子，如酒精、氨水、浓硫酸及赤霉素等都可以打破种子的休眠。用药剂进行处理时，药剂浓度与浸种时间一定要严格掌握。

(5) 物理方法

还可用X射线、超声波、电磁场等方式处理种子，打破休眠。

3.2.4 芽休眠

芽休眠是指芽生长出现暂时停顿现象，它是植物体为了自我保护而出现的，避免植物在恶劣的环境中受到伤害。植物的顶芽、侧芽以及根状茎、球茎、鳞茎上的芽都是进行芽休眠的部位。

3.2.4.1 芽休眠的原因

日照长度是诱发和控制芽休眠的重要因素，植物接受光照并诱导芽休眠的主要部位是叶片。对于大多数冬季休眠植物来说，秋季的短日照是植物进入休眠的信号，短日照条件下植物的生长会受到抑制，生理代谢降低，组织的含水量降低，地上部的营养物质会进行转移和贮藏，叶片变黄脱落，休眠芽会形成。例如，美国鹅掌楸经8h的短日照约10d就能停止生长，而美国槭需要20周；锦带花则要12h的短日照2周。

由于短日照和低温往往是相继出现的，所以植物芽休眠的程度也与低温密切相关。不同的植物休眠时要求的温度不同，如北方的大多数植物休眠要求的温度较低，时间较长；而南方的植物休眠所需的温度就偏高，时间较短。休眠芽在经过一段时间的低温后，就会解除休眠。

此外，缺水干旱的环境条件或植物体营养不良也能引起芽休眠。

3.2.4.2 打破芽休眠的途径

(1) 低温处理

休眠芽在经过1~2个月的低温刺激后，待环境条件恢复适宜即可解除休眠。低温的刺激仅仅作用于芽，植物体的其他部分不受影响。

(2) 长日照处理

秋季短日照的刺激是芽进入休眠的主要因素。而长日照的刺激则可打破芽的休眠。在植物休眠的初期，长日照刺激可随时打破休眠状态。

(3)激素处理

一定浓度的GA_3、ABA、NAA可用于解除植物体芽的休眠。如马铃薯的块茎用一定浓度的GA_3处理约30min，便可打破休眠。

3.3 植物器官的贮藏

3.3.1 植物种子的生命力与贮藏

种子在脱离母体后，保持生命力的时间即为种子的寿命。种子寿命的长短与其自身因素和贮藏环境条件密切相关。种子根据寿命的长短进行分类，可分为：短命种子，寿命在3年以内；中命种子，寿命在3~15年；长命种子，寿命在15年以上。

3.3.1.1 影响种子生命力的内在因素

(1)生理特性

种子的寿命与种子中所含的营养物质有密切关系。一般富含脂肪、蛋白质的种子寿命长，如松科、豆科等；富含淀粉的种子寿命短，如榆树、银杏等。种皮结构密实、坚硬或具有蜡质层，透气性、透水性差的种子寿命长。

(2)成熟度和完整度

未达到充分成熟状态的种子，其内部所含的营养物质不稳定，种皮较薄，种子的含水量较高，进而有较强的呼吸作用，产生大量热量，易滋生微生物，危害种子的生命力。种皮结构不完整的种子，不能起到很好的隔离作用，氧气、水分、微生物等能随意地进入种子内部，大大影响了种子寿命。

(3)含水量

种子内部的含水量直接影响着种子的寿命。含水量较高时，酶活性较高，呼吸作用较强，产生大量的热量，易滋生病菌。含水量较低时，酶的活性降低，呼吸作用也随之减弱，种子能保持较长时间的生命力。

3.3.1.2 影响种子生命力的外部因素

(1)湿度

贮藏环境的空气湿度直接影响着种子的寿命。空气湿度较大时，种子可以直接吸收空气中的水分，提高了自身的含水量，呼吸作用增强，进而会释放出更多的水汽和热量。过多的水汽进一步加快了呼吸作用的进行，过高的热量使种子堆内部的温度升高，为微生物的繁殖提供了条件，进而种子会出现发霉、腐烂、结块等现象。所以一般贮藏种子时，为了保持种子的生命力，空气湿度要控制在25%~50%。

(2)温度

温度通过影响呼吸酶的活性来影响种子的呼吸作用。呼吸酶的活性与温度在一定范围内呈正相关。温度较高时，酶的活性较强，呼吸作用强烈，消耗营养物质的速度加快，缩短种子的寿命。温度较低时，酶活性低，呼吸作用微弱，消耗的营养物质较少，进而延长了种子的寿命。但若温度过低，含水量较高的种子内部会出现结冰的现象，细胞内部结构会遭到破坏，生理作用受到影响，种子就会死亡。因此，适宜种子贮藏的温度一般是-20~5℃。一般所谓低温是指0~5℃。

(3) O_2 与 CO_2

O_2 与 CO_2 分别是呼吸作用的反应物与生成物，所以二者含量的高低会直接影响种子、昆虫、微生物的呼吸作用强度。一般种子含水量较低时，空气中的 CO_2 含量越高，氧气的含量越低，种子的寿命越长；若种子含水量升高，则与之相反。如果在缺氧的条件下，会大大地抑制种子的呼吸作用。因此，低氧或高浓度的 CO_2 有延长种子寿命的效果。

实践中，贮藏种子时常采用密封法，就是为了降低气体的含量，进而来延长种子寿命，且密封的种子一定要含水量较低。贮藏含水量较高的种子时，环境要保证通风透气。

(4) 生物

贮藏环境中的动物、微生物也会直接影响种子的寿命。很多种子自身携带害虫，或者是在贮藏环境中存在害虫，这均会使种子被咬伤，极大地影响到种子的发芽率。且当种子含水量较高时，会加速微生物的繁殖，从而引发种子腐烂变质。

3.3.1.3 园林植物种子的安全贮藏

种子的安全贮藏是指创建适宜的环境条件，控制种子的呼吸作用，保证种子的生命力和寿命。对种子生命力影响最大的就是种子的含水量，种子的含水量直接决定了种子的贮藏方法。在贮藏种子时，使种子中原生质处于凝胶状态，呼吸酶活性低，呼吸极微弱，可以安全贮藏时的含水量，称为安全含水量。

一般情况下，安全含水量高的种子适宜贮藏的条件为：低温、湿润、通气。安全含水量低的种子适宜贮藏在低温、干燥、通气或密闭的条件下。根据种子的生理特点，种子贮藏可分为干藏和湿藏两大类。干藏即是将干燥的种子贮藏在干燥的环境中，这种方法要求一定的低温和适当干燥的环境。凡是安全含水量低的种子都适合干藏。湿藏是指将种子贮藏在湿润、低温(1~10℃)和通气的环境中。凡是安全含水量高的种子都适合湿藏，如黄杨、海棠、鹅掌楸等的种子。

3.3.2 插条、球根、切花的生理特点与贮藏

(1) 插条

插条是扦插繁殖的材料，是指扦插时剪取的植物的茎、叶、根、芽等(在园艺上称插穗)。插条根据采收时间的不同，可分为生长期采收的插条和休眠期采收的插条两类。生长期采收的插条由于生命活动旺盛，采收时产生的伤口处的呼吸速率会大大上升，产生大量的热量，应将其置于维持正常生理活动最低范围的环境中。一般情况下，为了避免新鲜的插条失水，会将其用塑料膜覆盖进行保湿。当塑料膜内出现液化的水汽时，应立即解除覆盖使之通风透气，防止由于伤口处剧烈的呼吸释放的热量不断积累，最后导致插条生理活动受到影响。而休眠期采收的插条生命活动趋于暂停，将其继续贮藏于休眠的环境中即可。

(2)球根

球根是指球根植物地下部分变态肥大者。根据其变态形状，球根又包括根状茎、块根、鳞茎、球茎等。如唐菖蒲的球茎、玉簪的根状茎、郁金香的鳞茎、仙客来的块茎等均属于球根。一些球根花卉在春季经过了旺盛生长后，在体内会贮藏大量的营养物质，入夏后便会进入休眠状态。体内的各项生理活动也趋于停止。此时一般会把球根从土壤中挖掘出来，晾干，进行贮藏。由于采收的球根处于休眠状态，呼吸作用极其微弱，为了彻底减少呼吸消耗，一般将其贮藏于低温环境中抑制呼吸作用，以保证球根品质。

(3)切花

切花是指从植物体上剪切下的花朵、枝条、叶片等植物材料，它们主要用于插花和制作花束、花篮等装饰品。采收的切花由于脱离了母体，不能靠根压来进行主动吸水，只能靠蒸腾拉力来获取水分，所以切花的水分代谢是不协调的。水分失调的状态往往会使切花表现出萎蔫的状态。继续失水，症状会更严重，直至彻底死亡。

切花的保鲜技术是维持其生命力的主要手段。其原理是抑制切花的呼吸作用及乙烯的释放。目前常见的切花保鲜技术有水插法、保鲜剂处理、营养液补充、低温及气调贮藏等。其中营养液补充是保鲜方法中最重要、最常用的手段。大部分商业性的营养液都含有糖类、杀菌剂、生长调节剂、乙烯抑制剂、矿质营养等。切花在采收后立即进行冷冻，贮藏于低温环境中，这样可抑制体内乙烯的产生，降低呼吸作用，有效地减少体内水分及养分的消耗。气调贮藏法主要是通过人工控制，改变贮藏环境中空气的组成，从而达到保鲜的目的。一般氧气含量控制在0.5%~1.0%，二氧化碳含量控制在5%~10%。

影响切花保鲜的因素是多方面的，既受切花自身品质的影响，也受环境因子的调控。无论采用哪种保鲜方法，首先应该选择质量上好的花材，新鲜、无病虫害，花朵开放60%左右。贮藏切花时，尤其要控制好湿度和温度。具体采用哪种保鲜方法，要根据具体的切花材料及具备的条件来选择。

自主学习资源

1. 植物生理学．张立军，梁宗锁．北京：科学出版社，2007.

2. 植物学．李名扬．北京：中国林业出版社，2006.

3. 园林植物生长与环境．关继东，向民，王世昌．北京：中国林业出版社，2013.

拓展提高

挪威“世界末日种子库”

挪威“世界末日种子库”位于斯瓦尔巴群岛的一处山洞中，距离北极点约1000km。这是一座称为当今全球最安全的，可以抵御地震、核武器的种子基因库。大约有1亿粒世界各地的农作物种子保存在-18℃的地窖中。

斯瓦尔巴全球种子库周围的气候恶劣、寒冷、人迹罕至，加之建筑本身1m厚的水泥墙，坐落在高出海平面130m的特殊位置，以及周围有5000多头北极熊的天然守卫，可以说，这里的种子是非常安全的。

通常情况下，入库种子首先需经过精挑细选，然后放入特制的银色袋子中，最后运至目的地。运至种子库的植物种子会按照来源、种类、数量以及贮存条件分门别类地摆放，常年保持-18℃的低温，致使小麦等重要作物种子能够不间断保存，时限为1000年，而高粱种子更是能保存约1.95万年。这种特制的银色袋子，又称为“劳斯莱斯种子袋”，它由特殊金属箔片和其他先进材料制成，研发成本很高，可以说是挪威种子库的定制款。这种收集袋可以保证种子在干燥和冷冻状态下保存。即使种子库的制冷系统失效，这种袋子仍能确保种子在-18℃以下长久保存。

粮食对人类生存至关重要，这也是挪威“世界末日种子库”建立初衷之一。据估计，该种子库可储存450万种、约20亿粒主要农作物种子样本。建造这个种子库也是为了应对各种不确定性因素(全球气候变暖、核战争、恐怖主义等)带来的挑战，以保证食物供应。

课后习题

一、填空题

1. 引起芽休眠的原因主要是________和________。

2. 植物营养体进行休眠主要与________有关，要满足________和一定的短日照天数。

3. 休眠有多种形式，一、二年生植物大多以________为休眠器官；多年生落叶树则以________作为休眠器官；而多种2年生或多年生草本植物则以休眠的________、鳞茎、球茎、块根、块茎等度过不良环境。

二、不定项选择题

1. 松柏类种子胚已经发育完全，但在适宜条件下仍不能萌发，这是因为(　　)。

A. 种皮限制　　B. 抑制物质　　C. 未完成后熟　　D. 日照长度

2. 豆科、百合科的种子由于种皮坚硬、不透水、不透气而阻碍胚的生长，它们休眠的原因是(　　)。

A. 种被障碍　　B. 种子未完成后熟

C. 胚未完成生理后熟　　D. 抑制物的存在

3. 以下说法错误的是(　　)。

A. 多数冬季休眠的植物，在长日照条件下旺盛生长，在短日照条件下生长受到抑制

B. 芽休眠是一种良好的生物学特性，能使植物在恶劣的条件中生存下来

C. 秋季的短日照不是植物进入休眠的信号

D. 落叶树在秋季短日照的影响下，便进行越冬的准备

4. 树木的冬季休眠是由(　　)造成的。

A. 低温　　B. 缺水　　C. 短日照　　D 长日照

5. (　　)种子休眠是由于种皮过厚引起的。

A. 白蜡树　　B. 兰花　　C. 小叶黄杨　　D. 百合

6. 园林植物的种子及营养器官都有休眠期，想要打破休眠促进萌发，可选用(　　)。

A. 吲哚乙酸　　B. 赤霉素　　C. 2,4-D　　D. 吲哚丁酸

三、问答题

1. 植物为何不能长期靠无氧呼吸维持生命？
2. 呼吸作用与作物产量关系如何？
3. 产品贮藏需要控制哪些环境条件？如何控制？
4. 种子休眠的原因有哪些？如何打破种子的休眠？

单元4　植物的生长特性

学习目标

(1)了解植物运动的现象及产生机理。

(2)理解植物生长基本特性。

(3)掌握实生树的生命周期及年周期。

(4)能根据植物生长的基本特性相关知识分析园林植物生产及园林养护过程中出现的问题和现象，指导园林生产实践。

(5)能根据植物运动的相关知识解释园林植物生长过程的一些现象，为园林植物养护打下基础。

4.1　植物生长的周期性

植物的器官或全株的生长并不是持续、均匀地进行的，而是随昼夜或季节发生着规律性的变化，这种现象称为植物生长的周期性。植物生长的周期性变化，与其内部因素和环境条件的变化有着密切的关系。

4.1.1　植物的生命周期

植物的个体发育是从种子萌发开始，经过幼苗，长成植株，一直到开花结实、衰老与死亡(更新)的整个过程。种子是种子植物个体发育的开始。任何一个植物体，生长活动开始后，首先是植物体的地上、地下部分开始旺盛地离心生长。植物体高生长很快，随着年龄的增加和生理上的变化，高生长逐渐缓慢，转向开花结实，最后逐渐衰老，潜伏芽大量萌发，开始向心更新。

4.1.1.1　木本植物的生命周期

在树木栽培中提到的个体，严格地说，应是有性繁殖的实生单株，在苗木培育中称为实生树。这样的单株都经历由合子开始至有机体死亡的过程。在苗木繁殖中，也可从母株上采取营养器官的一部分，采用无性繁殖的方法形成新植株。这类植株是母株相应器官和组织发育的延续，可称为无性繁殖个体或营养繁殖个体，也称为营养繁殖树。因此，在树木中存在着两种不同起点的生命周期：一种是起源于种子的实生树的生命周期；另一种是起始于营养器官的营养繁殖树的生命周期。

(1)实生树的生命周期

①种子期(胚胎期)　指植物自卵细胞受精形成合子开始，到种子发芽时为止的这段时期。可以分为前、后两个阶段：前一阶段是从受精到种子形成；后一阶段是种子脱离母体到开始萌发。种子期主要栽培措施是促进种子形成、安全贮藏和在适宜的环境条件下播种并使其顺利发芽。种子期的长短因植物而异，有些成熟后有适宜条件就能发芽，有的则经过休眠后才发芽。

②幼年期　从种子发芽到植株第一次出现花芽为止的这段时期。它是实生苗过渡到性成熟以前的时期，也是树木地上、地下部分进行旺盛的离心生长的时期。树木在高度、冠幅、根系长度和根幅方面增长很快，体内逐渐积累起大量的营养物质，为从营养生长转向生殖生长打下基础。俗话说“桃三杏四李五年”，就是指不同树种幼年期长短有差异。一般木本植物的幼年阶段需要经历较长的年限才能开花，且不同树种或品种也有较大的差异。如紫薇、月季、枸杞等有些当年播种当年就可开花，幼年阶段不到一年，松树和桦树需5~10年，银杏15~20年，而红松可达60年以上。在这一时期完成之前，采取任何人为措施都不能诱导开花，但通过育种或采取一些措施可以使这一阶段缩短。

③青年期　从植物第一次开花到花朵、果实性状逐渐稳定为止，也可称为过渡阶段。当树木营养生长到一定阶段，才能感受开花所需要的条件，也才能接受成花诱导。青年期树木的离心生长仍然比较快，生命力亦很旺盛，但花和果实尚未达到本品种固有的标准性状。此时期树木能年年开花结实，但数量较少。青年时期树木的形态特征已渐趋稳定，有机体可塑性已大为降低，所以在该期的栽培养护过程中应给予良好的环境条件，加强肥水管理，使树木一直保持旺盛的生命力，加强树体内营养物质的积累。

④壮年期　此期为树冠及开花结实的稳定期。以后，树冠开始缩小，开花和结果量也开始减少。在壮年期，树种或品种的性状得到了充分的表现，并有很强的遗传保守性，故在苗木繁殖时选用达到本期的植株作母树最好。在正常情况下，这个阶段的树木可通过发育的年循环而反复多次地开花结实，这个阶段经历的时间最长。如侧柏属、雪松属可经历3000年以上。这类树木个体发育时间特别长的原因在于其一生中都在进行生长，连续不断地形成新的器官，甚至在几千年的古树上还可以发现几小时以前产生的新梢、嫩芽和幼根。但是木本植物达到成熟阶段以后，由于生理状况和环境因子可以影响花原基的形成与发育，因此并非每年都能开花结实。

⑤衰老期　实生树经多年开花结实以后，营养生长显著减弱，开花结果量越来越少，器官凋落枯死量加大，对干旱、低温、病虫害的抗性下降，从骨干枝、骨干根逐步回缩枯死，最后导致树木的衰老，逐渐死亡。树木的衰老过程也可称为老化过程，特点是骨干枝、骨干根由远及近大量死亡，开花结果越来越少，枝条纤细且生长量很小，树冠更新复壮能力很弱，抵抗力降低，树体逐渐衰老死亡。

(2)营养繁殖树的生命周期

营养繁殖起源的植物，没有胚胎期和幼年期(或幼年期很短)。因为用于营养繁殖的材料一般已通过幼年期(从幼年母树或根蘖条上取的除外)，因此没有性成熟过程，只要生长正常，环境适宜，就能很快开花，一生只经历青年期、成年期和衰老期。

4.1.1.2 草本植物的生命周期

一、二年生草本植物仅1~2年寿命，一生中经过种子期、幼苗期、成熟期(开花期)、衰老期4个阶段。幼苗期一般2~4个月，2年生草本花卉多数需通过冬季低温，翌春才能进入开花期。自然花期1~2个月，是观赏盛期。衰老期是从开花量大量减少，种子逐渐成熟开始，直至枯死。

多年生草本一生经过的时期与木本植物相同，但因其寿命仅10余年，故各个生长发育阶段与木本植物相比相对短些。

4.1.2 植物的年周期

园林树木生长发育过程在一年中随着时间和季节的变化所经历的生活周期称为年周期。

4.1.2.1 落叶树木的年周期

由于温带地区的气候在一年中有明显的四季变化，落叶树的年周期明显分为生长期和休眠期。在生长期和休眠期之间又各有一个过渡期，即生长转入休眠期和休眠转入生长期。

(1)生长期

生长期指从春季开始萌芽生长到秋季落叶前的整个生长季节，在一年中所占的时间较长。树木在此期间随季节变化会发生萌芽、抽枝、展叶、开花、结实等极为明显的变化，并形成叶芽、花芽等器官。

(2)生长转入休眠期

秋季叶片自然脱落是温带树种开始进入休眠期的重要标志，秋季日照缩短、气温降低是导致树木落叶进入休眠期的主要外部原因。树木落叶前，在叶片中会发生一系列的生理生化变化，如光合作用和呼吸作用减弱、叶绿素分解、部分氮钾成分向枝条和树体其他部位转移等，最后在叶柄基部形成离层而脱落。

不同年龄阶段的树木进入休眠的早晚不同，幼龄树要比成年树较迟进入休眠期。同一树体不同器官和组织进入休眠的时间也不同，一般芽最早进入休眠期，其后依次是枝条和树干，最后是根系。

(3)休眠期

树木从秋季正常落叶到翌春萌芽为止。在休眠期内虽看不出有生长现象，但树体内仍进行着呼吸作用、蒸腾作用、芽的分化、根部的养分吸收、合成和转化等各种生命活动，只是进行得较微弱而已。所以，确切地说，树木的休眠只是相对概念。

(4)休眠转入生长期

通常从日平均气温3℃以上起到芽膨大待萌时止。树木由休眠转入生长，在适合的温度和水分条件下树液开始流动，有些树种(如核桃、葡萄等)会出现明显的“伤流”。一般北方树种芽膨大所需的温度较低，而原产温暖地区的树种芽膨大所需要的温度较高。芽萌发是树木由休眠转入生长的明显标志，但实际上根的生长比萌芽要早得多，这一时期若遇到突然的低温，很容易发生冻害，要注意早春的防寒措施。

4.1.2.2 常绿树木的年周期

常绿树并不是树上的叶片全年不落，而是叶的寿命相对较长，每年仅有一部分老叶脱落并能陆续增生新叶，因而全年保持树冠常绿。在常绿针叶树种中，松叶可存活 2~5 年，冷杉叶可存活 3~10 年，紫杉叶可存活 6~10 年，它们的老叶多在冬、春间脱落。常绿阔叶树的老叶多在萌芽展叶前后集中脱落，热带、亚热带常绿阔叶树各器官的物候动态表现极为复杂，物候差别很大。

4.1.3 植物的昼夜周期性

植物的生长速率按昼夜变化发生的有规律的变化，称为昼夜周期性。影响植物昼夜生长的因素主要是温度、水分和光照。在一天的进程中，由于昼夜的光照强度和温度高低不同，植物体内的含水量也不相同，因此就使植物的生长表现出昼夜周期性。例如，茎的伸长、叶片扩大和果实的增大等都有这种特性。至于植物在白天长得快，还是晚上长得快，这取决于诸因素中最主要因素的限制。如越冬植物，白天的生长量通常大于夜间，因为冬季限制生长的主要因素是温度。日光对生长的作用，主要是通过提高空气的温度和蒸腾速率来影响植株的生长。中午，适当的水分亏缺降低了生长速率。在水分不足的情况下，白天蒸腾量大，同时光照过强抑制植物的生长，所以生长会较慢，而夜晚植物生长较快，所以夏季很多植物会表现出白天生长速率比夜晚慢。昼夜的周期性变化在很大程度上取决于环境条件的周期性变动。

4.1.4 植物的生长大周期

在植物生长过程中，无论是细胞、器官或整个植株的生长速率，都表现出慢—快—慢的规律。即开始时生长缓慢，以后逐渐加快，达到最高点后又减缓以至停止，这种生长规律，称为生长大周期。如果以时间为横坐标，生长量为纵坐标，则植物的生长呈“S”形曲线。

植物叶片或果实等器官都具有生长大周期的特性。器官开始生长时，细胞大多处于细胞分裂期，由于细胞分裂是以原生质体量的增多为基础的，原生质合成过程较慢，所以体积增大较慢。但是，当细胞转入伸长生长时期，由于水分的进入，细胞的体积就会迅速增加。到后期细胞以分化成熟为主，体积增加不多，所以器官的生长又逐渐缓慢下来，最后停止。

植株生命过程中，也具有生长大周期，产生的原因比较复杂，它主要与光合面积的大小及生命活动的强弱有关。生长初期，幼苗光合面积小，根系不发达，生长速率慢；中期，随着植物光合面积的迅速扩大和庞大根系的建立，生长速率明显加快；到了后期，植株渐趋衰老，光合速率减慢，根系生长缓慢，生长渐慢以至停止。

根据生长大周期规律，可以采取相应措施，促进或抑制植株或器官的生长。由于植物生长是不可逆的，促进或抑制植株或器官生长，必须在植株或器官生长最快的时期到来之前，及时地采取栽培措施，以控制植株或器官的生长量。如果生长大周期已经结束才采取措施，往往收效甚微或不起作用。例如，在园林树木育苗时，要使苗生长健壮，就必须在树苗生长早期加强水肥管理，使其形成大量枝叶，这样就能积累大量的光合产物，使树苗生长良好；如果在树苗生长后期才加强水肥管理，不仅效果小，而且会使生长期延长，枝条幼嫩，树苗抗寒力弱，易受冻害。此外，应当注意到，在同一植物中不同器官生长大周期的进程是不一致的，因此在控制某一器官生长时，应考虑到对其他器官的影响。

4.1.5 植物的生物钟

植物很多生理活动具有周期性或节奏性，也就是说，存在着昼夜的或季节的周期性变化，这些周期性变化很大程度决定于环境条件的变化。可是有一些植物体在不变化的环境条件下依然发生近似昼夜周期的变化(如菜豆叶的感夜反应)，周期在20~28h。生物对昼夜适应而产生生理上周期性波动的内在节奏，称为生物钟(生理钟)。除了上述叶片感夜反应外，还有花朵开放、气孔开闭、蒸腾作用、伤流液的流量和其中氨基酸的浓度及成分、胚芽鞘的生长速率等方面的周期性变化。

生物钟具有明显的生态学意义。如有的植物在清晨开放，有的在傍晚开放，分别为白天和晚上活动的昆虫提供花蜜，同时昆虫也帮助植物传粉。菜豆等豆科植物叶片的"就眠运动"使叶片在白天呈水平状，有利于吸收光能进行光合作用。

4.2 植物生长的独立性

植物生长的独立性主要表现在极性和再生能力两个方面。

极性是指植物的器官、组织或细胞的形态学两端在生理上所具有的差异性(异质性)。例如，将柳树枝条悬挂在潮湿的空气中，枝条基部切口附近的一些细胞可能由于受生长素和营养物质的刺激而恢复分生能力，形成愈伤组织，并分化出不定根。这种在伤口再生根的现象与枝条的极性密切相关。无论柳树枝条如何悬挂，其形态学上端总是长芽，而形态学下端则总是长根，即使上下倒置，这种极性现象也不会改变。不同器官的极性强弱不同，一般来说，茎>根>叶。极性产生的原因，可能与生长素在茎中的极性传导有关。

再生能力是指植物体离体部分具有恢复植物体其他部分的能力。再生能力是植物营养繁殖的依据，生产上进行的扦插、嫁接和压条等繁殖，如新疆杨、地锦、柳、月季等的扦插，龙爪槐、垂榆、鸾枝榆叶梅等的嫁接，桂花的压条等，都是利用植物的再生能力。植物组织培养也是利用了植物的再生能力。

4.3 植物生长的相关性

植物是一个有机整体，植物体各部位或器官之间在生长发育的速率和节律上都存在着相互联系、相互促进或相互抑制关系。园林植物某一部位或器官的生长发育，常能影响另一部位或器官的形成和生长发育。这种植物体各部位或器官之间在生长发育方面的相互促进或抑制关系，称为植物生长发育的相关性。植物生长发育的相关性是通过植株营养物质吸收、合成、储存、分配和激素调节来实现的。植物各器官生长发育上这种既相互依赖又相互制约的关系，是植物有机体整体性的表现，也是制订合理的栽培措施的重要依据之一。

4.3.1 地上部与地下部的相关性

“根深叶茂，本固枝荣。枝叶衰弱，孤根难长。”这充分说明植物地上部与地下部之间相互联系和相互影响的辩证统一关系。地上部与地下部关系的实质是植物生长交互促进的动态平衡，是存在于植物体内相互依赖、相互促进和反馈控制机制决定的整体过程。

枝叶在生命活动和完成其生理功能的过程中需要大量的水分和营养元素，需要借助于根系的强大吸收功能。根系发达、生理活动旺盛，可以有效促进地上部分枝叶的生长发育。与此同时，根系是植物吸收水分和营养元素的主要器官，它必须依靠叶片的光合作用提供有机营养与能源，才能实现自身的生长发育，并为植物地上部分生长发育提供必需的水分和营养元素。繁茂枝叶的强大光合作用可以促进根系的生长发育，提高根系的吸收功能。

在园林植物栽培中可以通过各种栽培措施，调整园林植物根系与树冠的结构比例，使植物保持良好的结构，进而调整其营养关系和生长速度，促进植物的整体协调、健康生长。

4.3.2 消耗器官与生产器官的相关性

植物有光合能力的绿色器官称为生产器官，无光合能力的非绿色器官称为消耗器官。实际上，有净光合积累的只有叶片，植物一般有 90%以上的干物质来源于叶片的光合作用，叶片承担着向植物的根、枝、花、果等器官供应有机养分的功能，是最重要的生产器官。然而，叶片作为整株植物有机营养的供应源，不可能同时满足众多消耗器官的生长发育对营养物质的要求，因此需要根据各器官在生长发育上的节律性按一定优先次序协调各部器官生长发育对养分的需求，在不同时期首先满足某一个或某几个代谢旺盛中心对养分的需求，将光合产物输送到生长发育最旺盛的消耗中心。因此，叶片向消耗器官输送营养物质的流向，总是与植物生长发育中心的转移相一致。一般来说，幼嫩、生长旺盛、代谢强烈的器官或组织是植物生长发育和有机养分重点供应的中心，植物在不同时期的生长发育中心大体上与生长期植物物候期的转换相一致。

4.3.3 营养生长与生殖生长的相关性

营养生长与生殖生长主要表现为依赖和对立两种关系。两者既相互促进，又相互抑制。生殖生长需要以营养生长为基础，花芽必须在一定的营养生长的基础上才分化。生殖器官生长所需的养料，大部分是由营养器官供应的。营养器官生长过旺或过弱，都会影响到生殖器官的形成和发育。

生产中，气候条件和土壤条件不适合或栽培措施不当，都会使营养生长不良，进而影响生殖器官的生长发育。反之，开花结实过量，消耗营养过多，也能削弱营养器官的生长，使树体衰弱，影响花芽分化，形成开花、结果的“大小年”现象。

4.3.4 其他器官之间的相关性

植物器官间的互相依赖、互相制约和互相作用是普遍存在的，也体现了植物整体的协调和统一。同时各器官又有相对独立性，在不同季节还有阶段性。

(1)主根与侧根

主根的顶端生长对侧根的形成有抑制作用。除去主根的先端，则促进侧根的发生和生长；切断侧生根，则可促发侧生须根。如苗木移栽时，切断主根，可促进侧根生长，增加根量，扩大吸收面积。对实生苗进行多次移栽，其目的就是增加须根量，有利于出圃后栽植成活。对成年树深翻改土，切断一些一定粗度的根，有利于促发吸收根，增强树势，更新复壮。

(2)顶芽与侧芽

园林植物如塔柏顶芽生长抑制侧芽发出或侧枝生长的现象十分普遍，这种顶端优势现象对植株的形状和开花结果部位的分布影响很大。生产上，对幼树进行摘心，可加速整形，提早开花结果，如碧桃。月季、一串红、荷兰菊等顶芽摘心可促进侧芽萌发，延长花期。此外，正在生长的新梢能抑制休眠芽的萌发，主芽的存在和生长抑制副芽的萌发，当主枝受害或主芽受伤后，休眠芽萌发以代替主枝或主芽。

(3)枝和叶

枝是叶片着生的基础，在相同植物或相同砧木上，某一品种的节间长度是相对稳定的。因此，就单枝来说，枝条越长，叶片数量越多；从总体上看，枝量越大，相应的叶面积也应越大。

(4)果实和叶片

许多试验表明，增加叶果比可增加单果重量，但二者并非直线相关，不是留果越少、叶数越多，果实就越大，而是有一个合适的范围。一般叶(片)果比为20~40，既可增大果实，也能保证正常的产量。不同植物种类、气候、土壤条件，有不同的适宜叶果比。

4.4 植物的运动

低等植物如细菌和藻类能像动物一样自由地整体移动，而高等植物却不能发生整体移动，但植物体的器官可在空间产生位置移动，植物的这种发生位置和空间的改变过程称为植物的运动。高等植物的运动可分向性运动和感性运动两类。

4.4.1 植物的向性运动

向性运动是指植物的器官因受到光、重力等外界因素刺激使生长不均等而产生的定向运动，它的运动方向取决于外界的刺激方向。依外界刺激因素的不同，向性运动可分为向光性、向重力性、向化性和向水性等。

4.4.1.1 向光性

植物朝向光照入射的方向弯曲生长的现象，称为向光性。如某些在室内生长的植物，叶片朝向阳光照射的窗口；阳台上栽培的苏铁长期不搬动，则整个茎叶向光源弯曲；高大乔木树冠下生长的小乔木或灌木，其树冠朝着能见到太阳的一方倾斜等。由于叶片具有向光性的特点，所以叶片能尽量处于最适宜利用光能的位置，更好地进行光合作用，制造有机物质。植物感受光的部位是茎尖、芽鞘尖端、根尖、某些叶片或生长中的茎。

在各种光波中，对向光性起主要作用的是420~480nm的蓝光，其次是360~380nm的紫外光。向光性产生的原因，传统的观点认为与生长素的分布有关：在单向光下，茎尖向光一侧生长素少，背光一侧生长素多，而且生长素对植物生长有双重作用，低浓度时可以促进生长，超过一定浓度就抑制生长。因此，背光的一面茎的生长比向光一面的生长快，茎就朝向光而弯曲生长。

4.4.1.2 向重力性

向重力性就是植物在重力影响下，保持一定方向生长的特性。生长在地球上的植物，总是受到地心引力的影响，无论将萌发的种子放在什么位置，根顺着重力方向向下生长，称为正向重力性；地上茎背离重力方向向上生长，称为负向重力性；地下茎水平方向生长，称为横向重力性。

植物对重力敏感，是由于生长素在植物器官内的分布不对称而引起器官两侧的差异生长。生长素是植物的重力效应物，在平放的根、茎内，由于向地一侧生长素浓度过高而抑制根的下侧生长，以致根向地弯曲；同时，较高浓度的生长素促进茎的下侧生长，茎便向上弯曲。

植物的向重力性能使种子播到土中后，不管胚的方位如何，总是根向下长，茎向上长，有利于植物生长发育。

4.4.1.3 向化性和向水性

向化性是因某些化学物质在植物周围分布不均引起的定向生长。如根总是朝着肥料较多的地方生长；花粉管也具有向化性，当花粉粒落到柱头上以后，花柱中的化学物质如Ca^{2+}和生长素等存在一定的浓度梯度，引导花粉管向着胚珠生长，花粉管就能顺利地进入胚囊。

向水性是当土壤中水分分布不均匀时，根趋向较湿的地方生长的特性。

4.4.2 植物的感性运动

植物的感性运动是植物受无定向的外界刺激而引起的运动。与向性运动不同的是，它与刺激的方向无关，是由生长着的器官两侧或上、下面生长不等引起的。

4.4.2.1 感夜性

由昼夜光暗变化引起的叶片的复合运动称为感夜运动。许多植物如酢浆草、含羞草、合欢等的叶片白天张开、晚上闭合，紫茉莉的花晚上开放、白天闭合。感夜运动产生的可能原因是叶柄基部的细胞发生周期性的膨压变化。当细胞质膜和液泡膜因感受光的刺激而改变其透性时，两侧细胞的膨压变化不相同，使叶柄或小叶朝一定方向发生弯曲。白天，叶基部上侧细胞吸水，膨压增大，小叶平展；而晚上，上侧细胞失水，膨压降低，小叶闭合。感夜性可以作为判断一些植物生长健壮与否的指标。如含羞草叶片的感夜性很灵敏，健壮的植株一到傍晚小叶就合拢，而当植株有病或条件不适宜时，叶片的感夜性就表现得很迟钝。

4.4.2.2 感热性

由温度变化引起器官两侧不均匀生长的运动称感热性。如郁金香和番红花的花，光对其影响很小，主要是花瓣上、下表面对温度的反应不同而引起差异生长。通常在白天温度升高时，花瓣的内侧生长多，而外侧生长很少，花朵开放；夜晚温度低时，花瓣外侧生长而使花闭合。这样，随每天内、外侧的昼夜生长，花朵增大。花的感热性对植物来说是重要的，因为这将使植物在适宜的温度下进行授粉，并且保护花的内部免受不良条件的影响。生产上，利用植物的感热性可控制花的开放。

4.4.2.3 感震性

由于震动引起细胞膨压变化而导致的植物器官运动，称为感震性。最常见的是含羞草叶片的运动。在感受轻微刺激的几秒钟内，叶枕和小叶基部细胞膨压发生变化，使叶柄下垂，小叶依次合拢。刺激含羞草的小叶时，发生运动的部位是叶柄基部的叶枕，感受刺激的细胞的膜透性和膜内外的离子浓度会发生瞬间改变，即引起膜电位的变化，并引起邻近细胞膜电位的变化，从而引起动作电位的传递，当其传至动作部位后，使动作部位细胞膜的透性和离子浓度改变，从而造成膨压变化，引起感震运动。

自主学习资源

1. 园林植物生长发育与环境．关继东，向民，王世昌．北京：中国林业出版社，2013.

2. 园林植物栽培养护．严贤春．北京：中国农业出版社，2013.

3. 园林植物栽培学．金雅琴，张祖荣．上海：上海交通大学出版社，2012.

拓展提高

树木主、侧枝的周期性更替

树木受遗传性和树体生理以及环境条件的影响，其根系和树冠只能达到一定的大小和范围。树木由于离心生长与离心秃裸，造成地上部大量的枝条生长点及其产生的叶、花、果都集中在树冠外围(结果树处于盛果期)，造成主枝、侧枝的枝端重心外移，分枝角度开张，枝条弯曲下垂，先端的顶端优势下降，离心生长减弱。由于失去顶端优势的控制，在主枝弯曲高位处附近的潜伏芽、不定芽萌发生长成直立旺盛的徒长枝，全树在生长过程中逐渐由许多徒长枝替代老主枝，形成树冠新的组成部分。当随着时间的延长达到树冠外围枝条分布区以后，枝条先端下垂，顶端优势下降，生长减弱，造成枝条的更替。这种枝条的更替往往出现多次，形成周期。

作为树体，其主、侧枝的周期性更替规律是不变的，但更替的周期长短、枝条生长的好坏常常受到很多因素的影响，如光合作用条件、水分及养分状态、离心生长能力等。从一些现象看，有时侧枝的生长甚至超过主枝的生长范围和时间。总体上看，在自然状态下，由于新形成的部分多是徒长枝，侧枝少，在整体树冠叶枝量大、光合作用能力下降、无机营养恶化的条件下，更新的枝条一般达不到原有树冠的分布高度，更替枝条的生长空间随树冠枝量增加而逐渐缩小，并导致主、侧枝更替的周期越来越短，形成衰弱式更替。

课后习题

一、填空题

1. 实生树的生命周期包括________期、________期、________期、________期和衰老期。

2. 根据外界刺激不同，向性可分为________性、________性、________性和______性。

3. 高等植物的运动可分为________运动和________运动。

4. 植物的独立性主要表现在________和________两个方面。

二、单项选择题

1. 以下木本植物顶端优势较明显的是(　　)。

A. 松柏　　B. 苹果　　C. 榆树　　D. 柳树

2. 园林树木观赏的盛期是(　　)。

A. 幼年期　　B. 青年期　　C. 壮年期　　D. 衰老期

3. 植物在生长过程中，整个植株的生长速率都表现出(　　)的规律。

A. 快—慢—快　　B. 慢—快—慢　　C. 快—慢—慢　　D. 慢—慢—快

4. 一些园林植物会出现开花、结果的“大小年”现象，主要原因是(　　)。

A. 环境条件　　B. 栽培技术　　C. 开花、结实过量　　D. 养护技术

三、问答题

1. 简述落叶树年生长发育周期。

2. 简述园林植物生长的周期性。

3. 简述园林植物生长的相关性。

单元5 植物生长物质与除草剂

学习目标

(1)了解植物激素和生长调节剂的概念。

(2)了解除草剂的分类。

(3)熟悉植物生长调节剂常用类型和特性，以及在园林植物上的使用范围。

(4)熟悉园林植物对常见除草剂的药害反应。

(5)掌握植物激素的主要生理作用。

(6)通过植物生长调节剂相关知识的学习，能正确选择植物生长调节剂用于园林养护、花卉生产等方面，指导园林生产实践。

(7)通过除草剂相关知识的学习，能正确选择除草剂防治园林绿地、苗圃及草坪上的杂草。

5.1 植物生长物质

植物在生长发育过程中，除了要求适宜的温度、光照、氧气等环境条件和必要的营养物质，如水分、无机盐、有机物外，还需要一些对生长发育有特殊作用且含量甚微的生理活性物质。这类物质极少量就可以调节和控制植物的生长发育及各种生理活动。这类物质称为植物生长物质，包括植物激素和植物生长调节剂。

植物激素是植物体内产生的活性物质。植物激素由特定的器官或组织合成，然后转运到别的器官或组织而发挥作用。植物的发芽、生根、生长、器官分化、开花、结果、成熟、脱落、休眠等无不受到植物激素的调节控制。

植物激素的生理特性主要是：a. 内生的，是植物生命活动过程中正常的代谢产物；b. 可移动的，由某些组织和器官产生后，可转移到体内其他部位起调控作用；c. 不是营养物质，但极低浓度就可对代谢起调节作用。

目前国际公认的植物激素主要有五大类：生长素类、赤霉素类、细胞分裂素类、脱落酸和乙烯。此外，科学家也发现了其他一些具有植物激素作用的内源生长调节物质，如油菜素内酯、水杨酸、茉莉酸等。

由于植物激素在植物内含量甚微，因此一般采用微生物发酵的方法浓缩提取或通过化学方法来获得。这类由人工合成、人工提取的外源活性物质，称为植物生长调节剂。

植物生长调节剂因具有显著、高效的调节效应，已广泛地应用于林木、花卉、果树、蔬菜等的生产上，并取得了显著的经济效益。植物生长调节剂根据其作用方式可分为植物生长促进剂、植物生长延缓剂、植物生长抑制剂等。

5.1.1 常见植物生长物质

5.1.1.1 生长素类

(1)生长素的种类和分布

生长素的缩写符号为IAA，是最早被发现、最普遍存在的一类植物激素。植物体内的生长素含量非常低。除吲哚乙酸以外，植物体内还有许多其他生长素类激素，主要以吲哚类化合物为主，如吲哚乙醛、吲哚乙醇、吲哚乙腈和吲哚丙酮酸等。生长素在高等植物中分布很广，根、茎、叶、花、果实、种子及胚芽鞘中均有。生长素大部分集中在植物生长旺盛的部位，而趋向衰老的组织和器官中则含量很低。

(2)生长素的生理作用

①促进或抑制生长　生长素能促进细胞和器官伸长，从而促进植物生长。但生长素对生长的作用随浓度而异，低浓度时，可以促进生长；超过一定浓度，生长就受到抑制；在更高浓度下，甚至可导致植物死亡。所以，在使用生长素类药剂时，要特别注意浓度问题。

植物种类不同，对生长素浓度的要求也不同，一般双子叶植物比单子叶植物敏感。不同器官对生长素的浓度要求也不同，一般根对生长素最敏感，茎的敏感性较差，芽则介于二者之间。

②促进细胞分裂和根的分化　生长素对细胞的分裂和分化也产生一定的作用。例如，使用适宜浓度的生长素处理植物的茎或枝条切段，可刺激根原基细胞分裂，诱导生根。生长素与细胞分裂素共同作用，可促使薄壁细胞分裂，促进愈伤组织的形成。当生长素比例较高时，能使愈伤组织形成根。所以，在扦插、压条、嫁接等无性繁殖以及组织培养上均有应用价值。

③促进形成无籽果实，防止果实脱落　生长素能促进某些植物(如黄瓜、番茄等)不经授粉而单性结实，产生无籽果实。它还可促进坐果，防止花、果实等器官脱落。

④维持顶端优势　当植株有顶芽存在时，侧芽不生长或生长很慢；去掉顶芽时，侧芽就能正常生长。这是由于顶芽中不断产生生长素，运输到侧芽，对侧芽产生了抑制，从而造成顶端优势。

⑤增加雌花数　生长素能控制瓜类植物的性别，促进雌花的分化，增加雌花的数目。

(3)常用的生长素类植物生长调节剂

①吲哚丁酸(IBA)　IBA为白色或微黄色结晶粉，稍有异臭，不溶于水和氯仿，能溶于醇、醚和丙酮。剂型为92%粉剂。配制溶液时，需用少量酒精溶解后，再用水稀释定容。其主要用途是促进插枝生根，在果树、花卉等园艺植物上应用最多。

②2,4-D　化学名称为2,4-二氯苯氧乙酸。纯品为无色无臭晶体，工业品为白色或淡黄色纯净粉末，难溶于水，易溶于乙酸、乙醚、丙酮等有机溶剂。制剂有80%可溶性粉剂、1.5%水剂等。高浓度(1000mg/L)的2,4-D可作为除草剂，如果用低浓度(如100mg/L)浸渍山茶、月季、叶子花等插条，可促其生根。1~25mg/L可防止落花落果、诱导无籽果实、刺激果实膨大等。

③萘乙酸(NAA)　化学名称为α-萘乙酸。纯品为无臭无味白色针状结晶，工业品为黄褐色。在冷水中微溶，易溶于热水、酒精、醋酸中。易潮解，见光会变色。常见剂型有5%水剂、70%钠盐、80%原粉、99%原粉等。可用于插条生根，防止落果、疏花疏果等。

④ABT生根粉　ABT生根粉是一种广谱高效生根促进剂，用其处理插穗，能参与插穗不定根形成的整个生理过程，具有补充外源激素与促进植物体内内源激素合成的功效，因而能促进不定根的形成，缩短生根时间，效果优于吲哚丁酸等生长素。ABT生根粉有多个型号，其中ABT 1号主要用于难生根的树种，促进扦插条生根。ABT 2号主要用于扦插生根不太困难的树种。ABT 3号主要用于苗木移栽时，苗木伤根后的愈合，提高移栽成活率，同时用其浸种促进种子萌发。ABT生根粉使用时常稀释后速蘸和浸泡植物被处理的部位。

5.1.1.2　赤霉素类

(1)赤霉素的种类和分布

赤霉素(GA)最先是从水稻恶苗病的研究中发现的，患恶苗病的水稻因赤霉菌分泌一种物质而徒长，这种物质被称为赤霉素，1959年确定其化学结构。至今已分离和鉴定出的赤霉素有120多种，分别写成GA_1、GA_2、GA_3等。其中GA_3又叫赤霉酸，是分布和应用都很广泛且生理活性很强的一种赤霉素。

赤霉素在高等植物的根、茎、叶、花、果和种子等器官中都有存在，尤其在幼嫩的种子等生长旺盛的部位含量更多。

(2)赤霉素的生理作用

①促进茎叶伸长生长　赤霉素能促进细胞的分裂与伸长，显著促进茎叶伸长生长，增加植株高度。赤霉素作用于整株，对离体器官的伸长生长无明显作用；一般只使茎伸长，不增加节数，只对有居间分生组织的茎才增加节数；不存在高浓度下的抑制作用，即使浓度很高，也表现很强的促进生长作用，只是浓度过高时，植物形态不正常。

②打破休眠　赤霉素可以打破各种休眠且作用显著。有些植物的种子在黑暗中不能发芽，若用赤霉素处理，即使在黑暗条件下也能发芽。对于不经低温处理就不能发芽的种子，用赤霉素处理后往往促进发芽。鸡冠花等的种子，采收后正处于休眠状态，在自然条件下打破休眠需要数日，但用赤霉素处理后都能发芽。树木休眠的冬芽用赤霉素处理，促进萌发效果明显。

③促进抽薹开花　未经春化的2年生植物如果不经过低温阶段，常常只进行莲座状生长而不能抽薹开花，使用赤霉素处理后，即使不需一定时间的低温处理也会抽薹开花。对有些长日照下才能开花的植物(如天仙子、金光菊等)，赤霉素也可以代替长日照的作用，

使这些植物在短日照条件下开花。

④促进坐果　赤霉素对果实生长和坐果有促进作用，可提高坐果率。例如，用10~20mg/L GA_3处理苹果，可提高坐果率。

⑤诱导单性结实　赤霉素还可引起单性结实。生长上常用来处理葡萄，使无核葡萄果实增大；使有核葡萄诱变成无核葡萄，并且提高品质，提前成熟。

⑥影响性别分化　赤霉素促进瓜类植物多开雄花。这是与生长素的作用相反的。

(3)常用的赤霉素类植物生长调节剂

赤霉酸(GA_3)为广谱性植物生长调节剂，纯品为无色结晶粉末，难溶于水，而溶于醇类。制剂有85%结晶粉剂、4%乳油、20%可溶性粉剂等。在较低温度和酸性条件下相对稳定，遇碱便失效，故使用时只能与酸性农药混用，也可以与尿素、硫酸铵混用，但不能与石灰、石硫合剂等碱性农药混用。主要应用于促进营养生长、抽薹、打破休眠、促进坐果或无籽果形成以及延缓衰老、保鲜等，还能改变雌、雄花的比例。使用浓度过高时，会诱致明显的徒长、白化、畸形等。用100mg/L赤霉素浸杜鹃花、山茶种子可打破休眠。赤霉素与矮壮素、多效唑等一些生长延缓剂有颉颃作用，外加赤霉素可抵消这些生长延缓剂对植物生长的抑制作用。

5.1.1.3　细胞分裂素类

(1)细胞分裂素的种类和分布

细胞分裂素(CTK)是一类促进细胞分裂的植物激素。它们都是腺嘌呤的衍生物。最早发现的具有细胞分裂素作用的是激动素，它不是植物体内天然存在的激素。从植物中分离出来的第一种细胞分裂素是玉米素。现已在多种植物中鉴定出30多种细胞分裂素。

在植物体内，细胞分裂素主要存在于正在进行细胞分裂的器官。例如，茎尖、根尖、未成熟的种子、萌发的种子以及幼果等。细胞分裂素主要由根尖形成，经木质部导管输送到地上部分。果实和种子中也有细胞分裂素的合成。

(2)细胞分裂素的生理作用

①促进细胞分裂和扩大　细胞分裂素最主要的生理功能是促进细胞分裂。缺少细胞分裂素时，细胞很少分裂。细胞分裂素也可使细胞体积增大，但与生长素不同的是，它主要使细胞体积扩大，而不伸长。

②解除顶端优势，促进侧芽发育　细胞分裂素能消除植株的顶端优势，促进侧芽发育。这种作用是与生长素相颉颃的。例如，在菜豆侧芽上用激动素处理，可以诱导侧芽生长。

③诱导芽的分化　在组织培养中，愈伤组织分化产生根还是芽取决于细胞分裂素与生长素的比例。当细胞分裂素浓度低，而生长素浓度高时，就有利于不定根的形成；反之，则有利于不定芽的形成；若二者的浓度大致相等，则愈伤组织只生长而不分化。所以，生长素和细胞分裂素的比例不同，对根或芽的诱导作用也不同。而在芽的分化中，细胞分裂素起着重要的作用。

④延缓衰老　细胞分裂素能减少蛋白质和叶绿素的分解，抑制衰老，具有保绿作用。

因此，生产上用于鲜花、蔬菜保鲜及延长贮藏时间。

(3)常用的细胞分裂素类植物生长调节剂

目前，人工合成了多种细胞分裂素，如6-苄基腺嘌呤(6-BA)、激动素(KT)等。

①6-苄基腺嘌呤　又称6-BA、BAP、腺嘌呤等。纯品为白色结晶，难溶于水，易溶于丙酮、乙醇等有机溶剂，在酸性介质中较为稳定。常用剂型为95%粉剂。6-苄基腺嘌呤为合成的细胞分裂素，主要功能是促进蛋白质合成，诱导花芽分化，延缓叶片衰老，促使细胞分裂。例如，它对菊花、香石竹切花有着抑制呼吸代谢和延缓衰老的作用。它被植株吸收后能抑制枝叶的生长，对某些蕨类植物可使其离体根分化出新生芽。园林上常用于植物组织培养。

②激动素(KT)　化学名称为N_6-呋喃甲基腺嘌呤。不溶于水，溶于强酸、碱及冰醋酸中。其主要生理作用为：促进细胞分化、分裂、生长；诱导愈伤组织长芽；解除顶端优势；促进种子发芽，打破侧芽的休眠；延缓叶片衰老及植株的早衰；调节营养物质的运输；促进结实；诱导花芽分化；调节叶片气孔张开等。果蔬保鲜就主要依赖于这种激素。

5.1.1.4　脱落酸类

(1)脱落酸的种类和分布

在植物生命周期中，如果生活条件不适宜，部分器官(如果实、叶片等)就会脱落；或者生长季节终了，叶片就会脱落，生长停止，进入休眠。在这些过程中，植物体内就会产生一类抑制植物生长发育的植物激素，即脱落酸(ABA)。它可使植物进入休眠状态，提高植物抗御不良环境的能力。

脱落酸广泛分布于高等植物中，主要存在于成熟和衰老组织，尤其是在将要脱落或休眠的器官和组织中含量更多。

(2)脱落酸的主要生理作用

①促进器官脱落　脱落酸是促进叶片、果实等脱落的物质，用脱落酸处理幼果和叶柄，可以引起离层的形成，促进脱落。例如，番茄幼果的脱落与脱落酸有密切关系。

②促进休眠　脱落酸能促进种子和芽的休眠。用脱落酸处理白桦、白杨、槭树的幼苗，在15d内，即引起幼苗产生休眠芽，进入休眠状态。

③促进衰老　脱落酸能加速器官的衰老过程。把离体叶片用脱落酸处理后，2~3d内叶片即转黄。这时，叶内蛋白质被破坏，核糖核酸含量降低。

④促进气孔关闭　脱落酸能促进气孔关闭，从而调节叶片的蒸腾作用。植物遇到干旱或水涝时，叶片萎蔫，叶内脱落酸含量急剧增加，使气孔关闭，从而减少蒸腾。如果用脱落酸的水溶液喷施叶片，也可以使气孔关闭，降低蒸腾速率。因此，脱落酸是植物体内调节蒸腾作用的激素。

(3)常用的植物生长抑制物质种类

植物生长抑制物质是指对营养生长有抑制作用的化合物。植物体内天然存在的生长抑制物质有脱落酸、香豆素、水杨酸、茉莉酸等。人工合成的有：植物生长抑制剂，如三碘苯甲酸；植物生长延缓剂，如矮壮素、多效唑等。这些生长调节剂有的与生长素相颉颃，有的与赤霉素相颉颃，因而能抑制生长。

①三碘苯甲酸(TIBA)　纯品为浅褐色结晶粉末，溶于酒精、丙酮、乙醚、苯等，常见剂型为98%粉剂。三碘苯甲酸可阻止生长素运输，也称抗生长素。三碘苯甲酸抑制顶端分生组织细胞的分裂，使某些花卉矮化，消除顶端优势，增加分枝数量，也有诱导花芽形成，促进植物开花的生理功能。在0.5mg/L的低浓度下，可促进插条生根；在高浓度下，会抑制生长。由于三碘苯甲酸对顶端分生组织具有强烈破坏作用，外施赤霉素不能逆转这种抑制效应。

②多效唑　又称氯丁唑、PP_{333}，属三唑类化合物。纯品为白色结晶，难溶于水，可溶于乙醇、丙酮等有机溶剂。剂型有15%可湿性粉剂、50%粉剂、95%粉剂等。多效唑具有抑制植物生长、阻碍赤霉素的生物合成等功能，同时加速体内生长素的分解，从而减缓细胞的分裂与伸长，使茎秆粗壮，叶色变绿。多效唑在园林栽培上应用非常广泛，用于株型控制、防止移栽后倒苗败苗、培育壮苗和促进开花等，还可用于泡桐、黄杨等绿篱植物的化学修剪。可通过外施赤霉素逆转其效应。

③矮壮素　矮壮素又称CCC，化学名称为2-氯乙基三甲基氯化铵。纯品为白色结晶，易溶于水，可溶于丙酮，不溶于苯、二甲苯、无水乙醇。化学性质稳定，容易潮解。剂型为40%水剂、50%水剂、50%乳油、95%原粉等。矮壮素抑制赤霉素的生物合成，抑制植株茎端初生分生组织中的细胞伸长，但不抑制细胞分裂，因而可使植株变矮、茎变粗、节间缩短、叶色深绿，增加植物抗倒伏、抗寒能力。园林上在唐菖蒲、秋海棠种植后用8000mg/L浇灌土壤可促进开花。可以外施赤霉素逆转。

5.1.1.5　乙烯类

(1)乙烯的种类和分布

乙烯(ETH)为气体物质，是植物的正常代谢产物，广泛存在于植物的各种组织和器官中，正在成熟的果实中含量最高。乙烯在植物各部分都能合成，所以除果实外，在其他器官和组织中，如花、叶、茎、根、块茎和种子等都可产生乙烯。但组织中乙烯含量很小，一般在0.1mg/kg以下。微量的乙烯就可对植物产生生理效应。

逆境条件下，如干旱、水涝、低温、缺氧、机械损伤、病虫害、CO_2和SO_2等，都可诱导产生乙烯，这种由逆境所诱导产生的乙烯称为逆境乙烯。

(2)乙烯的主要生理作用

①促进果实成熟　一些果实在成熟前，有一个呼吸速率急剧上升的阶段，称为呼吸骤变期。呼吸骤变期出现以后，果实就迅速成熟。而在呼吸骤变期之前(或同时)有一个乙烯产生的高峰期，所以乙烯和果实的成熟有关。当果实中乙烯含量超过一定数值时，即可促进果实的成熟。用乙烯处理生果同样有催熟效果。因此，有人将乙烯称为“成熟激素”。

②抑制生长　乙烯具有抑制细胞伸长的作用，从而抑制生长。同时它能引起横向生长，使茎秆变粗、变短。

③促进衰老与脱落　乙烯对叶片和果实的衰老与脱落有显著作用。例如，用乙烯处理叶片，可加速老叶的衰老与脱落；若用高浓度处理，还可使嫩叶脱落；若浓度适宜，可不影响嫩叶和功能叶的生长，只使老叶脱落。

④促进次生物质排出　乙烯能促进橡胶的排泌，可使橡胶产量明显增加。另外，它也能使漆树、松树、印度紫檀等植物的次生物质的产量增加。

(3)常用的乙烯类植物生长调节剂

乙烯利(ACP)又称乙烯磷，是促进植物成熟的植物生长调节剂，进入植物体内以后就会因植物组织 pH 的改变而释放出乙烯，起到促进果实成熟、抑制伸长生长、促进器官脱落、诱导花芽分化、促进发芽、抑制开花、促使发生不定根等作用。剂型为 40%水剂、10%可溶性粉剂等。乙烯使用时也不宜与碱性药液混合。

5.1.2　植物生长调节剂在园林上的应用

植物生长调节剂在园林苗木生产、花卉生产、草坪养护、花坛养护、屋顶绿化和切花保鲜中的应用十分广泛，包括用于打破休眠、促进生根、加速繁殖、延缓草坪生长、促进花芽分化和着花、控制花期、控制株型、促进果实成熟和防止落花落果等。

5.1.2.1　在园林苗木生产中的应用

(1)打破种子休眠，提高种子发芽率

休眠期比较长或难于发芽的种子，经过某些植物生长调节剂如萘乙酸、赤霉素、ABT 生根粉 3 号等的浸种处理，可以打破休眠，并且因种子内酶的活动而加快发芽。

(2)促进插条生根

对于扦插生根比较困难的树种，通过植物生长调节剂如吲哚乙酸、2,4-D、萘乙酸、吲哚丁酸、ABT 生根粉 1 号和 2 号等的处理，可促进生根细胞分裂。

(3)提高嫁接成活率

嫁接过程中，用植物生长调节剂如吲哚乙酸、2,4-D、吲哚丁酸、ABT 生根粉 3 号等浸蘸或涂抹接穗和砧木的切削面，可促进切口愈伤组织的形成，从而有利于接口的愈合，提高嫁接成活率。

(4)幼苗移栽时促进伤根愈合

幼苗移栽时，因为伤根，致使成活率下降。如果在幼苗起出后浸蘸植物生长调节剂如吲哚乙酸、2,4-D、吲哚丁酸和 ABT 生根粉 3 号等，可促使伤口愈合，并且促进须根生长，从而提高成活率。

5.1.2.2　在花卉生产中的应用

(1)防止花果脱落

喷洒赤霉素、比久、萘乙酸等，可防止落花落果。如叶子花用 50μg/g 萘乙酸溶液喷洒，即可防止落花。又如盆栽金橘、四季橘，在挂果的新梢转木质化前，用 15～20μg/g 赤霉素溶液喷施，即可抑制花芽分化，防止落果。

(2)促进果实早熟

在花卉幼果开始生长时，用200μg/g赤霉素喷洒果穗，可使果粒显著增大。

(3)控制植物性别

用100~200μL/L乙烯利溶液喷在植物幼苗的叶片上，可促进雌花的发生和减少雄花的着生。

5.1.2.3 在草坪养护中的应用

新型植物生长延缓剂运用于草坪，既可节约灌溉用水，又能减少草坪养护管理费，并且还可延长草坪景观的观赏性。北京市园林科学研究院研究表明，赤毒素可代替低温打破休眠，促进细胞生长，延长草坪绿期。在狗牙根拔节前后，用3000mg/L矮壮素或400mg/L多效唑进行叶面喷施，能明显抑制主茎和分蘖茎的伸长，矮化作用明显，可代替人工修剪，降低草坪管理成本。此外，多效唑(PP_{333})、矮壮素(CCC)等还具有较强的促根作用，使须根增加，根冠比提高。目前在草坪养护上，主要对结缕草、草地早熟禾、高羊茅、剪股颖等草坪草进行施用和研究。

5.1.2.4 在花坛养护中的应用

为了使花坛景观具有更高的观赏性，除用修剪来对植株进行塑形、通过光温控制花期外，还可利用多效唑(PP_{333})、赤霉酸(GA_3)等植物生长调节剂来控制花坛的景观，使花坛在劳动节、国庆节、中秋节等重大节日期间充分发挥其应有的作用。PP_{333}在控制株形上应用广泛，效果好，极少产生药害。应用于菊花，多表现为茎秆矮化，硬度增加，叶色浓绿，花序增大，花期推迟并延长。为了不使菊花花期推迟，可在花茎即将停止生长时用赤霉素(GA_3)200mg/L处理花蕾。PP_{333}还应用于其他多种草本和木本花卉，如冬青卫矛、大花杜鹃、栀子花、一品红、叶子花、蒲包花、重瓣玉簪、一串红等。GA_3可诱导多数观赏植物开花，并使花期提前。

5.1.2.5 在屋顶绿化中的应用

由于屋顶具有光照好、风大、空气湿度小、植物病虫害少、土层薄等特点，用于屋顶绿化的植物冬季易遭冻害，夏季易受日灼。所选植物应具有抗逆性强、株形小、根系浅等特征。满足此要求的植物数量是有限的，为此，可以通过植物生长调节剂来改善和加强植物的这些特征。通过生长抑制剂或生长延缓剂的处理，降低植物的蒸腾作用，提高原生质体的黏滞性，降低需水量，从而提高植物对水分匮乏的抗性。植物生长延缓剂能使植物根的干重增加，根系生长好，降低冠根比，降低蒸腾率，提高抗旱性。如用脱落酸能使柑橘叶片的气孔关闭，减少蒸腾；矮壮素、多效唑、比久等植物生长延缓剂均能增强植物的抗寒、抗旱能力。

5.1.2.6 在切花保鲜中的应用

切花被切离母株后生理、生化过程发生变化。除了水分和营养状况变化之外，激素之间的平衡也发生改变。切伤会诱导乙烯产生，最终导致衰老，花瓣枯萎。根据切花采收的生理过程，筛选出不同的保鲜药物以延长切花的寿命，这些药物称为保鲜剂。保鲜剂一般由水、无机盐、糖等营养物质，乙烯抑制剂、植物生长促进剂或生长延缓剂，以及杀菌剂等成分组成。施用保鲜剂能使花芽增大，保持叶片和花瓣的色泽，延长切花的货架寿命和瓶插寿命。

5.2 植物除草剂

近些年，园林苗圃、草坪化学除草技术发展很快，它与传统的人工除草相比较，具有简单、方便、有效、迅速的特点，得到了人们的认可。

5.2.1 除草剂分类

5.2.1.1 按作用方式分类

(1)选择性除草剂

选择性除草剂只能杀死某些植物，对另一些植物则无伤害，且对杂草具有选择能力。如西玛津、阿特拉津只杀灭1年生杂草，2,4-D丁酯只杀灭阔叶杂草。

(2)灭生性除草剂

灭生性除草剂对一切植物都有杀灭作用，即对植物无选择能力，如草甘膦等。这类除草剂主要在植物栽植前或者在播种后出苗前使用，也可以在休闲地、道路上使用。

5.2.1.2 按除草剂在植物体内移动情况分类

(1)触杀型除草剂

只起局部杀伤作用，不能在植物体内传导。药剂接触部位受害或死亡，未接触部位不受伤害。这类药剂虽见效快，但起不到“斩草除根”的作用，使用时必须喷洒均匀、周到才能收到良好效果，如除草醚、果尔等。

(2)内吸传导型除草剂

内吸传导型除草剂被茎、叶或根吸收后通过传导而将杂草杀灭。该类除草剂作用较缓慢，一般需要15~30d，但除草效果好，能起根治作用，如草甘膦、阿特拉津等。内吸传导性除草剂有3种类型：a. 能同时被根、茎叶吸收的除草剂，如2,4-D。这类药剂可进行叶面处理，也可进行土壤处理。b. 主要被叶片吸收，然后随光合作用产物运输到根、茎及其他叶片。这类药剂主要进行茎叶处理，如草甘膦、苯黄隆、精噁唑禾草灵等。c. 主要通过土壤被根吸收，然后随茎内蒸腾流上升，移动到叶片，产生毒杀作用。这类药剂主要进行土壤处理，如阿特拉津、敌草隆等。

5.2.2 除草剂的选择性

园林苗圃使用除草剂的目的是消灭杂草、保护苗木。除草剂除草保苗是人们利用了除草剂的选择性并采用一定的人为技术的结果。

5.2.2.1 生物原因形成的选择性

(1)形态上的选择性

形态上的选择性是指利用植物外部形态上的不同获得选择性。如单子叶植物和双子叶植物，外部形态上差别很大，造成双子叶植物容易被伤害。

(2)生理生化上的选择性

生理生化上的选择性是指不同植物对同种除草剂的反应往往不同。有的植物体内由于具有某种酶类的存在，可以将某种有毒物质转化为无毒物质，因而不会受到毒害，这种解毒作用或钝化作用可以被利用。如西玛津可杀死1年生杂草，但不伤害针叶树。

5.2.2.2 非生物原因形成的选择性

(1)时差选择

时差选择是指有些除草剂残效期较短，但药效迅速。利用这一特点，在播种前或播种后出苗前施药，可将已发芽出土的杂草杀死，而无害于种子及以后幼苗的生长。

(2)位差选择

位差选择是指利用植物根系深浅不同及地上部分的高低差异进行化学除草。一般情况下，园林苗木(播种苗除外)根系分布较深，杂草根系则分布较浅，且大多仅在土壤表层。因此，把除草剂施于土壤表层，可以达到杀草保苗的目的。利用地上部高低差异也同样可进行选择性除草。

(3)量差选择

量差选择是指利用苗木与杂草耐药能力上的差异获得选择性。一般木本植物根深叶茂，植株高大，抗药力强；杂草则组织幼嫩，抗药能力差。如果用药量得当，也可获得杀草保苗的效果。

5.2.2.3 采用适当的技术措施获得选择性

采用定向喷雾保护苗木，如采用伞状喷雾器，只向杂草喷药，注意避开苗木。在已经移栽的苗木上，采用遮盖措施进行保护(小苗可用塑料罩盖苗保护)，避免药剂接触苗木或其他栽培植物。

苗木对除草剂之所以有抗性，主要是上述某些选择性作用的结果。然而这些抗性是有条件的，条件变了，苗木也可能受到伤害。

5.2.3 环境条件对除草效果的影响

除草剂的除草效果与环境条件关系密切，其中主要与气象因子和土壤因子有关。

(1)温度

一般情况下，除草效果随温度升高而加快。气温低于15℃时，除草效果缓慢，有的15d才达到除草高峰。

(2)光照

有些除草剂在有光照的条件下效果好，如利用除草醚除草，晴天比阴天效果快，所以喷药应选择晴天进行。

(3)天气

晴天无风时喷药效果好，以9:00~16:00喷药好。大风、有雾、有露水的早晨不宜喷药。因为风大容易造成药物漂移，有雾、有露水的早晨会稀释药剂，影响喷药效果。

(4)土壤条件

土壤的性质及干湿状况影响用药量及除草效果。一般来讲，砂质土、贫瘠土宜比肥沃土及黏土用药量少，除草效果也不及肥沃土壤。这是因为砂土及贫瘠土对药剂吸附力差，药剂容易随水下渗，用药量过大时，容易对苗木产生药害。干燥的土壤，杂草生长缓慢，组织老化，抗药性强，杂草不易被杀灭；土壤湿润，杂草生长快，组织幼嫩，角质层薄，抗药力弱，灭杀容易。此外，空气干燥，杂草气孔容易关闭，也会影响除草效果。

综上所述，为了充分发挥除草效果，应在晴天无风、气温较高、土壤湿润的条件下施药。

5.2.4 园林植物对常见除草剂的药害反应

园林植物种类繁多，生活习性差异很大，在对除草剂的反应上也表现出各自不同的特点。在施用除草剂前应搞清植物对所有除草剂的反应情况。

常绿针叶树，如油松、白皮松、华山松、雪松、圆柏、云杉等，对除草剂的耐药力最强，对绝大多数除草剂的常规剂量无药害反应，甚至使用敌草隆、扑草净、西玛津按2.25~4.50kg/hm^2的用量对白皮松、侧柏实行全株喷洒，也不会产生药害反应。

深根性阔叶树，如银杏、槐、元宝枫、栾树、杜仲、核桃、柿树、苹果、梨、白蜡、杨树、刺槐、香椿、合欢、悬铃木、泡桐等，生长慢，根系深，耐药性也强，对多数除草剂的常规用药量也无药害。

柳树、臭椿等只适用于除草醚，对其他除草剂常规用药量有药害反应。

各种直立型花灌木和小乔木，如丁香、木槿、榆叶梅、碧桃、金银木、红叶李等，对多数除草剂也基本无药害。但由于其植株矮小，因而不宜用高压喷枪喷药，而只能用低压喷枪或背负式喷雾器喷药。

各种匍匐类、攀缘类及带刺灌木包括各种蔷薇类、地锦、连翘、金银花等，可以在早春萌动前用机动喷雾器或高压喷枪喷药。

对于各种小苗，如播种苗、扦插苗等，采用毒土法比较安全。

还要注意，对试验和推广化学除草的园林苗圃，应坚持科学、严谨、积极的态度，一定要遵循“一切经过试验”的原则。除草剂要与其他药剂分开保存、专人保管，防止错用，以防药害。

自主学习资源

1. 园林植物生长发育与环境．关继东，向民，王世昌．北京：中国林业出版社，2013.

2. 植物生长调节剂在园林植物景观中的应用．邓彬．现代园艺，2016(15)：103-104.

3. 植物生长调节剂与施用方法．王三根．北京：金盾出版社，2003.

4. 植物生长调节剂和除草剂的使用．彭剑涛．贵阳：贵州科技出版社，1999.

拓展提高

不同类型杂草的防除

除草剂品种繁多、特点各异，再加上杂草类型复杂，生物学特性差异较大，尤其是许多杂草与被保护对象之间在外部形态及内部生理上非常接近，因而化学除草技术比一般的用药技术要求严格。若用药不当，往往不仅达不到除草的目的，还有可能对园林植物产生药害。

1. 禾本科杂草防除

禾本科杂草可使用苗前处理除草剂，在杂草生长的早期将之消灭。苗前处理除草剂能覆盖土壤表面，杀死出土的杂草幼苗。对种粒较大的禾本科杂草，土表处理除草剂难以防除，如野黍、双穗雀稗等；种粒较小的，用土表处理除草剂防除效果好，如稗草、狗尾草等。1年生禾本科杂草可选择的除草剂品种有禾草灵、磺草灵、拿草特、地散磷、精吡氟禾草灵、乙草胺等，除草剂必须在种子萌芽前使用。在日常的管理中，可根据不同的杂草选择合适的除草剂，适时加以喷施防除。多年生禾本科杂草通常使用非选择性除草剂，如草甘膦或茅草枯、氯磺隆、禾草灵等，可通过涂抹或定向喷施的方法防除。对于阔叶草坪草(马蹄金、酢浆草、白车轴草)中的禾本科杂草(如稗草、牛筋草、狗尾草、狗牙根、马唐等)，使用精喹禾灵、精吡氟禾草灵、乙草胺、拿捕净等除草剂。对于禾本科草坪草中的禾本科杂草，使用双氟基涕丙酸可以进行有效防除(杂草9叶期以内)，兼除部分阔叶杂草(5叶期以内)。

2. 阔叶类杂草防除

阔叶杂草主要使用茎叶处理剂防除，如百草敌、2,4-D、二甲四氯钠等，主要在春、秋两季使用，在秋天发芽后使用除草剂能够达到最佳的除草效果。除草剂应在土壤湿润、无风时使用，气温在18~27℃时使用最佳。选择性除草剂一般都在杂草出苗后使用，经常是2~3种联合使用，而不是单独使用。夏季最难消灭阔叶杂草。在干燥、炎热的夏季，很多杂草在叶片表面会形成厚厚的蜡质保护层，使除草剂无法附着在叶面上，更难以渗透。这时最好用酯类除草剂溶液进行点喷，以渗入杂草的叶片。使它隆、二甲四氯、2,4-D、苯达松等都可以有效防除早熟禾、高羊茅、黑麦草、结缕草、狗牙根等禾本科草坪草中的常见阔叶杂草。使它隆在杂草3叶期左右使用；二甲四氯在杂草5叶期以内使用；苯达松在杂草9叶期以前使用，对绝大多数杂草均有很好的防除效果。防除阔叶草坪草中的阔叶杂草，如对于豆科草坪中的阔叶杂草，使用苯达松进行防除，草坪会有灼伤，3~4d可恢复。

课后习题

一、填空题

1. 内吸传导型除草剂主要包括3种类型，分别是________、________和________。

2. 除草剂的除草效果与环境条件关系密切，主要与________、________、________、________因子有关。

3. 国际公认的植物激素有生长素类、________、________、________和________。

4. 根据除草剂在植物体内的移动情况，除草剂可分为________和________。

二、单项选择题

1. 园林生产中，可促进插条生根的植物生长调节剂是(　　)。

A. 萘乙酸　　B. 赤霉素　　C. 乙烯利　　D. 脱落酸

2. 为了减少草坪修剪次数，在园林养护中可喷施适量的(　　)。

A. 赤霉素　　B. 多效唑　　C. 萘乙酸　　D. 生长素

3. 园林植物的种子及营养器官都有休眠期，想要打破休眠促进萌发，可选用(　　)。

A. 吲哚丁酸　　B. 赤霉素　　C. 2,4-D　　D. 乙烯

4. 嫁接过程中，可选用(　　)涂抹接穗和砧木的切削面以利于接口的愈合，提高嫁接成活率。

A. 多效唑　　B. 乙烯利　　C. 吲哚丁酸　　D. 脱落酸

5. 以下除草剂中，属于内吸传导型除草剂的是(　　)。

A. 敌稗　　B. 草甘膦　　C. 杀草胺　　D. 百草枯

6. 以下除草剂中，属于选择性除草剂的是(　　)。

A. 西玛津　　B. 草甘膦　　C. 百草枯　　D. 草胺磷

三、问答题

1. 简述生长素的主要生理作用。
2. 简述赤霉素的主要生理作用。
3. 简述脱落酸的主要生理作用。
4. 简述细胞分裂素的主要生理作用。
5. 简述乙烯的主要生理作用。
6. 简述植物生长调节剂在园林上的应用。
7. 说明除草剂除草保苗的选择性。

模块2

园林植物生长与生态因子

学习目的

本模块以园林植物生长发育为中心，掌握园林植物生长与温度、光照、水分、空气、土壤等生态因子的关系，了解各生态因子的变化规律，掌握不同生态因子对园林植物生长发育的影响，掌握园林植物对不同生态因子的适应和调节作用，进而可以在园林生产实践中合理利用各生态因子，促进园林植物生长，改善园林植物生长环境。

模块导入

植物所生活的空间称为植物环境。植物环境主要包括气候因子(温度、水分、光照、空气)、土壤因子、地形地势因子、生物因子及人类的活动等方面。少数因子对植物没有影响或者在一定阶段中没有影响，而大多数的因子均对植物有影响。

园林植物环境是人类自然环境的重要组成部分，以园林植物为主。园林植物既依赖环境生存，适应环境生长，同时又能美化环境、改善和调节环境。例如，可以改善空气质量、降低环境温度、减弱光照、降低噪声、涵养水源、防风固沙等，起着十分重要的作用。只有处理和协调好园林植物与各种生态因子的关系，才能使植物生长健壮、发育良好，发挥最佳的绿化效果和最好的改善作用。

单元 6　园林植物生长与温度

学习目标

(1) 熟悉园林植物生产中常用的温度指标。

(2) 了解土壤温度和空气温度的变化规律。

(3) 熟悉温度对园林植物的生态作用、植物对温度的适应方式。

(4) 掌握极端温度的常见表现形式、对园林植物的危害及预防措施。

(5) 了解园林植物对城市气温的调节作用。

(6) 会利用温度变化规律和植物生长发育与温度的相互作用原理，分析与温度有关的植物生命现象。

在影响园林植物生长发育的环境因子中，温度的影响最为显著，它不仅是园林植物正常生长发育的重要指标，也是形成农业气候区划和建立各地植物种植制度的最基本依据。了解温度对园林植物生长发育的影响的原理，掌握温度变化的一般规律，是搞好园林植物生产的基本要求。

6.1　温度的来源及变化规律

6.1.1　温度的来源

温度是表示物体冷热程度的物理量，气象上常用摄氏温标(℃)来表示。自然界中的一切物体，只要其温度高于绝对零度(-273℃)，就以电磁波或粒子流的形式不停地向周围空间传递能量，这种传递或交换能量的方式称为辐射。辐射是自然界中最重要的能量传输方式。太阳是一个炽热的气体恒星球，表面温度约6000℃，越向内部温度越高。太阳表面不停地以电磁波的形式向四周发射能量，称为太阳辐射能，简称太阳辐射。太阳辐射能是地球和大气最主要的能量来源。

地面吸收太阳辐射导致温度上升，同时又不断释放辐射，即地面辐射。地面辐射是近地面层大气的主要热源。大气主要通过接受地面辐射增温，同时又向外辐射，其中射向地面的那部分辐射称为大气逆辐射，它也是地面热量的一个来源。地面辐射与大气逆辐射中被地面所吸收部分之差，称为地面有效辐射。因此，地面辐射的收入部分主要包括太阳直接辐射和散射辐射以及大气逆辐射，支出部分包括地面有效辐射和地面对太阳辐射的反射。地球表面热量收入与支出的平衡状况称为热量平衡。从总体上说，辐射收入等于辐射支出而达到平衡。

6.1.2 温度的变化规律

太阳辐射有周期性的日变化和年变化，空气温度和土壤温度也有这两种变化。气象学上通常用一段时间内气象要素的最高值与最低值之差，即较差，以及最高值和最低值出现的时间来描述周期性变化的特征。

6.1.2.1 空气温度的变化规律

(1)气温的周期性变化

①气温的日变化　一天中，气温有一个最高值和一个最低值。通常，最高气温夏季出现在12：00~14：00，冬季在13：00~14：00；最低气温出现在日出前后。最高和最低气温出现的时间相应都比地面温度落后，这是由于热量传导需要经历一定过程的缘故。

一天中，最高气温与最低气温的差值称为气温的日较差。气温日较差小于地面温度的日较差，其大小受纬度、季节、地形、下垫面性质、天气状况和海拔高度等影响。一般地，气温日较差随纬度的升高而减小，随海拔高度的增高而减小。气温日较差夏季大于冬季，凹地大于平地，平地大于凸地，晴天大于阴天，陆地大于海洋，且海陆的影响超过纬度的影响。一些地形凹陷的特殊地带如盆地、谷地的气温变化有其独特的规律。以山谷为例，由于谷中白天受热强烈，再加上地形封闭，热空气不易输出，所以白天山谷中气温远较周围山地为高，如河谷城市南京、武汉、重庆为我国三大“火炉”城市。

②气温的年变化　在北半球的中、高纬度大陆地区，一年中最热月平均气温和最冷月平均气温分别出现在7月和1月，海洋上分别出现在8月和2月，比大陆上要分别推后1个月左右。一年中，最热月平均气温与最冷月平均气温的差值，称为气温的年较差。

气温年较差受纬度、海拔高度、距海远近和地形等因素的影响。气温的年较差随纬度的增高而增大，随海拔高度的增加而减小。在纬度相同或相近的情况下，距海越远，气温年较差越大。海洋和大型水体在夏季会贮存大量的热量，冬季吹过水面的大气被暖化，结果靠近水体的陆地比不靠近水体的陆地温度相应高些。云雨多的地区气温年较差小。我国山体多，且地形复杂，因此小区域的气候类型较多。东西走向的山脉，由于其能阻碍南北冷、暖气团的交流，因而使山脉南侧温暖多雨，北侧则寒冷少雨，山脉两侧气候类型极为不同。

(2)气温的非周期性变化

气温除有稳定的日周期和年周期变化之外，还有由大规模的空气水平运动引起的非周期性变化。例如，长期阴雨天气的骤然放晴，晴天的骤然转阴，都会使气温日变化曲线发生不规则的跳跃式变化；在冷暖空气不时侵入地区，气温年变化曲线也会出现急变现象。我国春夏之交和秋冬之交，这种非周期性变化非常显著。如3月出现的“倒春寒”和秋季出现的“秋老虎”天气，便是气温非周期性变化的结果。实际上，一个地方气温的变化是周期性变化和非周期性变化共同作用的结果，若前者作用大，则气温呈现周期性变化；反之，则呈现非周期性变化。不过，从总的趋势和大多数情况来看，气温日变化和年变化的周期性还是主要的。

研究气温非周期性变化的规律，在园林生产上有重要的意义。如春季气温回升后，常因冷空气侵入又突然转寒，而在两次空气侵入的间隙期间，则有几天的稳定回升。掌握这种非周期性变化的特点，在冷空气将过的“冷尾、暖头”时期进行播种，就能使种子在气温稳定回升这段时间内顺利出苗。

6.1.2.2 土壤温度的变化规律

(1)土温的日变化规律

白天地面受到太阳辐射后，土壤获得热量，温度升高；夜间，地面释放热量，土壤中的热量不断减少，温度降低。一昼夜间，土壤温度随时间的连续变化，称为土壤温度的日变化，也称土壤温度的日变程。

①土壤表面温度的最高值和最低值　土壤表面温度一天中有一个最高值和一个最低值，通常最高温度出现在13:00左右，最低温度出现在将近日出的时候。这是因为，中午(12:00)虽然太阳辐射最强，但地面热量积累并未达到最大值。午后太阳辐射虽然逐渐减弱，但土壤表面热量收入仍大于支出，即热量差额为正值，所以温度还会继续上升。到13:00左右，地面热量收支才达到平衡，这时土壤表面热量积累达到最大值，于是出现最高温度。之后，太阳辐射不断减弱，热量差额转为负值，温度便开始下降。入夜以后，没有太阳辐射，土壤表面经过整夜散热，至次日将近日出时，土壤表面热量累积达到最小值，因而出现最低温度。

②土壤温度日较差的变化规律　土壤温度日较差随土壤深度的增加而减小。土壤温度的变化首先是从土壤表面开始，然后逐渐影响到深层。土壤表面的热量向深层传递的过程中，每层土壤都会吸收一部分热量。这样，深度越深的土层所获得的热量越少，温度变化也随之减小。因此表层土壤温度日较差较大，越往深层温度日较差越小，到一定深度后，土壤温度几乎没有变化。土壤温度日变化消失的土层称为日温恒定层。据观测，日温恒定层的深度在1m以下。

土壤温度日较差的大小主要取决于地面热量差额和土壤热属性，同时还受纬度、季节、天气条件及下垫面状况等因素的影响。土温日较差一般是低纬度大于高纬度，内陆大于沿海，夏季大于冬季，晴天大于阴天，凹地大于平地，阳坡大于阴坡，干土大于湿土，裸地大于覆盖地。

③土壤日最高温度和日最低温度出现的时间　土壤日最高温度和日最低温度出现的时间随着土壤深度的增加而推后。深度每增加10cm，土壤日最高温度和最低温度出现的时间推后2.5~3.5h，这是因为热量向下或向上传递都需要时间。

(2) 土温的年变化规律

一年中，暖季时土壤储存热量，温度渐渐上升，冷季时热量又释放到大气中，土壤温度逐渐下降。土壤温度具有周期性的年变化，也称为年变程。

在北半球的中高纬度地区，土壤表面最热月平均温度出现在 7~8 月，最冷月平均温度出现在 1~2 月，分别落后于太阳辐射最强的 6 月和最弱的 12 月。低纬度地区，太阳辐射年变化小，地面温度主要受云量和降水的影响，故年变化较复杂。

土温的年较差随纬度的增高而增大，这是因为太阳辐射的年变化随纬度的增加而增大。土壤的自然覆盖(夏季的园林植物覆盖和冬季的积雪覆盖)使土温的年较差减小。个别年份的特殊天气，如夏季降水多能避免土温过高，冬季积雪较多能减少冬季土温的降低，都使土温年较差减小，而且使土温最高月和最低月出现的时间提前或推迟。

土温的年变化也是随土壤深度的增加而减小的。到一定深度后，土温年变化消失，该深度以下称为年温恒定层。该层开始的深度，在低纬度地区为 5~10m，中纬度地区为 12~20m，高纬度地区约为 25m。另外，也与土壤质地和干湿状况有关，黏质土比砂质土浅，干燥地区比潮湿地区浅。

一年中，土温最热月和最冷月出现的时间也随深度的增加而延后。在中纬度地区，通常每深入 1m，延后 20~30d。

(3) 土温的地理变化规律

当太阳斜射到水平面上时，该水平面上所得到的太阳辐射能的多少，决定于太阳辐射在水平面上的投射角——太阳高度角(h)。水平面上所接受的太阳辐射能量(I)与太阳高度角成正比(图 6-1)。正午时 h 最大，所以 I 也最大，地面温度也就比较高。日出和日没时 h 最小，所以 I 也最小，地面温度也就比较低。在植物生产上，虽无法改变太阳高度角，但若改变地面坡度，就相当于改变了太阳高度角。在一定条件下，地面坡度越大，地面接收到的太阳辐射能就越多，温度就越高。所以，山的南坡热量资源总是高于平地。北半球南坡接受的太阳辐射最多，空气和土壤温度都比北坡高，但土壤温度一般西南坡比南坡更高，是因为西南坡蒸发耗热较少，热量多用于土壤、空气增温，所以南坡多生长喜光、喜温耐旱植物，北坡更适宜耐阴喜湿植物生长。我国冬季北方地区应用的阳畦、冷床、日光温室及其塑料薄膜向南倾斜等都是对太阳辐射能利用的典型事例。

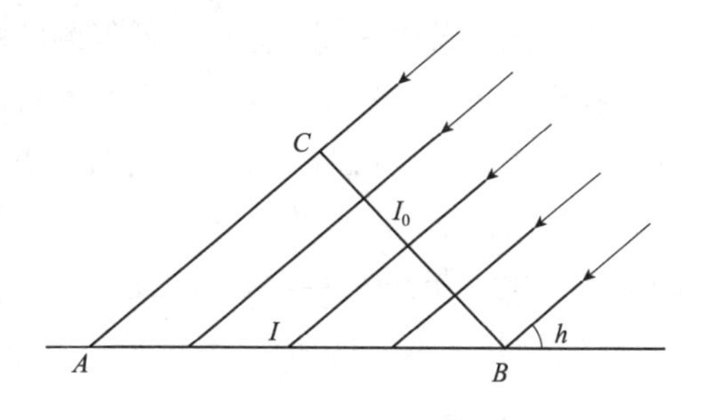

图 6-1 水平面上的太阳辐射

6.1.3 温度的常用指标

温度对园林植物的作用主要表现在温度的高低、温度的持续时间和温度的变幅方面，此处就园林生产上常用的温度指标进行介绍。

6.1.3.1 生物学温度

园林植物的生长发育受温度的影响。影响园林植物各种生理活动及生长发育的温度称为园林植物的生物学温度，通常用三基点温度表示，即生物学最低温度、生物学最适温度和生物学最高温度。生物学最低温度是园林植物生理活动的下限温度，高于(或低于)这一温度时，园林植物就开始(或停止)生长，又称为生物学零度；生物学最适温度是园林植物生理活动最旺盛、最适宜的温度，在这个温度下，园林植物不仅生长快，而且生长很健壮，不徒长；生物学最高温度是园林植物生理活动过程中能忍受的最高温度。

园林植物不同的发育时期对于三基点温度的要求是不同的。如种子发芽，一般生物学最低温度为0~5℃，生物学最适温度为20~30℃，生物学最高温度为40~50℃，若超过最高温度，对种子发芽就产生有害作用。

原产地不同，园林植物的三基点温度也不一样。生物学最低温度，原产于温带的园林植物一般为5~6℃，原产于亚热带的园林植物一般在10℃左右，原产于热带的园林植物一般为12~18℃。生物学最适温度一般都为20~30℃。生物学最高温度，原产于温带的植物一般为35~40℃，原产于热带和亚热带的植物一般为45℃左右。例如，热带的水生花卉王莲生长最适温度为25℃，最低温度为12℃，最高温度为35℃。

6.1.3.2 界限温度

界限温度是指对于多数园林植物适用，能标志某些重要物候现象或种植业生产活动开始、终止或转折点的温度。常用的界限温度取日平均气温0℃、5℃、10℃、12℃、20℃。日平均气温最常用的统计方法是气象观测站一天4次观测的气温记录的算术平均值，粗放一点也可用一天中最高气温与最低气温的平均值表示。

在温带地区，春季或秋季日平均气温稳定通过5℃至稳定下降到5℃以下的这一时期称为园林植物的生长期；日平均气温在10℃以上的时期称为活跃生长期，12℃以上称为喜温园林植物的活跃生长期，20℃以上称为热带和亚热带园林植物的活跃生长期。随纬度的增加，其生长期、活跃生长期均逐渐减少。因此，我国北方地区在栽培热带或亚热带园林植物(特别是木本植物)时，冬季必须做好防寒工作，否则会出现受冻的情况。

6.1.3.3 积温

积温是指园林植物完成其生活周期或完成某一发育阶段所需要的一定温度的总量，是研究园林植物生长发育对热量的要求和评价热量资源的一种指标，只有当温度累积到一定的总和时，园林植物才能完成生长发育周期。积温分为活动积温和有效积温两种。活动积温是指园林植物生长期或某发育阶段内高于或者等于生物学下限温度的日平均温度的总和；有效积温是指某园林植物生长期或某发育阶段的日平均气温减去生物学零度的差之总和。

活动积温(A)可用下列公式计算，即：

$$A = TN$$

式中，T为当地某一阶段的日平均气温；N为某一阶段的天数。

有效积温可用下列公式计算：

$$K = (T - T_0)N$$

式中，K为有效积温；T为当地某一阶段的日平均气温；T_0为生物学零度；N为某一阶段的天数。

生物学零度是某种植物生长活动所需要的最低临界温度，低于此温度则不能生长活动。不同植物的生物学零度是不同的，但在同一热量带相差并不大，一般温带地区植物的生物学零度为 5℃，亚热带地区为 10℃。

【例】某温带树种，当日平均气温达 5℃时，开始开花共需 30d，这段时间的日平均气温为 12℃，则该树种开始开花的有效积温为：

$$K=30(12-4)=300(℃)$$

活动积温的计算方法是把生物学零度换成物理学零度(0℃)，根据上式计算，上例中的活动积温是 450℃。

不同植物在整个生长发育期要求不同的积温总量，如柑橘需要大于 10℃的有效积温 4000~4500℃才能正常生长发育，而椰子则需要 5000℃以上。根据各种植物需要的积温量，再结合各地的温度条件，初步可知园林植物的引种范围。此外，还可根据各种植物对积温的需要量，推测或预报各发育阶段到来的时间，以便及时安排生产活动。

6.2 温度对园林植物生长发育的影响

温度对植物具有重要作用。植物的生理活动、生化反应都必须在一定温度条件下才能进行。在一定范围内，温度升高，植物的生理生化反应加快，生长发育加速；温度降低，植物的生理生化反应减慢，生长发育迟缓。当温度低于或者高于植物所能忍受的温度范围时，植物的生长逐渐减慢、停止，发育受阻，植物开始受害以致枯死。因此，温度是植物生长发育和分布的限制因子之一。温度对植物的影响还表现在温度的变化能影响环境中其他因子的变化，从而间接地影响植物的生长发育。

6.2.1 温度变化对种子萌发的影响

园林植物种子的萌发与环境温度密切相关，适宜的温度条件有利于促进酶的活性和种子的生理生化反应，从而加速种子的发芽生长。一般温带树种的种子，在 0~5℃开始萌动。大多数树木种子萌发的最适温度为 25~30℃，最高温度为 35~40℃，温度再高就对芽产生有害作用。有些温带和寒温带树木的种子则需要有一段时间的低温才能萌发，如蔷薇科植物中的苹果、桃、梨、樱桃等种子经过低温(5℃左右)处理 1~3 个月，萌发率可达 90%以上。有些种皮较厚的种子，可以在其生境中自然萌发，但将种子放在恒定的最适宜温度的培养箱中，种子反而不萌发或萌发率较低，如果设定为变温，则种子萌发率显著提高。

6.2.2 温度变化对根系生长的影响

土壤温度直接影响植物根系的生长及其对水分和矿物质的吸收。因为土温降低时能增加水分的黏度，从而降低了水分及溶质进入根细胞的速度，妨碍它们在植物体内的运转。低温对矿物质的影响顺序是磷、氮、硫、钾、镁、钙；但长期冷水灌溉降低土温 3~5℃，则影响顺序为镁、锰、钙、氮、磷。喜温树种比耐寒树种受低温影响更为显著。过高的土温则会使根系过早成熟并木栓化，减少了吸收总面积。高温还会破坏根细胞内酶的活性，破坏根的正常代谢过程，从而影响根的吸收能力。

土温稍低于气温对植物吸水、吸肥最有利，因为根系生长最低温度比地上部分生长最低温度低，除了土壤过分干燥和冻结外，树木根系几乎全年都能生长。在温带，秋季嫩枝休眠后根系仍在继续生长；在春季只要气温回升到足以刺激嫩枝生长，根系即可生长。北方在土壤冻结前、春季土壤解冻后和南方在冬季栽植绿化树木就是利用了根系继续生长的这个有利因素。温度对于宿根花卉种球的形成很重要，土壤温度不合适，要么不能形成块根、块茎，要么形成的个数较少。影响根系生长的最高温度很少超过35℃。

6.2.3 温度变化对植物生长期的影响

树木在一年中，从树液开始流动到落叶为止的天数为生长期。一般而言，南方树种的生长期大都比北方树种长，特别是在湿润的热带，树木全年都在生长。在生长季节(一般指终霜日至初霜日之间的无霜期)中，各种树木的生长期变化很大，大多数落叶阔叶树在初霜前结束生长，而在终霜后恢复生长，它们的生长期短于生长季；也有一些树木如柳树，发芽早而落叶迟，活动期超出生长季之外；常绿树种，特别是针叶树在霜期内温度较高的日子里，仍有不同程度的生长现象。另外，温度在一年中有明显季节变化，也导致植物一年四季生长不均等，有的季节生长迅速，有的季节生长缓慢或停止，植物在外部形态和内部生理生化方面也表现明显季节变化。常绿植物和落叶植物的形成，乔木树干的粗生长强弱不同，木质部细胞大小有别而形成年轮线，都与四季温度变化有密切联系。

6.2.4 温度变化对植物开花结实的影响

温度对开花结实有明显影响。多数树种开花结实阶段的最适温度比生长期最适温度要高，此时若遇低温易受严重危害。在温带地区，冬性1年生植物和一些2年生植物及多年生植物，如百合、鸢尾、郁金香、风信子、牡丹、芍药等，还须经过春化阶段后才可开花。

植物在冬季遇到气温偏高，便以延长休眠期来弥补低温的不足，如从寒冷地区引种到南方的植物，由于南方冬季气温偏高，一般休眠期普遍延长。例如，需在适当低温条件下开花的桂花，当温度升至17℃以上时，则可以抑制花芽的膨大，使花期推迟。所以，春化作用也是限制有些植物向暖气候区扩散的主要原因。

此外，温度对一些植物的花色也有影响，如大丽花在温暖地区栽植时，夏季高温炎热，开花时色调暗淡，花形小，甚至不开花。秋凉后才能开出鲜艳夺目的花朵。然而在寒冷地区栽植，夏季仍花大艳丽。其他如菊花、翠菊等在寒冷地区开花的色调比暖地鲜艳、活泼，因为花青素的形成受温度影响较大。

温度对植物的果实及种子的品质也有影响。若在果实成熟期有足够的温度促进果实的呼吸作用，可使果实内有机酸分解和氧化加快，从而使果实含酸量降低，含糖量高，味甜，着色好，温度不足则相反。我国广东柑橘的含酸量比四川、湖南的都低就是这个缘故。

昼夜温差大对植物的生长和产品品质有良好的影响。昼夜温差大，能提高果实含糖量，促进植物结实。白天适当的高温有利于光合作用，夜间适当的低温使呼吸作用减弱，光合产物消耗少，有机物质积累增多，从而促进植物的生长。如火炬松的育苗试验表明，在昼夜温度不同的组合下，以昼夜温差最大的一组生长最好(日温30℃，夜温17℃，平均高生长为33.0cm)，而在恒温状态下的一组生长最差(日温、夜温均为17℃，平均高生长为10.9cm)。

6.2.5 极端温度对园林植物的伤害及预防

6.2.5.1 极端低温对园林植物的伤害及预防

极端低温对植物的伤害，按低温的程度可分为零上低温的冷害和零下低温的冻害两类。伤害程度取决于极端温度值、低温持续时间和温度的变化速度。表现形式为直接伤害和间接伤害，直接伤害一般表现为霜害、寒害和冻害，间接伤害是由于低温引发其他因素的变化而造成植物伤害，常见有冻拔、冻裂和生理干旱。

(1)霜害

①霜冻与霜害概念　霜冻是指园林植物生长季节(一般指春、秋两季)里，由于土壤、园林植物体表面以及近地面气层的温度骤然降低到0℃以下，致使园林植物受害甚至死亡的现象。出现霜冻时，如果空气中水汽饱和，园林植物表面有霜；如果空气中水汽未达饱和，不出现霜，但温度已降到0℃以下，园林植物仍受伤害，这种霜冻称“黑霜冻”。霜冻是出现在春、秋季的短暂降温现象。春季正值园林植物发芽期，秋季苗木或新梢尚未全部木质化，这时出现霜冻危害严重。每年秋季第一次出现的霜冻称初霜冻(又称早霜冻)，春季最后一次出现的霜冻称终霜冻(又称晚霜冻)。春季终霜冻至秋季初霜冻之间的持续期为无霜冻期。无霜冻期与无霜期不一定相等。

由于霜冻的出现而造成的园林植物伤害称为霜害。霜害的伤害机理与冻害一样，通过破坏原生质膜和使蛋白质失活与变性而造成。

②霜冻与地形　地形对霜冻的形成、强度和持续时间都有影响。盆地、洼地和谷地中，地势低洼，冷空气易于下沉堆积。这里的霜冻比较重，尤其是冷空气通道处，霜冻更严重，人们常说的“雪打高山霜打洼”就是这个道理。如北疆准噶尔盆地内的霜冻期比周围地区长，每年200d以上。

山坡上，不同部位霜冻情况也不一样。一般来说，山腰处霜冻最轻，山顶次之，山麓处最重。此外，北坡上的霜冻重于南坡，东坡和东南坡上的霜冻危害比西坡和西南坡严重。因为日出后，东坡上温度回升快，细胞间的冰晶迅速融化成水，这些水分常被蒸发而未能被细胞吸收，受冻细胞又来不及从根系吸取水分，造成园林植物枯萎乃至死亡。江河湖海、水库和池塘等水体附近的水汽比较充沛，温度下降时，水汽凝结释放潜热，调节了气温，因此霜冻出现的机会少。

土壤状况对霜冻也有影响。干燥而疏松的土壤和砂性土壤的热容量、导热率小，白天接受的太阳辐射聚集于表面层，夜间土壤表面热量散失极快，地面温度降低剧烈，导致气温和园林植物体的降温也多，容易出现霜冻，强度也大。潮湿土壤和黏土则相反。

③预防霜冻的应急措施　预防霜冻的方法：在霜冻来临前可用熏烟法提高园林植物附近地面层的空气温度；在霜冻来临之前灌水，地面平均温度可提高2~3℃，持续时间为2~3d；也可采用搭暖棚或用稻草包裹干茎的办法来防御霜冻，还可用塑料薄膜保温，以保证其安全过冬。

(2)寒害(或冷害)

很多热带和亚热带植物不能经受冰点以上的低温，这种0℃以上的低温对园林植物的伤害称为寒害或者冷害。寒害使园林植物的生理活动受到阻碍或某些组织受到危害。如原产于热带和亚热带的喜温园林植物，所能忍受的最低温度是12~18℃，当气温降至3~5℃时，就会造成嫩枝和叶片萎蔫现象。温带植物具有抗冷性，不易发生冷害，但其处于某个发育时期的敏感组织也可受冷害危害。

寒害多发生在我国南部地区的早春和晚秋，所以，寒害是喜温植物北移时的主要障碍。在南方，冬季可采用防寒罩、单株包扎等措施防御低温寒害。

冷害导致植物发生的生理变化主要表现在以下几个方面：

①膜系统受破坏　冷害对植物的伤害主要是破坏细胞中的膜结构。在低温影响下，膜由液晶态变为凝胶态，透性增大，使与膜有关的酶活性下降，生理活动受阻。同时原生质流动明显变慢甚至停止。

②水分平衡失调　低温会造成植物根系活力下降，吸收能力下降，蒸腾失水大于吸水，尤其是晴朗天气，叶温升高快，地温升高慢，更加剧了这一趋势，导致植株的叶尖、叶片甚至枝条干枯。

③光合速率减弱　低温下叶绿素分解加剧、合成受阻，叶片失绿。低温还会影响暗反应中的许多酶，使光合速率下降。如果低温伴有阴雨会使冷害加重。

④呼吸代谢失调　冷害使植物的呼吸速率先上升后下降，出现大起大落。冷害初期，植物呼吸速率上升，放热多，有利于抵抗冷害；然后呼吸速率降低，有氧呼吸受抑制，无氧呼吸相对加强，会产生由无氧呼吸副作用引起的间接性伤害。

(3)冻害

冻害是指在严寒季节，越冬植物因为温度过低，根系、茎秆和枝条等被冻坏，以致死亡的现象。寒冬的极端低温造成越冬作物和树木的芽、枝条和花芽受害；冻融交替的重复冰冻常引起越冬植物的抗冻性降低而发生冻害。一般剧烈的降温和升温，以及连续的冷冻，对植物的危害较大；缓慢的降温与升温解冻，植物受害较轻。

冻害发生的温度限度，因植物种类、生育时期、生理状态、组织器官及其经受低温的时间长短而有很大差异。苜蓿等越冬作物一般可忍耐-7~12℃的严寒；有些树木，如白桦、网脉柳可以经受-45℃的严寒而不死；种子的抗冻性很强，在短时期内可经受-100℃以下冷冻而仍保持其发芽能力；某些植物的愈伤组织在液氮下(即在-196℃低温下)保存4个月之久仍有活性。

植物遭受低温冻害的原因归根到底是细胞内水分结冰。结冰伤害分为细胞间结冰和细胞内结冰两种类型。

①细胞间结冰　通常是在温度缓慢下降的情况下，细胞间隙中细胞壁附近的水分结成冰，称为胞间结冰。胞间结冰的危害主要表现在3个方面：a. 原生质脱水。由于细胞间隙结冰会降低细胞间隙的蒸汽压，周围细胞的水蒸气便向细胞间隙的冰晶凝聚，久之，会造成原生质脱水，蛋白质变性和膜系统受损。b. 机械损伤。当冰晶体积过大时，就会对原生质造成机械损伤。c. 融冰伤害。温度回升过快，冰晶迅速融化，细胞壁易恢复原状而原生质体却来不及吸水膨胀，原生质有可能被撕破。

②细胞内结冰　是当温度迅速下降时，除了在细胞间隙结冰以外，细胞内的水分也结

冰。一般是先在原生质内结冰，后在液泡内结冰。细胞内结冰造成的主要伤害是机械损伤。冰晶会破坏生物膜、细胞器和衬质的结构，使细胞亚结构的隔离被破坏，酶的活动无秩序，影响代谢。胞内结冰在自然条件下如果发生，植物就很难存活。

植物受冻害时，在结冰与解冻之后出现的伤害症状表现为：叶片就像烫伤一样，细胞失去膨压，组织柔软、萎缩，叶色变褐、“日灼”、漂白冻裂，组织和枝条枯死，生长畸形和矮化等。

我国北方地区，冻害是主要的低温伤害形式。在树干组织中，根颈生长停止最迟，进入休眠较晚，地表突然降温引起根颈局部受冻，而使树皮与形成层变褐、腐烂或脱落。由于根系没有休眠期，北方冻土较深的地区，每年表层根系部都要被冻死一些，有些可能大部分被冻死。常采用的预防办法是：封冻前浇一次透水，称为灌冻水，然后在根颈处堆松土40~50cm厚并拍实。对地下部分易冻死的灌木，入冬前于一侧挖沟，将树冠拢起，推倒植物体，全株覆一层细土，轻轻拍紧，以保护灌木越冬。也可将其放入假植沟内进行防寒。

(4)冻拔

气温下降造成土壤结冰，由于水结冰时体积增加约9%，因此随着冻土层的不断加厚、膨大，会连带苗木上举，解冻后土壤下陷，使苗木根系裸露于地面，严重时会倒地死亡，像被人拔出来似的，故称为冻拔或冻举。冻拔多发生在寒温带、温带以及亚热带的中山地区，土壤含水量大，土壤质地较细的立地条件。幼苗最严重，幼树次之。冻拔植株更易遭受干旱和风的危害，且被冻的根系遭受病菌侵袭的可能性大为增加。

(5)冻裂

在北方的冬季，树干的南面或西南面白天直接接受太阳辐射，吸收热量多，树干温度高，入夜后气温迅速下降，由于木材导热慢，树木受光面和背光面产生较大温差，热胀冷缩产生弦向拉力，使树皮纵向开裂而造成伤害，北方称“破肚子”。冻裂一般多发生在昼夜温差较大的地方。在高纬度地区，许多薄皮树种如核桃、槭树、悬铃木、榆树树干向阳面，越冬时常发生冻裂。冻裂现象幼树发生多，老树少；阔叶树多，针叶树少。一般用石灰水加盐或用石硫合剂涂树干，也可用稻草包扎树干，降低树干昼夜温差，即可减少冻裂。

(6)生理干旱

生理干旱又称冻旱，是指尽管土壤水分充足但是由于土壤低温或土壤溶液盐分浓度高而使植物根系吸不上水分，地上部分却因气温较高不断蒸腾失水引起水分失调，致使叶片变黄、枝条受损甚至整株苗木生长受抑制乃至死亡的现象。生理干旱多发生在土壤未解冻前的早春，外界因素如风等会促使生理干旱的发生。特别是一些木质化程度低、木质部不致密的树种或枝条，受害严重。因此，在一些多风的地区早春时常发生生理干旱。

对于易遭受生理干旱(干梢)的树木，可采用在苗木迎风面设置挡风障来防寒，在幼树北侧配置月牙形土埂以提高土温而缩短冻土期，还可浇灌返青水等。

6.2.5.2 极端高温对园林植物的伤害及预防

植物由于所处的环境温度过高而造成伤害的现象称为热害。高温主要破坏植物的光合作用和呼吸作用的平衡，使呼吸作用大于光合作用，植物因长期“饥饿”而受害或死亡；高温还能促进蒸腾作用的加强，破坏水分平衡，使植物干枯甚至死亡；高温抑制氧化物的合成，氨积累过多，毒害细胞等。当温度突然升高到40℃以上时，蛋白质发生凝聚或变性，达到50℃以上时，生物膜的脂类发生液化，从而导致膜的基本结构难以维持，膜的半透性丧失，脂类和蛋白蛋的比例也发生改变。同时，膜上能增加植物抗性的饱和脂肪酸也可能减少，导致前述的植物的代谢紊乱等。

不同类型的植物对高温忍耐程度有很大差异，热害的温度不能绝对划分。植物能忍耐的温度与热害的持续时间成反比，时间越短，植物忍耐的温度越高。植物受强烈阳光直射和高温影响常会产生日灼现象。可发生在植物的根、茎及果实等器官上。

(1)根颈灼烧

根颈灼烧又称干灼，是指当幼嫩苗木的根颈部位与高温表土相接触时，苗木根际部的疏导组织和形成层被灼伤，严重时导致苗木死亡的现象。根颈灼伤的部位在土表上、下2mm之间，形成环状"卡脖"伤害。

根颈灼烧除与太阳辐射强度和高温有关外，还与太阳辐射和高温持续时间以及土壤状况等密切相关，也与苗木本身木质化程度有很大关系。太阳辐射越强，土表温度越高，持续时间越长，灼伤越严重。苗木木质化后，细胞壁硬度增加，对日灼有一定抗性，可减轻或不受日灼的危害。春末秋初，北方雨季之前，天气晴朗，太阳辐射强烈，土表温度回升快，这时容易出现幼苗根颈灼烧；当土壤水分较多时，如降雨较多的夏季，日灼很少发生。

根颈灼伤多发生在苗圃、花圃，可通过早、晚喷灌浇水和地面覆草、局部遮阳、适当早播等防止和减轻危害。

(2)树皮灼烧

树皮灼烧又称皮烧，是由于树木受强烈的太阳辐射，使温度增高而引起枝干形成层和韧皮部坏死的现象。受害树皮呈现斑点状的死亡、爆皮或片状剥落，轻者伤口给病菌侵入创造条件，重者树叶干枯凋落，也会造成植株的死亡。树皮灼烧多发生在冬季，朝南或南坡地域以及有强烈太阳光反射的城市街道都容易产生过热。树皮光滑树种的成年树，最易发生灼烧，如云杉、冷杉、毛白杨、桃树、银杏等。林缘、临墙处的树木及孤立木也易遭受灼伤。特别是一些耐阴树种，突然暴露在阳光下受高温辐射时，很容易受到灼伤。夏季连雨季节，天气突然放晴，午间高温，也可使植物叶片受到灼伤，表现为叶片出现死斑、变褐。

预防树皮灼烧的办法是：园林设计搭配树种时应考虑耐阴树种与喜光树种带状混交，以使第一层喜光树种为易受灼烧的耐阴树种创造庇荫条件；要加强浇灌，保证满足园林树木对水分的需求；修剪时多保留阳面枝条，以减少太阳辐射；位于林缘、临墙处的树木或孤立木可采用树干涂白，减少对热量的吸收，避免灼烧。

6.3 园林植物对温度的适应及调节

6.3.1 园林植物对低温的适应

长期生活在低温环境中的植物(如高山植物、极地植物)，通过自然选择，在形态结构、生理过程和生长发育等方面表现出很多明显的适应特征。在形态上，以更多地获得太阳辐射热量，减少热量散失；在生理上，避免冻害发生或减轻冻害损伤。

(1)形态结构适应

分布于高纬度和高海拔地区的植物其芽和叶片常有油脂类物质的保护，越冬芽具鳞片，植物体表被蜡粉和密毛。叶片含有更多的深色色素，而且植物叶片保持与太阳光垂直，以获得更多的辐射热量。叶片趋于小叶化，树皮有发达的木栓组织。

植物体矮小并常呈匍匐状、分枝密集的垫状或莲座状等。这是由于寒冷地区地温常常比气温高，垫状植物可获得较多的地面远红外线。此外，贴近地面风速降低，热量损失小。

植物还可以采取不同的越冬形式以适应低温环境。例如，1年生植物主要以干燥种子形式越冬；大多数多年生草本植物越冬时地上部死亡，而以埋藏于土壤中的延存器官(如鳞茎、块茎等)度过冬天。

(2)生理适应

植物在冬季来临之前，随着气温的逐渐降低，体内发生了一系列适应低温的生理生化变化，抗寒力逐渐加强。植物抗寒性随秋季气温的逐步降低而逐渐增强的现象，称为抗寒锻炼。随着秋季日照时间缩短和气温的下降，植株吸水变少，含水量逐渐下降，淀粉水解成的可溶性糖类增加，细胞液浓度升高，渗透压提高，使束缚水含量相对提高，而自由水含量则相对减少，因而植物冰点下降，细胞呼吸减弱，代谢活动减弱，防止了原生质的浓缩和凝固。随着温度的继续降低，细胞失水而发生轻度质壁分壁，植物停止生长进入休眠。

极地和高山植物能吸收更多的红外线，这也是低温地区的植物对严寒气候的一种适应方式。例如，五角枫叶片的颜色在秋季由于叶绿素被破坏，花青素、胡萝卜素等相应增加而变成红色，能增加热量的吸收。

此外，植物适应低温还与脱落酸含量的增加有关。多年生树木(如桦树等)的叶片，随着秋季日照变短，气温降低，其呼吸减弱，逐渐形成较多的脱落酸，并转运到生长点(芽)，使顶端分生组织的有丝分裂减少，抑制茎的生长，并开始形成休眠芽，叶片脱落，植株进入休眠阶段。

(3)提高植物抗寒性的途径

植物抗寒性强弱是植物长期对不良环境适应的结果。但即使是抗寒性很强的植物，在未进行抗寒锻炼之前，对寒冷的抵抗能力还是很弱的。例如，针叶树的抗寒性很强，在冬季可以忍耐-40~-30℃的严寒，而在夏季若处于人为的-8℃下便会被冻死。晚秋时，植物内部的抗寒锻炼还未完成，抗寒力差；早春温度已回升，植物体内的抗寒力逐渐下降，因此，晚秋或早春寒潮突然袭击，植物容易受害。

虽然植物的抗寒性是相对固定的，但采取一定措施使植物抗寒性得以提高，对丰富园林植物种类、提高绿化效果有至关重要的意义，具体途径如下。

①抗寒锻炼　提高植物抗寒性的各种过程的综合称为抗寒锻炼。实际生产中，培育抗寒品种或引入新的不耐寒品种时，通常也采用相似的过程进行抗寒锻炼。植物的抗寒锻炼是根据植物对低温的忍耐有一个范围，并具有潜在的耐低温能力，经过一系列的引导锻炼，将其忍耐范围扩大的过程。

抗寒锻炼一般分为3步：首先是预锻炼阶段，进行短日照诱导，使植物停止生长并启动休眠；然后进入锻炼阶段，进行零下低温的诱导，使原生质的细胞结构和酶系统发生变化和重新改组，以抵抗低温结冰、失水的危险；最后进行超低温诱导，使植物获得最大抗寒性。在实际生产中特别在引种过程中，抗寒锻炼短期内不一定能完成，要经历一个较长的时期。如在沈阳地区引进常绿阔叶树种锦熟黄杨，需要在有保护措施的条件下进行5~6年时间才能在露地栽培。1~2年生要采取覆膜、盖草帘子等使其免受冻害；3~4年生可采用覆土或用草帘子包扎等措施助其越冬；到5~6年生时进行防风等措施防寒。如此逐渐过渡，最终使其在沈阳安全过冬。

②喷施化学物质　可通过喷施化学物质和化学防冻剂、硫胺素、苯酸钠、矮化素、吲哚乙酸、多效唑、烯效唑、脱落酸等来改变植物体内的内含物种类和数量，以提高植物抗寒性。

③栽培措施　环境条件的变化如日照长短、水分亏盈、温度变化等都可能影响植物抗寒性的强弱。改善园林植物的生长条件，加强水肥管理，如适时控制水分，注意提高磷、钾肥的比例等，可提高园林植物的抗寒性。

6.3.2　园林植物对高温的适应

(1)形态适应

植物对高温的适应主要反映在叶片的形状、大小和排列状况几个方面。有些园林植物体具有密生的茸毛、鳞片，有些植物体呈白色、银白色，叶片革质发亮等特征，这些茸毛和鳞片能过滤一部分阳光，白色和银白色的植物体和发亮的叶片能反射大部分光线。也有些园林植物的叶片折叠，相互遮盖，减少受光面积。还有一些植物的树干、枝条、根颈等具有很厚的木栓，可以隔离高温。

(2)生理适应

园林植物对高温的生理适应首先是降低细胞的含水量，增加糖和盐的浓度，这有利于减缓代谢速度和增强原生质的抗凝聚力；其次是靠旺盛的蒸腾作用，降低体温，避免树体因过热而受害。还有一些园林植物具有反射红外线的能力，并且在夏季反射的红外线比冬季多，这也是园林植物免受高温伤害的一种适应。

6.4　园林植物对城市气温的调节作用

6.4.1　城市的热岛效应

城市是人口、建筑物以及生产、生活活动集中地，温度条件与周围的郊区比较有很大的差异。城市的温度要比郊区和农村高，这种城市温度明显高于郊区及农村温度的现象称为“热岛效应”。城市热岛效应是城市气候最明显的特征之一，是由于人们改变城市地表而引起小气候变化的综合现象，在冬季最为明显，夜间比白天明显。一般城市年平均气温比郊区高0.5~2℃，城市局部地区的气温能比郊区高6℃甚至更高。

6.4.1.1　城市热岛效应形成的原因

(1)城市下垫面特性的影响

城市的下垫面主要以水泥和沥青为主，这些物质与郊区森林、草地、农田组成的下垫面相比较，有着热容量小、导热率高的特点。白天，水泥和沥青可以吸收太阳辐射，到傍晚和夜间重新将白天聚积的热量散发出来。

(2)城市大气污染的影响

城市上空因各种污染物聚集较多，且 CO_2 含量较高，形成覆盖层，对到达地面的长波辐射有强烈的吸收作用，空气的逆辐射也大于郊区，减少了城市热量的散失，使城市上空形成具有保温作用的空气层。

(3)城市建筑物的影响

城市建筑物多，高低错落，空气流通不畅，热量不容易扩散。

(4)城市绿地和水体减少的影响

城市中的建筑、广场和道路等大量增加，绿地、水体等相应减少，降水后雨水很快通过排水管网被排走，地面蒸发小，带走的热量少。

(5)人工热源的影响

城市人口密集、工厂集中，每天生产和生活要消耗大量的燃料，放出巨大热量。城市里人为放出的热量相当于太阳辐射的25%~50%。

6.4.1.2 城市热岛效应影响的因素

(1)城市规模的大小

一般来讲，大城市的热岛效应会比中小城市更加明显，这与人口密度、城市建筑物密集度等有很大的关系。

(2)时间因素的影响

一天之中，热岛效应夜间会比白天更为强烈，尤其是日落后的3~5h最为明显，因为这时城市降温的速度比农村或者郊区要缓慢。一年之中，热岛效应以冬季最为明显。

(3)气候的影响

天气在比较稳定的高压控制下，气压梯度小，微风或无风、天气晴朗或少云时，热岛效应比较明显；相反，热岛效应弱或不明显。大风不仅会造成空气上下对流，把城市中的热空气吹到郊区，而且还把郊区的冷空气输入城区，所以风速大小对城市热岛效应的强度极为重要。

6.4.2 城市小环境温度变化的特点

在城市，由于建筑物和下垫面的作用，会极大地改变光照、热量、水分的分布，形成特殊的小气候，对温度因子的影响极为明显。城市街道和建筑物如同一块不透水的岩石，受热后其温度远远超过植被覆盖地区。夏季在阳光下，混凝土平台的温度可比气温高8℃，屋顶和沥青路面的温度比气温高17℃，严重影响居民生活和植物的正常生长发育。同样一条东西走向的街道，路的北侧温度会比路的南侧高上许多。

由于建筑物南北向接收到的太阳辐射相差甚大以及风的影响，南北向的温度存在很大的差异，其冬季冻土层的深度和范围明显不一样。冬季楼的朝向对温度影响最大，楼南侧气温最高，北侧最低，东侧与西侧居中；其他季节楼朝向对气温影响较小，夏季楼西侧气温比南侧略高。地温受楼朝向的影响比气温高，楼南侧冻土期与冻土深度明显缩短，在20m高楼南侧，楼高范围内冻土期比露天减少50%左右，而北侧冻土期比露天对照略长，但冻土层深度明显高于对照，楼西侧与楼东侧差距不大。合理利用这些小气候，可以极大地丰富园林植物的多样性，如在楼南可栽种一些较温暖湿润地带的植物种类。

6.4.3 园林植物对城市气温的调节作用

(1)园林植物的遮阴作用

植物的遮阴主要是通过植物的冠层对太阳辐射的反射，使到达地面的热量有所减少，因此通过植物的遮阴会产生明显的降温效果。植物群落层次越多，所阻挡的太阳辐射也就越多，地面温度下降得越快。对于单株植物来讲，树冠越大，层次越多，遮挡的太阳辐射也越多，遮阴作用越明显。因此，要想取得较好的遮阴作用，可通过增加群落的层次性，或扩大冠层的幅度等途径来实现。

园林植物对建筑物的墙体也有遮阴降温作用。种植攀缘植物的建筑物与不种植的相比，墙表面温度要低3~5℃，室内温度要低2~4℃。

(2)园林植物的凉爽作用

园林植物通过蒸腾作用，吸收环境中的大量热量，降低环境温度，同时释放水分，增加空气湿度(18%~25%)，使之产生凉爽效应。对于夏季高温干燥的地区，园林植物的这种作用就显得特别重要。据测定，在干燥季节里，每平方米树木的叶片面积，每天能向空气中散发约6kg的水分。

(3)营造局部小气候的作用

在夏季，建筑物和水泥沥青地面气温高，热空气上升，而绿地(主要是大片森林)内气温低，空气密度大，冷空气下降，并向周围地区流动，从而使得热空气流向园林绿地，经植物过滤后凉爽的空气流向周围，使周围地区的温度下降(图6-2)，而在冬季，森林树冠阻挡地面的辐射热向高空扩散，无树的空旷地空气易流动，散热快，因此在树木较多的小环境中，其气温要比空旷处高，这时树林内热空气会向周围空旷地流动，提高周围地区温度。总之，城市大片园林绿地能对周围环境起到冬暖夏凉的作用，而且这种空气的流动，对于城市地区无风天气，具有促进空气交换，加速大气污染物扩散的作用。因此，增加园林绿地面积不仅可以稳定气温和减轻气温变幅，减轻类似日灼和霜冻等危害，还能影响周围地区的气温条件，使之形成局部小气候，减少甚至消除热岛效应，并改善该区域的环境质量。据统计，$1hm^2$的绿地在夏季(典型的天气条件下)，可以从环境中吸收81.8×10J的热量，相当于189台空调全天工作的制冷效果，这在很大程度上缓解了城市的热岛效应，改善了人居环境。

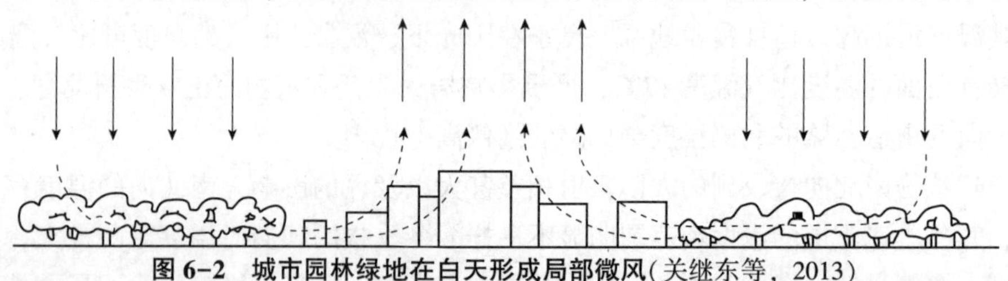

图6-2 城市园林绿地在白天形成局部微风(关继东等，2013)

6.5 园林生产中温度的利用

温度是园林植物生长发育的重要生态因子，实践中，如何调控温度，使其适于园林物的生长发育，是最大限度地发挥园林植物的作用的重要基础。

6.5.1 引种驯化

引种是把植物从原分布区定向迁移到新地区栽植的方法，是园林中重要的植物来源。被引种的植物对新的生长环境条件适应的过程即为驯化。

引种会受到很多因素的制约，而气候相似性则是引种成功的决定因素。气候相似性涉及温度、光照、水分、湿度等因素，其中温度因子是最主要的限制因素，因此在温度相似的区域引种的成功率最大。

植物种从高温区向低温区引种比从低温区向高温区引种要困难，主要是由于低温伤害和越冬困难。引种植物体本身经过一定的驯化后，可以逐步适应新的环境，保持正常的生长状态，但与当地生长的植物相比有相对较弱的抗性，尤其在极端天气年份，更要精心管理，注意调控温度等措施，保证其正常生长。对于一些引种跨越区域大、一次引种难以成功的植物，可采取“三级跳”的引种方法，即在引种区与被引种区的中间地带寻求一个或几个过渡地带，先将引种的植物在过渡区逐步适应后再行引种，以提高引种的成功率。

6.5.2 种子催芽

种子催芽可以促使种子早发芽，出苗整齐。由于不同园林植物种子大小、种皮的厚薄、本身的性质不同，因此应采用不同的处理方法。冷温水处理比较容易发芽的种子，如万寿菊、羽叶茑萝、一些仙人掌类的种子，可用冷水(0~30℃)浸种12~24h，温水(30~40℃)浸种6~12h，以加快种子吸水速度，加快出苗时间。休眠种子可经过低温沙藏和变温处理打破休眠，促进种子及早发芽，如桃、杏、荷花、月季、杜鹃花、白玉兰等的种子。具体做法是：把种子分层埋入湿润的素沙里，然后放在0~7℃环境下，一般6个月左右，层积时间视种类不同而异。如杜鹃花、榆叶梅需30~40d，海棠需50~60d，桃、李、梅需50~70d，蜡梅、白玉兰需3个月以上，红松等则需6个月以上。

6.5.3 花期调整

有些植物冬季低温休眠，有些植物夏季高温休眠。可以通过对温度的调控打破或促进休眠，进而调整植物的花期。一些春季开花的木本花卉，如迎春、梅花、杜鹃花、牡丹等，在温室中进行促成栽培，便可提前开花。利用加温方法催花，首先要预定花期，然后根据花卉本身的习性来确定提前加温的时间，再将温室温度增加到20~25℃，湿度增到80%以上，牡丹经30~35d可以开花，杜鹃花需40~45d开花，龙须海棠经10~12d开花。而低温条件下开花的桂花，当温度升至17℃以上时，则可以抑制花芽的膨大，使花期推迟。为了使春季开花的植物如碧桃、杜鹃花等花期推迟，在春季植株萌发前，将植株移到1~3℃低温下，使其继续休眠，于预定开花期前1个月左右移到温暖处，加强管理，便可在短期内开花。

6.5.4 低温贮藏

在园林生产中，低温贮藏是一种常用的方法，主要用于种子贮藏、苗木贮藏和接穗贮藏。低温可以减缓植物的呼吸作用，减少水分损失，减少疫病的发生，抑制乙烯的产生以及调整适合的苗木、种子等使用时期。

种子贮藏的一般方法是：把贮藏的种子和湿河沙混合堆放在一起，温度保持在1~10℃，这样既可以使种子在贮藏期间不萌发且保持种子活力，又可以提高种子播种后的发芽率，如美人蕉、大丽花、百合、银杏等种子的贮藏。北方地区苗木贮藏的做法是：在秋天起苗后，于排水良好的地段挖窖，然后在窖内放一层苗木，铺一层湿沙，窖温保持在3℃左右，这样既可以使苗木不萌动，又可以保持苗木的生命力。接穗贮藏：在北方地区秋季采下接穗后，打成捆放入0~5℃的低温窖井，可保持接穗生命力达8个月，以确保嫁接成功。

另外，通常露地栽培的花卉，在冬季利用温室进行促成栽培，可以促进开花并延长花期，也可在温室内进行春种花卉的提前播种育苗。

自主学习资源

1. 浅析LED光对温室植物生长的影响概述. 罗洁. 福建茶叶，2020，42(4)：12.

2. 北方温室温度调控措施. 于晓杰，王景峰，姜玉军. 现代农业科技，2008(13)：102.

3. 我国植物物候变化及对气候变化的响应综述. 丁抗抗，高庆先，李辑. 安徽农业科学，2010，38(14)：7414-7417.

拓展提高

植物的物候期

所谓物候，是指生长在自然界中的生物受气候影响而出现的现象。物候分为植物物候、动物物候等。植物物候是指受生物因子和非生物因子(气候、水文、土壤等)影响而出现的以年为周期的自然现象，它包括各种植物的发芽、展叶、开花、叶变色和落叶等现象。在科学技术发达的今天，物候对植物生产仍有很大的作用，自然物候观测的依据是比仪器复杂得多的生物体，是任何仪器和计算机都无法代替的。每个自然物候现象的出现，都是一定的温度、光照、水分等气象因子综合作用的结果。物候学是研究自然界植物和动物的季节性现象同环境的周期性变化之间的相互关系的科学，它主要通过观测和记录一年中植物的生长荣枯过程，动物的迁徙繁殖和环境的改变等，比较其时空分布的差异，探索动植物发育和活动过程的周期性规律及其对周围生态环境条件的依赖关系，进而了解气候变化规律及其对动植物的影响。它是生物学、环境科学和气象学之间的交叉学科。

从历史的角度来看，物候学是一门古老的自然学科，今天人们之所以又重新重视物候学，主要是因为物候变化对温度变化具有较明显的响应关系。目前全球经历着以增温为特征的变化，物候期变化可以作为一个较好的气候变化代用指标，它能直接反映生态系统对气候变化的响应，使人们更直观地感受到气候变化对人类活动的影响。因此，物候研究与全球气候变化研究关系密切。掌握物候变化规律在预报农时、指示病虫害，监测、保护生态环境，以及预测、鉴定气候变化趋势等方面具有重要的理论价值和现实意义。

课后习题

一、不定项选择题

1. 在温带地区，春季或秋季日平均气温稳定通过(　　)至稳定下降到(　　)以下的这一时期称为园林植物的生长期。

A. 5℃、5℃　　B. 5℃、0℃　　C. 10℃、5℃　　D. 10℃、10℃

2. (　　)是园林植物生理活动过程中最旺盛、最适宜的温度，在这个温度下，园林植物不仅生长快，而且生长很健壮，不徒长。

A. 生物学最高温度　　B. 界限温度
C. 生物学最适温度　　D. 生物学最低温度

3. (　　)是指对于多数园林植物适用，能标志某些重要物候现象或种植业生产活动开始、终止或转折点的温度。

A. 生物学最高温度　　B. 界限温度
C. 生物学最适温度　　D. 生物学最低温度

4. 植物在冬季遇到气温偏高，便以(　　)来弥补低温的不足。

A. 提高温度　　B. 增加光照　　C. 缩短休眠期　　D. 延长休眠期

5. 北方在土壤冻结前、春季土壤解冻后和南方在冬季栽植树木是利用了(　　)继续生长的这个有利因素。

A. 茎　　B. 根系　　C. 枝　　D. 叶片

6. 一般温带树种的种子，在(　　)开始萌动。

A. 5~10℃　　B. 0~5℃　　C. 10~12℃　　D. 12~20℃

7. 园林养护过程中采取一定措施使植物抗寒性得以提高，对丰富园林植物种类、提高绿化效果有至关重要的意义，常用的途径有(　　)。

A. 抗寒锻炼　　B. 修剪　　C. 冬季防寒　　D. 喷施化学物质

8. 适应中纬度温暖环境的树木，萌发温度要求相对较高，移植到高纬度寒冷地区后，萌发(　　)。

A. 相对较早　　B. 相对较晚　　C. 不受影响　　D. 不确定

9. 从南方引入北方的植物，生长尚未结束、未进入休眠状态，常遭受(　　)危害。

A. 早霜　　B. 冻害　　C. 冻裂　　D. 寒害

10. 修剪时应多保留(　　)枝条，可以预防树皮灼伤。

A. 病虫害　　B. 顶端　　C. 阴面　　D. 阳面

11. 向阳的树干和果实常出现的(　　)，就是由于温度快速升高而引起的一种热害。

A. 白粉病　　B. 锈病　　C. 日灼病　　D. 炭疽病

12. 在园林植物日常养护过程中，极端高温对植物的热害主要有两种，分别是(　　)。

A. 生理干旱、树皮灼烧　　B. 根颈灼烧、生理干旱

C. 根颈灼烧、树皮开裂　　D. 根颈灼烧、树皮灼烧

13. 热岛效应是由于人们改变城市地表而引起小气候变化的综合现象，在(　　)最为明显，是城市气候最明显的特征之一。

A. 冬季　　B. 春季　　C. 秋季　　D. 春季

14. 热岛效应在(　　)明显。

A. 白天比夜间　　B. 夜间比白天　　C. 没有影响　　D. 夏季比冬季

15. 城市热岛效应的原因有(　　)。

A. 受城市下垫面特性的影响，城市的下垫面主要以沥青和水泥为主，这些物质热容量小、导热率高

B. 受人工热源的影响，城市人口密集、工厂集中

C. 受城市绿地和水体减少的影响，地面蒸发小，带走的热量少

D. 受城市建筑物的影响，城市建筑物多，高低错落，空气流通不畅，热量不容易扩散

二、判断题

1. 只要平均温度能够满足园林植物生长发育需要，它就能正常地生长发育。(　　)

2. 园林植物引种时，要考虑引种区的积温条件才能取得成功。(　　)

3. 随纬度的增加，园林植物的生长期、活跃生长期均逐渐缩短。(　　)

4. 在城区温度一般比郊区高，其物候期要早一些，所以植物的萌芽、开花在城区比郊区早，城区植物生长期更长，落叶休眠较晚。(　　)

5. 有一些植物的树干、枝条、根颈等具有很厚的木栓层，可以隔离高温。(　　)

6. 植物适应低温除了植株含水量提高、呼吸速率提高、可溶性糖类增加外，还与脱落酸含量的增加有关。(　　)

7. 喜温树种北移的主要障碍是寒害。(　　)

8. 极端低温对植物的伤害程度取决于极端温度值、低温持续时间和温度的变化速度。(　　)

三、问答题

1. 简述温度的变化规律。

2. 试分析城市热岛效应形成的原因。

3. 什么是有效积温？分析其生物学意义。

4. 试分析园林植物在夏季对城市温度的调节作用。

5. 极端低温对园林植物的危害有哪些？

6. 生理干旱的成因是什么？如何预防？

7. 树木灼伤是如何发生的？怎样防止园林树木发生灼伤？

8. 园林植物生长发育过程中，温度调控可以采用哪些措施进行？

9. 简述界限温度与园林植物生长及生产的关系。

单元 7　园林植物生长与光照

学习目标

(1) 了解太阳辐射的基本知识。

(2) 了解光的变化规律。

(3) 理解光的生态作用和植物对光的生态适应。

(4) 熟悉影响光合作用的因素以及同化物质运输与分配的基本规律。

(5) 了解光在森林及城市中的变化规律。

(6) 掌握提高园林植物光能利用率的途径。

(7) 会运用太阳辐射和植物光合作用、同化物质运输的基本知识，解决园林植物生产中光能利用与调控和有机质运输等问题。

(8) 能利用光对园林植物生长发育的不同影响，解决园林植物日常修剪、养护时出现的问题。

(9) 能利用城市光源的特点，合理进行园林植物配置。

万物生长靠的是太阳，太阳是地球上各种生物能量的最终来源。太阳是一个炽热的天体，它每时每刻都在不停地向宇宙空间发射能量。太阳以辐射的形式将太阳能传递到地球表面，给地球带来光和热，并使地球产生昼夜和四季。绿色植物通过光合作用将太阳辐射能转化为化学能贮藏在合成的有机物质中，除自身需要外，还提供给其他生物体，为地球上几乎所有生命提供了直接和间接的生长、运动、繁殖的能源。园林植物只有在适宜的光环境条件下，才能良好地生长发育。园林设计中也只有根据园林植物的生态特性，选择适宜的栽植环境，才能达到良好的园林绿化效果。

7.1　光的来源及变化规律

7.1.1　光的来源

太阳辐射通过大气后，到达地面的有两部分：一部分是以平行光的形式直接投射到地面的太阳直接辐射；另一部分是自天空射到地面的散射辐射。这两部分之和称为太阳总辐射。

太阳辐射在被地面吸收以前，既要受到大气、云的吸收和散射，又要受到云层和地面的反射，最后真正被地面吸收的只有一部分。如果把到达大气上界的太阳辐射作为100%，则通过大气层后，有10%被云层吸收，25%被云层反射，9%被氧、水蒸气、二氧化碳和臭氧等气体吸收，9%被浮尘散射而扩散，能够到达地面的只有47%。而在这47%中又有4%被地面反射，最后仅有43%被地面吸收(图7-1)。

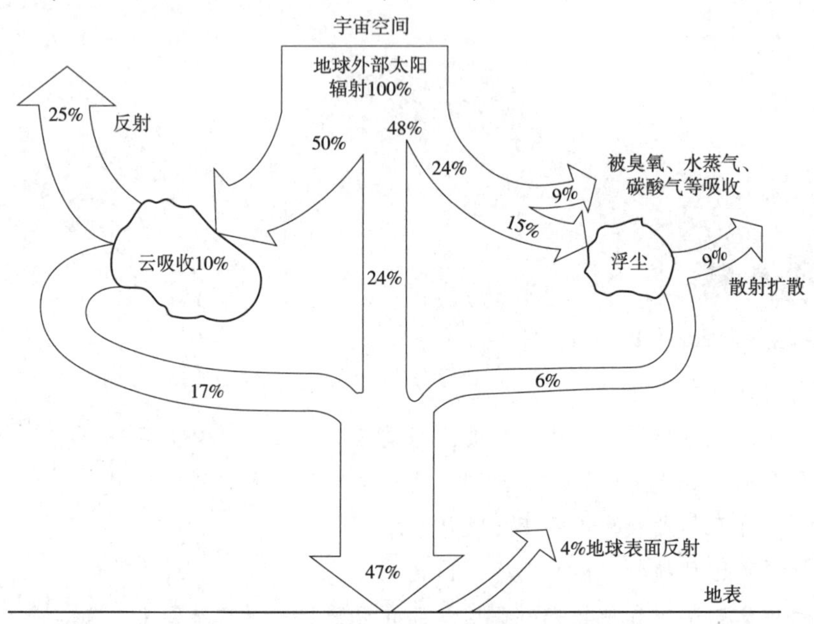

图7-1　太阳辐射能到达地面分配示意(北半球平均值)(徐荣，2008)

7.1.2　太阳光谱

太阳光按其波长顺序排列而成的波谱称为太阳辐射光谱。太阳辐射光谱按其波长分为紫外光(波长小于0.4μm)、可见光(波长0.4~0.76μm)和红外光(波长大于0.76μm)3个光谱区。在全部太阳辐射能中，红外光约占43%，紫外光部分约占7%，可见光部分为50%，由红、橙、黄、绿、青、蓝、紫7种色光组成(图7-2)。太阳辐射中能被植物色素吸收、具有生理活性的波段称为生理有效辐射或光合有效辐射，为0.38~0.74μm，这个波段与可见光的波段基本相符，对植物有重要意义。

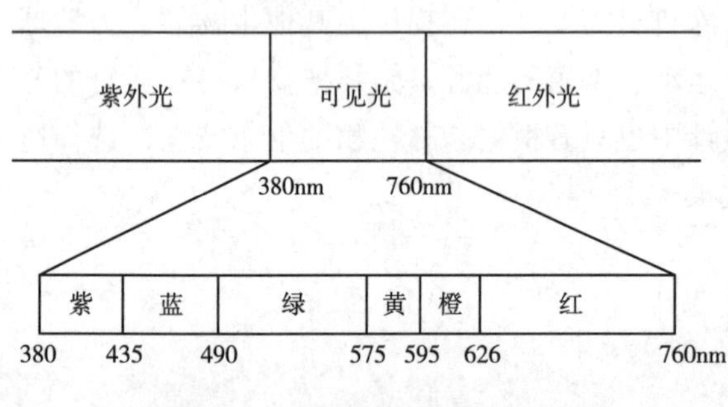

图7-2　可见光谱(姚方，2010)

7.1.3　光的自然变化规律

7.1.3.1　光质及其变化规律

光质即指光谱成分。所谓光质不同，就是指光线所含的光谱成分不同。光质随空间发生变化的一般规律是短波光随纬度增加而减少，随海拔升高而增加。在时间变化上，冬季长波光增多，夏季短波光增多；一天之内中午短波光较多，早、晚长波光较多。

7.1.3.2 光照强度及其变化规律

光照强度是指单位面积上所接受的可见光的光通量，单位是勒克斯(lx)，用于指示光照的强弱和物体表面积被照明程度的量。光照强度受纬度、太阳高度角、海拔高度等因素的影响。

光照强度随纬度增加而减弱。纬度越低，太阳高度角越大，太阳光通过大气层的距离越短，地表光照强度越大。赤道上，太阳直射光的射程最短，光照最强；随着纬度增加，太阳高度角变小，光照强度减弱。

光照强度随海拔升高而增强。随着海拔升高，大气层厚度相对减小，空气密度减小，大气透明度增加。坡向也影响光照强度。

在时间上，一年中，夏季光照强度最大，冬季最弱。一天中，正午光照强度最大，早、晚最弱。

7.1.3.3 光照时间及其变化规律

日照是指太阳辐射中可见光的照射。太阳光照射的时间称为光照时间或日照时数，以小时(h)为单位，包括可照时数和实照时数两种。

不受任何障碍物和云雾的影响，从日出(太阳中心出地平线)到日落太阳照射的时间称为可照时数。可照时数的多少决定于地理纬度和季节。在北半球，夏半年(春分—秋分)可照射时数大于12h，并且随纬度的增高而增长；冬半年(秋分—春分)可照时数小于12h，并且随纬度的增高而缩短。

地面因受障碍物和云雾等影响，从日出到日落太阳实际照射的时间，称为实照时数，可用日照计观测。日常生活中所讲的日照时间实际上就是实照时数。

7.1.4 光在森林及城市中的变化

7.1.4.1 光在树冠与植物群落中的变化

在树冠中，叶片相互重叠并彼此遮阴，从树冠表面到树冠内部光照逐步减弱，因此在一株树的树冠内，叶片所处的位置以及与入射光的角度不同，造成各个叶片接受的光照是不同的。

太阳辐射波段不同，叶片对其反射、吸收和透射的程度不同。在红外光区，叶片反射垂直入射光的70%左右；在可见光区，叶片对红橙光和蓝紫光的吸收率最高，为80%~95%，而反射较少，为3%~10%，绿色叶片对绿光吸收较少，反射较多，为10%~20%。在紫外光区，只有少量的光被反射，一般不超过3%，大部分紫外光被叶片表面所截留。一般地说，反射最大的波段透过也最强，即红外光和绿光的透过最强，所以林冠下以红绿光的阴影占优势。

照射在植物叶片上的太阳光有70%左右被叶片所吸收，20%左右由叶片反射出去，少部分通过林冠的枝叶间隙直接射入林内，形成斑驳的光点。叶片吸收、反射和透射光的能力因叶的厚度、构造和颜色的深浅以及叶表面的性状不同而不同。一般来说，中生形态的叶透过太阳辐射的10%左右，非常薄的叶片可透过40%以上，厚而硬的叶片可能完全不透光，但对光的反射率却相对较大，密被毛的叶片能增加反射量。

在植物群落内，由于植物对光的吸收、反射和透射作用，群落内的光照会发生变化，而这些变化随植物种类、群落结构和季节的不同而不同。例如，一年中，随季节的更替植物群落的叶量有变化，因而透入群落内的光照也随之变化。变化最明显的是阔叶林，如麻栎。在冬季落叶阔叶林的林地上可照射到50%~70%的光，春季树木发叶后可照射到20%~40%的光，但在盛叶期林冠郁闭后，透到林地的光照仅在10%以下。对常绿林而言，则一年四季透入林内的光照较少并且变化不大。针对群落内的光照特点，在配置植物时，上层应选喜光树种，下层应选耐阴性较强或阴生植物。

7.1.4.2 城市中光的特点

城市中光的直射辐射减少，散射辐射增多。工业化程度较高的城市空气污染严重，空气中悬浮颗粒物较多，凝结核随之增多，因而形成低云，同时建筑物的摩擦阻碍效应容易激起机械湍流，在湿润气候条件下也利于低云的发展。因此，城市的低云量、雾、阴天天数都比郊区多，而晴天天数、日照时数一般比郊区少。

由于城市建筑物的高低、方向、大小以及街道宽窄和方向不同，因而城市局部地区太阳辐射的分布很不均匀，即使同一街道的两侧也会产生很大差异。一般东西向街道北侧接受的太阳辐射比南侧多，而南北向的街道两侧接受的光照与遮光状况基本相同。

7.1.4.3 光污染

光污染是指环境中光辐射超过各种生物正常生命活动所能承受的指数，从而影响人类和其他生物正常生存与发展的现象。

(1)人造白昼污染

由于城市夜景照明等室外照明科技的发展和广泛应用，加大了夜空的亮度，产生了被称为人造白昼的现象，由此带来的对人和生物的危害被称为人造白昼污染。它形成的原因主要是地面产生的人工光在尘埃、水蒸气或其他悬浮粒子的反射或散射作用下进入大气层，导致城市上空发亮。

人造白昼影响昆虫在夜间的正常繁殖过程，许多依靠昆虫授粉的植物也将受到不同程度的影响。此外，植物体的生长发育需受到每日光照长短的控制，人造白昼会影响植物正常的光周期反应。

(2)白亮污染

白亮污染主要由强烈人工光和玻璃幕墙反射光、聚焦光产生，如常见的眩光污染就属此类。

为了减少白亮污染，可加强城市地区绿化特别是立体绿化，利用大自然的绿色植物，建设“生态墙”，从而减少和改善白亮污染，保护视觉健康。

(3)彩光污染

各种黑光灯、荧光灯、霓虹灯和灯箱广告等是主要的彩光污染源。研究表明，彩光污染不仅有损人的生理功能，还会影响心理健康，如黑光灯所产生的紫外线大大多于太阳光中的紫外线，且对人体的有害影响持续时间长，能诱发多种疾病，严重的导致白血病和其他癌变。城市要控制和科学管理大功率强光源，并加强园林绿化工作，改善城市光环境。

7.2 植物的光合作用

7.2.1 光合作用的概念及意义

光合作用是指绿色植物吸收光能，同化 CO_2 和水，制造有机物质并释放 O_2 的过程。光合作用的总反应式可表示为：

$$CO_2+H_2O \xrightarrow[\text{绿色植物}]{\text{光}} (CH_2O)+O_2$$

式中的(CH_2O)代表合成的以糖类为主的有机物质。光合作用的产物中，有近40%的成分是碳素，因此，光合作用也被称为碳素同化作用。

光合作用所需的 CO_2 经过气孔以气体扩散的方式进入叶肉细胞的间隙，再通过细胞壁以溶解到水中的方式进入叶绿体。陆生植物的根部也可以吸收土壤中的 CO_2 和碳酸盐用于光合作用。浸没在水中的绿色植物，其光合作用的碳源是溶于水中的 CO_2、碳酸盐和重碳酸盐，这些物质可以通过表皮细胞进入叶片中。

光合作用对整个生物界产生巨大作用：

①把无机物转变成有机物　据估计，地球上每年光合作用约同化 2.0×10^{14}kg 碳，形成 5×10^{14}kg 有机物，其中陆生植物占60%左右，水生植物占40%左右。植物与其他生命都是生物圈的成员，但植物是初级生产者，处于核心和基础地位，绿色植物合成的有机物是生命生存的物质基础，特别是人类的食物全部直接或间接来源于光合作用。保证食物供应是人类面临的重大挑战，提高作物的光合作用进而提高产量是解决这一难题的关键。

②贮存太阳能，将光能转变成化学能　绿色植物在同化 CO_2 的过程中，把太阳光能转变为化学能，并蓄积在形成的有机化合物中。人类所利用的能源，如煤炭、天然气、木材等都是现在或过去的植物通过光合作用形成的。

③净化空气，维持大气中 O_2 和 CO_2 的相对平衡　在地球上，由于生物呼吸和燃烧，每年约消耗 3.12×10^{11}t O_2，以这样的速度计算，大气层中所含的 O_2 将在3000年左右耗尽，大量 CO_2 的产生，也将导致全球性的温室效应。然而，绿色植物在吸收 CO_2 的同时每年释放出 5.35×10^{11}t O_2，所以大气中的 O_2 含量仍然维持在21%。同时，也减缓了因人类生产生活排放的 CO_2 增加所导致的地球大气层温度逐渐升高的趋势。绿色植物还可以吸收有毒气体、分泌杀菌素杀死空气中的细菌、消声、吸尘、降温等，因此绿色植物是天然、绿色的“空气净化器”，是整个生物界可持续生存和发展的根本保证。

7.2.2 光合作用的影响因素

植物的光合作用经常受到外界环境条件和内部因素的影响而发生变化。表示光合作用变化的指标有光合速率，可用植物在单位时间内单位叶面积所吸收 CO_2 或放出 O_2 的量来表示，也可用单位时间单位面积所积累的干物质量表示。常用单位是 CO_2mg/($dm^2\cdot h$)或 O_2mL/($dm^2\cdot h$)，也可用有机物的量来表示。CO_2 吸收量可用红外线 CO_2 气体分析仪测定，O_2 释放量可用氧电极测氧装置测定，干物质积累量可用改良半叶法等方法测定。

植物进行光合作用的同时，也在进行呼吸作用消耗有机物并释放 CO_2，因此实际测得的光合速率是光合作用与呼吸作用之差，称为净光合速率。通常所称的光合速率，大多指净光合速率。如果测定光合速率的同时也测定呼吸速率并加以校正，将净光合速率与呼吸速率相加，即得实际光合速率或称为真正光合速率。

真正光合速率=净光合速率+呼吸速率

7.2.2.1 外界条件对光合速率的影响

(1)光照强度

光是光合作用的动力，是叶绿素形成和叶绿体发育的必要条件，光还通过影响气孔的开闭而影响 CO_2 的供应。此外，光还影响大气温度和湿度的变化，所以光照条件与光合作用有着极为密切的关系。

植物的叶片在黑暗中不能进行光合作用，只进行呼吸作用，吸收 O_2 而放出 CO_2。随着光照增强，光合速率逐渐提高。当光照强度增至一定程度时，叶片的光合速率等于呼吸速率，这时的光照强度称为光补偿点(图 7-3)。光补偿点反映着植物对弱光的利用能力。在光补偿点时，植物叶片进行光合作用所制造的有机物质与呼吸作用消耗的有机物质相等，二者互相补偿，没有积累。如果考虑其他器官和夜间的呼吸消耗，对整株植物来说，消耗大于积累。因此，从全天来看，植物所需的最低光照强度必须高于光补偿点。

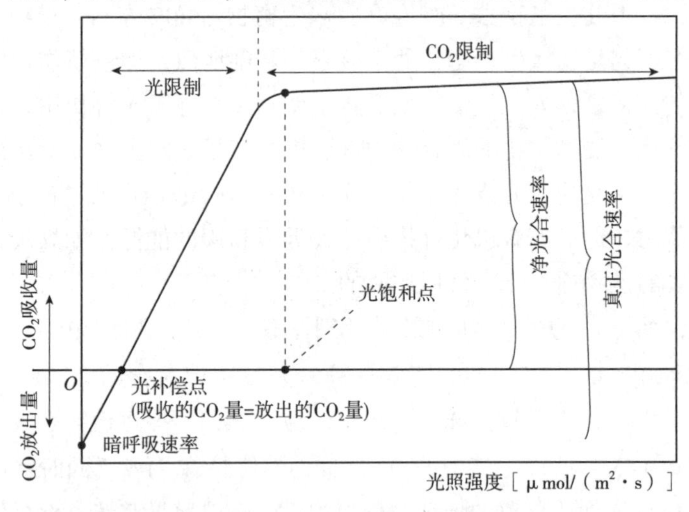

图 7-3 光照强度-光合曲线图解(Taiz 和 Zeiger，1998)

在一定的范围内，植物的光合速率随光照强度的增加而提高；当光照增强到一定程度时，光合速率达到最高；如果继续增加光照强度，光合速率也不再提高，此时的光照强度称为光饱和点。光饱和点的高低反映着植物利用强光的能力。达到光饱和点以后，如果再继续增加光照强度，过剩的光能将会导致植物的光合速率下降，这种现象称为光合作用的光抑制。大多数植物叶片的光饱和点一般为全日照的 1/3～1/2。如果此时增加 CO_2 浓度，则有利于提高光饱和点。

一般情况下，在自然 CO_2 浓度和最适温度下，光饱和点与光补偿点都较高的植物属于喜光植物，多原产于热带与温带的平原、高原、南坡以及高山阳面岩石上等夏季干燥或荒漠地区；光饱和点与光补偿点都很低的植物属于耐阴植物，这类植物所需的光照强度很低，只要求全日照的1/10即能进行正常的光合作用，如果光照过强，光合作用反而减弱，多为原产于热带、亚热带雨林地区或温带半湿润地区及阴坡的植物，如蕨类、兰科、苦苣苔科、凤梨科、天南星科和海棠科及许多观叶植物。

在这两类植物中间，还有一类中间类型的植物，如水青冈、椴、冷杉、萱草、桔梗、白及、天门冬、红枫、含笑、苏铁等。这些植物对光照要求不严格，一般喜欢阳光充足但在庇荫下也能正常进行光合作用。

对群体来说，往往位于上层的少数叶片接收到的光照强度超过光饱和点时，中下层的大多数叶片仍处于光饱和点以下。因此，改善中、下层叶片的光照条件，力求让中、下层叶片接受更多的光照是高产的重要条件。

不同植物的光补偿点不同。一般来说，草本植物的光补偿点高于木本植物，喜光植物的光补偿点高于耐阴植物。光补偿点在实践中有重要意义，如栽培密度的确定，间作套种时植物种类、品种的搭配，林带树种的配置，园林规划设计时植物的配置，温室内植物摆放的位置，以及间伐与修枝的强度等都与光补偿点有关。

影响光合作用的外界条件时刻都在变化，所以在一天中光合作用强度也发生有规律的变化。在温暖的日子里，若水分供应充足，太阳光照成为主要因素，光合过程一般与太阳辐射进程相符合。如相对无云的晴天，从清晨开始，光合作用逐渐增强，中午前后达到高峰，以后逐渐降低，到日落停止，呈单峰曲线；如果白天云量变化不定，则光合速率随着到达地面的光照强度的变化而变化，呈不规则曲线。但在晴天无云而太阳光照强烈的夏季，中午前后光合速率有时反而下降，光合进程呈双峰曲线：一个高峰在上午，一个高峰在下午。这种中午光合速率下降的现象称为光合“午休”现象。产生光合“午休”现象主要是因为强光光抑制和高温，空气湿度低，植株强烈蒸腾失水，气孔部分关闭，CO_2供应不足，以及光合产物(淀粉等)积累在叶肉细胞的细胞质中，导致光合速率下降。

(2)CO_2浓度

CO_2是光合作用的原料之一。环境中CO_2浓度的高低直接影响光合产量。环境中的CO_2浓度对光合作用的影响也表现出补偿与饱和现象。在一定的范围内(0.03%~0.12%)，植物的光合速率随CO_2浓度的增加而加快。当CO_2增加到一定浓度时，植物的光合速率与呼吸速率相等，这时环境中的CO_2浓度称为CO_2补偿点。当CO_2浓度增加到一定程度时，植物的光合速率不再提高，这时环境中的CO_2浓度称为CO_2饱和点。CO_2浓度超过饱和点后，将引起原生质体中毒或气孔关闭，抑制光合作用。

植物对CO_2的利用也与其他环境因素有关，在温度升高、光照较弱、水分亏缺等条件下，CO_2补偿点上升，光合作用下降。在弱光下，只能利用较低浓度的CO_2，光合速度缓慢，随着光照加强，植物就能吸收较高浓度的CO_2，光合速率加快。

目前，生产上主要采用干冰在温室及塑料大棚中进行CO_2施肥。也可采用增施有机肥料、深施碳酸氢铵等措施增加CO_2浓度。另外，选择适当行向，保持田间通风，有利于CO_2的供应。

(3)温度

温度对光合作用的影响也表现出三基点现象，即最低温度、最适温度和最高温度，不同植物光合作用的温度三基点不同。温带植物光合作用的最低温度为0~5℃，最适温度为25~30℃，35℃以上光合速率显著下降，40~50℃时完全停止。

不同植物类型和物种对温度的响应明显不同(表7-1)。大多数温带C_3植物一般为10~35℃，能进行光合作用的最低温度为0~2℃(热带植物为5℃以下)；在35℃左右光合作用开始下降，40~50℃即停止。C_4植物的温度三基点比C_3植物的相应值高得多。

表7-1 在自然CO_2浓度和光饱和条件下，不同植物光合作用的温度三基点 ℃

植物类型		最低温度	最适温度	最高温度
草本植物	热带C_4植物	5~7	35~45	50~60
	C_3植物	-2~0	20~30	40~50
	喜光植物(温带)	-2~0	20~30	40~50
	耐阴植物	-2~0	10~20	约为40
	CAM植物(夜间固定CO_2)	-2~0	5~12	25~30
	高山植物	-7~-2	10~20	30~40
木本植物	常绿阔叶乔木	0~5	25~30	45~55
	落叶乔木	-3~-1	12~25	40~45
	常绿针叶乔木	-5~-3	10~25	35~42

不同的光照强度和CO_2浓度条件下，温度对光合作用的影响是不同的。光合速率在高温时下降的原因主要有两个方面：一是高温破坏叶绿体和细胞质的结构，并使叶绿体的酶钝化；二是高温时，呼吸速率升高，虽然真正光合速率增大，但净同化率反而降低。由于呼吸作用的最适温度高于光合作用，只有在光照强度和CO_2浓度较高时，提高温度才能促进光合速率，否则提高温度只能增强了呼吸作用，使有机物消耗加剧，净光合速率下降，对植物生长不利。这种情况在阴天更加明显。所以，阴天应注意防止温室和塑料大棚内温度过高，以降低有机物的消耗，提高净光合速率。

(4)水分

作为原料直接用于光合作用的水分不到植物所吸收水分的1%，因此，水分对光合作用的影响主要是间接的。具体地说，缺水使叶片气孔关闭，影响CO_2进入叶片；缺水使叶片淀粉水解加强，叶中可溶性糖堆积，光合产物输出减慢，对光合作用产生反馈抑制，光合速率下降。

(5)矿质营养

植物生长所必需的各种矿质元素，对光合作用都有直接或间接的影响。氮、磷、硫、镁是叶绿素、蛋白质和叶绿体膜的成分，氮、镁、铁、锰、铜、锌等是叶绿素等生物合成所必需的元素，铜、铁、硫、氯参与光合电子传递和水的光解过程，磷、钾、硼等能促进叶片光合产物的转化和运输，钾和钙通过调节气孔开闭控制CO_2的进入，磷也参与光合作用中间产物的转变和能量传递。所以，合理施肥对保证光合作用的顺利进行是十分必要的。

7.2.2.2 内部因素对光合速率的影响

(1)植物种类

植物的光合速率首先由其固有的遗传特性所决定，种类不同，光合速率不同。一般情况下，树木的光合速率低于农作物，针叶树低于阔叶树，常绿树低于落叶树，C_3 植物低于 C_4 植物。

(2)叶龄

不同年龄的叶片，光合速率也不相同，总体呈现光合速率随叶龄增长出现“低—高—低”的规律。例如，幼嫩叶片光合速率较低；随着叶片的生长，光合速率逐渐提高；叶片达最大面积前后，光合速率最大，称为功能叶；此后随着叶片衰老，光合速率又逐渐下降。

(3)光合产物的运输情况

在植物体内，源和库是相互协调的供需关系，库和源的强弱、光合产物从叶片中输出的快慢影响叶片的光合速率。叶制造的光合产物如果能及时运出，叶将保持较高的光合速率；如果光合产物在叶中堆积，叶的光合速率将下降。例如，摘去花或果实使光合产物的输出受阻，叶片的光合速率就随之降低。反之，摘除其他叶片，只留一个叶片和所有花果，留下叶片的光合速率就会增加。如对苹果枝条进行环割，光合产物会积累，则叶片光合速率明显下降。

7.2.3 光合产物的运输与分配

7.2.3.1 光合产物的种类

植物光合作用直接产物是糖类，包括葡萄糖、果糖、蔗糖、淀粉，其中以蔗糖和淀粉最为普遍，大多数高等植物的光合产物是淀粉。此外，还有蛋白质、脂肪和有机酸，这些物质占光合作用直接产物的比例较小，大多数蛋白质、脂肪和有机酸是通过糖类代谢的中间产物再度合成的。

光合产物的种类与光照强弱以及 CO_2 和 O_2 浓度高低有关，也与叶片年龄和光质有关。例如，成长的叶片主要形成糖类，幼嫩叶片除糖类外还产生较多蛋白质。红光照射下叶片形成大量糖类；在蓝、紫光照射下，糖类减少，而蛋白质增多。

同化产物除了上述光合直接产物外，还有这些物质再度合成的其他各种各样的有机物质，如萜类中的类胡萝卜素、赤霉素，酚类中的木质素、单宁，含氮次生物中的生物碱等。

7.2.3.2 运输途径与方向

按照运输距离的远近，植物体内的有机物质运输可分为短距离运输与长距离运输。二者既相对独立，又密切相关，前者为后者奠定基础，后者是前者的必然结果。

(1)短距离运输

短距离运输是指在有机物质进入专门的输导组织之前，常常发生在细胞内及细胞间的运输，其距离一般只有几微米。

胞内运输主要是指通过扩散和原生质流动等形式在细胞质内和细胞器间进行的物质交换。胞间运输是指通过质外体、共质体或交替途径等进行的细胞间物质运输。有机物在质外体中运输速度很快；共质体运输主要是通过胞间连丝实现的，在紧密相邻的细胞之间同化物的运输速率，共质体大于质外体，因为它不需跨双层膜运输，阻力小。

大多数情况下，两条运输途径通过传递细胞交替进行。传递细胞又称为运输细胞，存在于维管束附近，在源、输导组织、库三者之间起快速装卸同化产物的作用。

(2)长距离运输

木质部和韧皮部是植物体内进行长距离运输的两条途径。实验证明，大量的有机物质特别是光合同化产物的运输，几乎全部是由韧皮部的筛管完成的，韧皮部是植物体内有机物质运输的主要通道。这可通过环割实验或同位素示踪实验得以证明。

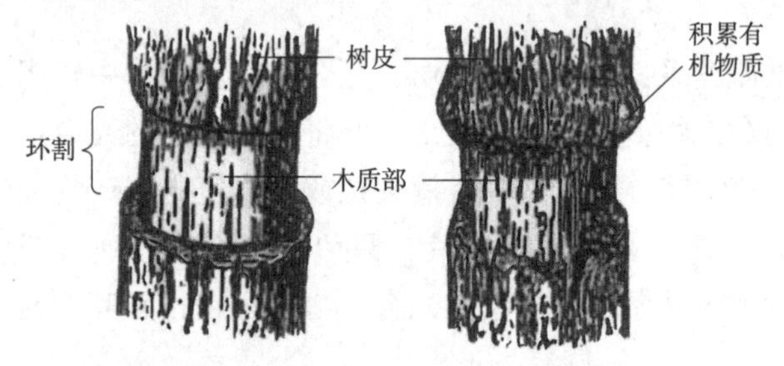

图 7-4 韧皮部环割实验示意(关继东等，2013)

环割实验是研究物质运输的经典方法。环割是将木本植物的树干(枝)上的一圈树皮(韧皮部)剥去而保留树干(木质部)的一种处理方法(图 7-4)。经过一段时间，环割上部枝叶照常生长(因为根系吸收的水分、矿质等可沿导管正常向上输送)，而环割的上端切口处会逐渐形成粗大的愈伤组织，有时形成瘤状物。这是因为植物光合作用的同化产物是经过韧皮部向下运输的，环割后同化产物运输受阻，在环割上端切口处积累，促进此处生长加强，组织增生。如果环割不宽(如0.3~0.5cm)，过一段时间，愈伤组织可以使上、下树皮再连接起来，恢复有机物质向下运输的能力；如果环割较宽，上、下树皮就不能连接，如果主干环割过宽，环割口的下端又无一定的枝叶，时间一久，根系就会死亡，“树怕剥皮”就是这个道理。

环剥处理在果树生产中有多种应用。例如，对旺长的苹果、枣树等果树的主干和旺长枝基部在开花和花芽分化期进行适度环剥，可提高地上部 C/N 值，明显提高坐果率，促进花芽分化，控徒长。在进行压条繁殖时，可在枝条的欲生根部位环剥，在环剥处覆上湿土并用材料包裹，或直接弓形埋入土壤中，此处理能使养分和生长素集中在切口上端，故利于发根、壮苗。

(3)运输方向

光合作用运输的基本方向是由源到库。源又称为代谢源，是指能合成并输出同化产物的组织或器官，主要是指有同化物输出的长成叶片；库又称为代谢库，是消耗和贮藏同化产物的组织或器官，如植物的果实、种子、块根、块茎等。在植物的一生中，源和库是相辅相成的，源的同化产物输出量决定库的大小和产量，而库的数量和容量也影响源的同化速率。

源和库关系是相对的，在一定的条件下可以相互转化，如叶片幼小时本身生长发育消耗的有机物大于自身的光合产物，要从其他部位吸取营养物质，此时为库，成叶后光合产物除自身消耗外还有输出，便转化为源；种子的子叶、胚乳在种子成熟过程中贮存有机物，此时为库，但在种子萌发的过程中为胚提供营养，此时为源。

绝大多数有机物质在韧皮部中的运输是非极性的，筛管液流既向下运输，又向上运输，运输方向往往随植物生长发育时期不同而变化，但在同一筛管中未发现双向运输现象。营养生长阶段，上部叶片的光合产物主要运往茎尖，下部叶片的光合产物主要运往根部，中部叶片的则既运往茎尖，又运往根部；到生殖生长阶段，营养生长明显减弱，光合产物主要运往花和果实，少数运往根部。有机物除纵向运输之外，还可通过胞间连丝进行微弱的横向(径向或弦切向)运输。但一般情况下，横向运输很少。

7.2.3.3 影响同化产物运输的外界条件

植物体内同化产物的运输主要受温度、水分、光照和矿质元素的影响。

(1)温度

温度显著影响同化产物的运输速度。实验证明，在适当的温度范围内，随温度的升高，同化产物的运输速度加快。同化产物运输的最适宜温度是在20~30℃。低温不仅减弱呼吸作用，减少能量供应，还提高筛管内含物的黏度，从而降低运输速度；高温会使呼吸增强，消耗有机物增多，同时还会破坏酶或使酶钝化，运输速度也降低。适宜的昼夜温差对植物生长和经济产量形成有积极作用，白天温度较高，促进光合作用，夜间温度低，减少呼吸消耗，因此可增加同化物的输出量，延缓叶片衰老。土温高于气温有利于同化产物向根部运输，反之，则有利于向地上运输。

(2)水分

植物缺水处于萎蔫状态，气孔关闭，光合作用速率降低，功能叶片同化产物的输出量减少，运输速率变小，分配量更少，可导致植株下部叶片与根系早衰，进而影响植物的生长和发育。

(3)光照

光照通过光合作用影响同化产物的运输。功能叶白天输出率高于夜间，是由于光照下蔗糖浓度升高，运输加快所致。

(4)矿质元素

对同化物运输影响较大的矿质元素主要有磷、钾、硼、氮等。有机物所需能量由ATP供应，因此，磷能促进同化物的运输，在植物产量形成后期适当追施磷肥，有利于同化产物向经济器官运输。钾能促进库内蔗糖转化为淀粉，有利于叶片同化物的运输。硼与糖结合成具有极性的复合物，有利于透过质膜，促进糖的运输。硼还能促进蔗糖合成，提高可运态蔗糖的浓度。氮影响同化物的分配，当氮供应过多时，同化物用于蛋白质合成构建营养器官而不利于向生殖器官储存积累，使植物贪青晚熟。

7.2.3.4 同化产物的分配

有机物分配总的趋势是由源向库，始终不变。此外，还有以下规律：

(1)优先供给生长中心

生长中心是指植物体上生长较快或代谢较强的部分。植物在不同生育期有不同的生长中心。这些生长中心由于代谢强烈，生长旺盛，需要大量营养，因此在与其他代谢库竞争营养物质时具有很强的优势。不管是根系吸收的矿质元素，还是叶片制造的光合产物，均优先运往生长中心，以满足其生长发育的需要。

生产上可以通过人为措施调节使经济器官成为生长中心。如果树修剪中的摘心、拉枝梢、利用植物生长延缓剂抑制顶端优势，使生殖器官成为生长中心；对葡萄等花果共存时间较长的植物，要注意加强肥水供应，以免结果消耗过多养分，造成落花现象，影响后期产量；花生产要重施蕾期肥，并且氮、磷、钾要合理配合施用。

(2)代谢库之间的竞争

植物在一个生长时期可能会有多个生长中心，但这些生长中心对养分的竞争能力并不相同。一般说来，生殖器官对养分的竞争能力比营养器官强，所以很多植物开花后，根、茎、叶的生长减弱，甚至停止；生殖器官中，果实的竞争力大于花，因此，坐果后落花，花蕾的脱落率高于果；营养器官中，茎、叶的竞争力大于根，因此，当光合产物较少时，常造成根系发育不良。

(3)就近供应

叶制造的光合产物主要运往与之邻近的器官或部位。植物体内同化产物运输从数量上讲，随运输距离的加大而减少。在果树上，果实获得的同化产物也主要来源于附近的叶片。这样运输的距离最近，并且叶片的同化产物主要供应同侧邻近果实，很少横向运输到对侧，这可能与维管束走向有关。

叶与接纳其同化产物的部位，以及连接它们的输导组织，共同构成一个供求单位。通常把一个源器官与直接接纳其同化产物的库器官所组成的供求单位称为源—库单位。必须指出，源—库单位概念是相对的，其组成不是固定不变的，它会随生长条件而变化，并可人为改变。源—库单位不仅在空间上有一定的分布，而且在不同发育阶段也有变化。例如，成熟叶片在植株营养生长阶段主要向根和茎的分生组织供应营养，而当进入生殖生长阶段后则主要向生殖器官供应营养。源—库单位的可变性是整枝、摘心、疏果等栽培技术的生理基础。

(4)纵向同侧运输

由于输导组织纵向分布的缘故，茎上一侧叶片制造的光合产物往往只运给同侧的花果、树干或根系。因此，生产上应用整形修剪、摘心等措施调整不同枝的布局与搭配，保持树势平衡。当纵向运输受阻时，弦切方向的运输就会加强。

(5)可以再分配利用

一般来说，运到库中的光合产物，一部分能再次分配到其他器官。植物某个阶段制造的有机养料可暂时贮存于某一部位或组织，在新器官形成期，暂存的养料可以被再“动员”或征调出来，重新利用。如在叶片衰老时，叶片中的同化产物可以转移到其他生长或贮藏组织中。

(6)相对独立性

功能叶之间无同化产物供应关系。一旦叶片成为功能叶，合成的大量光合产物就只向外运输，此后不再接受外来同化产物的分配，直到最后衰败死亡。有试验表明，就算对功能叶进行遮黑处理，同化产物也不会输入功能叶。

7.3 光对园林植物生长发育的影响

光是园林植物生长发育的必需条件之一，不同种类的园林植物在其生长发育过程中要求的光照条件不同，而园林植物在长期适应不同光照条件时又形成相应的适应类型。

7.3.1 光质对园林植物生长发育的影响

太阳辐射的主要成分是紫外光、可见光和红外光，不同波长的光具有不同的性质，对园林植物的生长发育具有不同的作用(表7-2)。红外光的生理作用是促进植物茎的延长生长，有利于种子的萌发，提高植物体的温度。很多昆虫利用紫外光反射性能的变化来辨认植物，采蜜昆虫以花朵反射的紫外光类型作为采蜜的向导。植食性昆虫能利用其红外光感应性能来找出生理病弱植株，并进行侵害。

植物叶片对光的吸收是有选择性的，只吸收生理辐射(能被叶绿素吸收的各种波长的太阳辐射)部分。在太阳辐射中，可见光具有最大的生态学意义，它既有热效应，又有光效应，植物利用它进行光合作用并将其转化为化学能，储存在有机物质中。在可见光中，红橙光和蓝紫光对植物的光合作用最为重要。绿光多被反射，所以植物叶片多为绿色。植物吸收红橙光最多，它的光合作用活性最大，红光还能促进叶绿素的形成。其次为蓝紫光，蓝紫光也能被叶绿素和类胡萝卜素所吸收。不同波长的光对光合产物的形成有影响。试验表明，红光有利于糖类的合成，蓝光有利于蛋白质的合成。

在诱导植物形态建成、向光性和色素形成等方面，不同波长光的作用不同。一般蓝紫光和青光对植物伸长生长及幼芽形成有抑制作用，使植物形成矮态(如高山植物比较矮小)，还能促进植物色素如花青素等的形成，如高山花卉接受紫外光多，颜色艳丽。红光影响植物开花、茎的伸长和种子的萌发。远红外光使种子保持休眠状态，抑制分枝，使植物把较多的能量提供给茎尖，使茎尽快伸长获得更多光照。紫外光波长较短的部分能抑制植物生长，波长较长的部分对植物有刺激作用，可促进种子的发芽和果实的成熟，并能提高蛋白质和维生素的含量。果实成熟期间，增加紫外光和紫光含量，向阳的果实比较香甜而且产量高。紫外光和紫光不易透过塑料薄膜，这是紫光膜在生产上广泛应用的原因。

开花是植物从营养生长向生殖生长的转变过程，光质对鸡冠花试管苗开花具有关键的影响效果。在蓝光处理下，鸡冠花的初花期最早；在绿光处理下，鸡冠花的初花期提前，但作用不明显，花色较淡；在红光处理下，鸡冠花的开花率最高，单株开花数最多，花色鲜艳，能提高花的观赏品质。红光能够诱使三色堇提早开花，且缩短开花周期；蓝光能够诱使推迟开花，且延长开花周期。

表 7-2 太阳辐射的不同波段对植物的生理生态作用

太阳辐射的波段(nm)	吸收特性	生理生态作用
小于 280	被原生质吸收	可立即杀死植物
280~312	被原生质吸收	影响植物形态建成，影响生理过程，刺激某些生物合成，对大多数植物有害
312~400	被叶绿素和原生质吸收	起成形作用，如使植物变矮、叶片变厚等
400~510	被叶绿素和胡萝卜素强烈吸收	表现为强的光合作用与成形作用
510~610	叶绿素吸收作用稍有下降	表现为低光合作用与弱成形作用
610~720	被叶绿素强烈吸收	光合作用最强，某种情况下表现为强的光周期作用
720~1000	植物稍有吸收	对光周期、种子形成有重要作用，促进植物延伸，并能控制开花与果实颜色
大于 1000	能被组织中水分吸收	能转化成热能，促进植物体内水分循环及蒸腾作用，不参与生化作用

7.3.2 光照强度对园林植物生长发育的影响

光合作用合成的有机物质是植物进行生长的物质基础，光照强度通过影响光合作用，影响细胞的分裂和伸长，进而影响植物体积的增长、重量的增加。弱光下植物色素不能形成，细胞纵向伸长，糖类形成少，植株表现为黄色瘦弱状，称为黄化现象。黄化现象就是光照强度对植物生长及形态建成发生显著影响的例子。

(1)光照强度对植物生长和发育的影响

光还能促进组织和器官的分化，制约着器官的生长速度，使植物体各器官和组织维持着发育上的正常比例。强光对植物胚轴的延伸有抑制作用，而在光照充足的情况下则会促进组织的分化和木质部的发育，使苗木幼茎粗壮低矮，节间较短，同时还能促进苗木根系的生长，形成较大的根茎比率。利用强光对植物茎生长的抑制作用，可培育出矮化的、更具观赏价值的园林植物个体。

光照强度对植物的器官发育也有一定的影响。植物体内的营养积累、花芽的分化和形成与光照强度密切相关。光照减少，花芽则随之减少，营养物质积累也减少，已经形成的花芽也会由于体内养分供应不足而发育不良或早期死亡。因此，只有保持充足的光照条件，才能保证植物的花芽分化并开花结果。

光照强度还影响植物开花的颜色，强光的照射有利于植物花青素的形成，使植物花色艳丽。光照的强弱对植物花蕾的开放时间也有很大影响，如半支莲、酢浆草在中午强光下开花，月见草、紫茉莉、晚香玉在傍晚开花，昙花在 21：00 之后的黑暗中开放，牵牛花、大花亚麻则盛开在早晨。

(2)光照强度对植物形态结构建成的影响

植物在生长过程中叶片以及树干都具有明显的向光性。

园林树木的冠形结构与光照强度有密切关系。一般认为，树木体内的生长激素导致了萌芽的产生，当树木生长在较强的太阳光辐射下时，生长激素可能受到某种作用，刺激不定芽的产生，从而产生了较多的侧梢。此外，很多园林植物(特别是园林树木)由于各方向所受的光照强度不同，会使树冠在强光方向生长茂盛，在弱光方向生长不良，形成明显的偏冠现象。在城市，由于建筑物的高低、方向、大小以及街道宽窄和方向不同，使城市局部地区太阳辐射的分布很不均匀。由于受到建筑物遮阴，园林植物的生长发育会受到相应的影响，特别是在建筑物附近生长的树木，接收到的光量不同，极易形成偏冠，使树冠朝向街心方向生长。

园林树木的叶片形态结构与光照强度有密切关系。叶片是植物接受光照进行光合作用的器官，在形态结构、生理特征上受光的影响最大，对光有较大的适应性。叶片长期处于光照强度不同的环境中，其形态结构、生理特征上往往产生适应光的变异，称为叶的适光变态。阳生叶与阴生叶是叶适光变态的两种类型。经常处于强光下生长的植物叶片属于阳生叶，长期处于弱光条件下生长的植物叶片属于阴生叶，它们在形态结构上存在明显差异(表7-3)。喜光树种的叶片主要具有阳生叶的特性。耐阴树种适应光照强度的范围较广，阳生叶与阴生叶分化较明显，通常处于树冠上部和外围的叶片趋向于阳生叶的特征，位于树冠下部和内部的叶片具有阴生叶的特征。

表7-3　阳生叶和阴生叶的特点比较

项　目	阳生叶	阴生叶
叶片	厚而小	薄而大
叶面积/体积	小	大
角质层	较厚	较薄
叶脉	密	疏
气孔分布	较密，但开放时间短	较稀，但经常开放
叶绿素	较少	较多
叶肉组织	栅状组织较厚或多层	海绵组织较丰富
生理	蒸腾速率、呼吸速率、光补偿点、光饱和点均较高	蒸腾速率、呼吸速率、光补偿点、光饱和点均较低

在园林苗圃生产中，应合理调控苗床的光照条件，从而培育出理想形态结构的苗木，使苗木移栽后具有更大的适应能力。生长在低光照强度苗床上或群落中的苗木，其叶多为阴生叶，如果将这些苗木栽植在开敞的立地上，它们将受到一定程度的强光照干扰，可能会使其死亡，或者使它们的生长减少或停止一至多年，直到它们产生能适应光照的阳生叶为止。

7.3.3　光照时间对园林植物生长发育的影响

(1)日照长度与植物开花

植物体各部分的生长发育，不仅受到光照强度的影响，有些植物还常受到每天光照时间长短的控制。植物这种对光照昼夜长短(光周期)的反应称为植物的光周期现象。在光周期现象中，对植物开花起决定作用的是暗期的长短。短日照植物必须超过某一临界暗期才能形成花芽，长日照植物必须短于某一临界暗期才能开花。一般认为，木本植物的开花结实不直接受光周期的控制。

(2)光周期与植物休眠

光周期在很大程度上控制了许多木本植物的休眠，特别是分布区偏北的树种，这些树种已在遗传性上适应了一种光周期，可以使它们在当地的寒冷或干旱等特定环境因子到达临界点以前就进入休眠。对于生长在北方气候下或高山地区的树木来说，光周期这样一种控制休眠进程的机制，就显得特别重要。一般而言，树木从原产地移到日照较长的地区，它们的生长活跃期就会延长，树形也就长得高大一些，但这常使植株容易受早霜的危害。如果移到日照较短地区，生长活跃期就会缩短。原产于夏季干旱地区的多年生草本花卉如水仙、百合、仙客来、郁金香等只有在长日照条件下才能休眠。槭树、泡桐等树种在长日照条件下可以延迟其休眠。

城市里路灯两旁的落叶树木，在春天常比其他地方的同种树木萌动早、展叶早，在秋天落叶迟、休眠晚，就是由于灯光使其处于长光照下，延长生长发育期，即缺乏短光照诱导落叶的信号。

7.4 园林植物对光的适应及调节

光在地球上的时空分布是不均匀的，其差异主要表现在光质(光谱成分)、光照强度和光周期方面，这3个方面的变化都能影响植物的生长发育、形态结构和生理生化活动，尤其是在光合作用和植物器官分化上。而在一定光照条件下长期生活的植物，对光质、光照强度和光周期有一定要求和适应，形成了不同的生态习性，并表现为不同的生态类型。

7.4.1 园林植物对光照强度的适应

在自然界中，有些植物只能在较强的光照条件下才能正常生长发育，如月季、油松等；而有些植物则能适应比较弱的光照条件，或在庇荫条件下生长，如某些蕨类植物。不同植物对光照强度的适应能力不同，特别是对弱光的适应能力有显著的差异。根据植物对光照强度的适应程度，可把园林植物分为以下3种类型。

(1)喜光植物(阳性植物)

喜光植物指只能在充足光照条件下才能正常生长发育的植物。这类植物不耐阴，在弱光条件下生长发育不良。如木本植物中的银杏、紫薇、刺槐、白兰花、含笑、一品红、迎春、连翘、侧柏、杨属、柳属等；草本植物中的芍药、瓜叶菊、菊花、鹤望兰、太阳花、香石竹、向日葵、唐菖蒲、翠菊等。

(2)阴生植物(阴性植物)

阴生植物指在弱光条件下能正常生长发育或在弱光下比强光下生长得好的植物。这类植物具有较高的耐阴能力。如木本植物中的云杉、罗汉松、杜鹃花、八仙花、六月雪、海桐等，草本植物中的万年青、文竹、一叶兰、吊兰、龟背竹、玉簪、石蒜等和某些蕨类植物。

(3)中性植物(耐阴植物)

中性植物是指对光照的要求介于以上二者之间的植物，这类植物在光照充足时生长最好，也能忍受一定程度的庇荫。如木本植物中的圆柏、元宝槭、珍珠梅、紫藤等，草本植物中的萱草、紫茉莉、天竺葵等。中性植物中的有些植物因其年龄和环境条件的差异，常常又表现出不同程度的偏喜光或偏阴生特征。喜光植物与阴生植物在形态结构、生理特性及其个体发育等各方面有明显的区别(表 7-4)。

表 7-4　喜光植物与阴生植物的特点比较

特　点	喜光植物	阴生植物
叶型变态	阳生叶为主	阴生叶为主
茎	较粗壮，节间短	较细，节间较长
单位面积叶绿素含量	少	多
分枝	较多	较少
茎内细胞	体积小，细胞壁厚，含水量少	体积大，细胞壁薄，含水量高
木质部和结构组织	发达	不发达
根系	发达	不发达
耐阴能力	弱	强
土壤条件	对土壤适应性广	适宜比较湿润、肥沃的土壤
耐旱能力	较耐干旱	不耐干旱
生长速度	较快	较慢
生长发育	成熟早，结实量大，寿命短	成熟晚，结实量少，寿命长
光补偿点、光饱和点	高	低

在实践中，根据树木的外部形态，常可大致推知其耐阴性：a. 树冠呈伞形者多为喜光树种，呈圆锥形且枝条紧密者多为阴生树种；b. 枝条下部侧枝早落者为喜光树种，繁茂者多为阴生树种；c. 叶幕区稀疏透光，叶片色淡而质薄，若为常绿树，叶寿命短者为喜光树种；叶幕区浓密，叶色浓深而质厚，若为常绿树，其叶可在枝条上生长多年者为阴生树种；d. 针叶树之叶为针状者为喜光树种，叶扁平或呈鳞片状、表面与背面分明者为阴生树种；e. 阔叶树之常绿者多为阴生树种，落叶者多为喜光树种或耐阴树种。

园林植物对光照强度的适应性，除了内在的遗传性外，还受年龄、气候、土壤条件的影响。植物在幼年阶段，特别是 1~2 年生的小苗是比较耐阴的，随着年龄增加而耐阴程度减小；在湿润、肥沃、温暖的条件下，植物的耐阴性较强，而在干旱、瘠薄、寒冷的条件下，则表现为喜光。因此，在园林绿化中可通过适当增加空气湿度和增施有机肥来调节植物耐阴性的问题。

植物对光照强度的生态适应性在园林植物的育苗生产及栽培中有着重要的意义。对阴生植物和耐阴性强的植物，育苗要注意采用遮阴手段。在园林规划设计时，要注意根据不同环境的光照条件，合理选择配置适当的植物，做到植物与环境的相互统一，形成层次分明、错落有致的绿化景观，以提高其绿化、美化的效果。

7.4.2　园林植物对光周期的适应

根据对光周期的不同反应，园林植物可分为长日照植物、短日照植物、中日照植物和日照中性植物 4 个生态类型。

(1)长日照植物

长日照植物是指当日照长度超过临界日长才能开花的植物，即光照长度必须大于一定时数(这个时数称为临界日长)才能开花的植物，如苹果、梅花、碧桃、山桃、榆叶梅、丁香、连翘、天竺葵、大岩桐、兰花、令箭荷花、倒挂金钟、唐菖蒲、紫茉莉、风铃草类、蒲包花等。这类植物每天需要的光照时数要达到 12h 以上(一般为 14h)才能形成花芽，而且光照时数越长，开花越早；否则将维持营养生长状态，不开花结实。

(2)短日照植物

短日照植物是指日照长度短于临界日长时才能开花的植物。如一品红、菊花、蟹爪兰、落地生根、一串红、木芙蓉、叶子花、君子兰等每天需要的光照时数要在 12h 以下(一般为 10h)才能形成花芽，而且黑暗时数越长，开花越早；在长日照下，其只能进行营养生长而不开花。

(3)中日照植物

中日照植物是指只有当昼夜长短的比例接近相等时才能开花的植物。如某些甘蔗品种只有接近 12h 的光照条件才开花，大于或小于这个日照时数均不开花。

(4)日照中性植物

日照中性植物是指开花与否对光照时间长短不敏感，只要温度、湿度等生长条件适宜，就能开花的植物。如月季、香石竹、紫薇、大丽花、倒挂金钟、茉莉花等，这类植物受日照长短的影响较小。

一般而言，短日照植物起源于南方热带和亚热带，其原产地生长季日照时间短；长日照植物起源于北方温带和寒带地区，夏季生长发育旺盛。如果把长日照植物向南移，例如，北树南移，由于光周期或日照长度的改变，树木会出现两种情况：一种情况是枝条提前封顶，缩短生长期，生长缓慢，抗逆性差，容易被淘汰；另一种情况是出现二次生长，延长生长期。把短日照植物向北移，其生长时间比原产地长，这是因为日照时间较长和诱导休眠所需要的短日照直到夏末或秋季才出现。由于休眠期的延后，可能在初霜前尚未进入休眠，故常受霜害。因此，引种驯化必须注意植物开花的光周期要求。

7.5 园林生产中光照的利用

(1)控制花期

根据植物开花对日照时数的不同要求，可以采取人为方法调整(延长或缩短)光照时间，从而控制园林植物的花期。

(2)引种驯化

不同植物对生长区域的自然环境都存在长期的适应性，在园林植物引种工作中，要考虑引种地和原产地日照长度的季节变化、该种植物对日照长度的敏感性和反应特性以及对温度等其他环境因子的要求。不同植物对光周期的要求不同，只有在适合的光周期下生长，才能正常地开花结实。长日照植物由北方向南方引种时，发育延迟，甚至不能开花，若要使其正常发育，必须满足其对长日照的要求，补充日照时间，才能使之开花结实。

(3)全光育苗

在园林植物育苗过程中，调节光照条件，可提高苗木的产量和质量。在高温、干旱地区，应对苗木适当遮阴；在气候温暖、雨量多的地区，对一些植物尤其是喜光植物进行全光育苗，能促进其生长；在有条件的地方，则可人工延长光照时间，促进苗木生长，可取得明显的效果。据资料记载，在连续光照下，可使欧洲赤松苗木高生长加速5倍，落叶松达16倍，而且苗木的直径和针叶也增长很多。

(4)改变休眠与促进生长

日照长度对温带植物的秋季落叶和冬季休眠等特性有着一定的影响。在其他条件不变的情况下，长日照可以促进植物萌动生长，短日照有利于植物秋季落叶休眠。例如，城市中的树木，由于夜间路灯、霓虹灯等灯光的照射延长了光照时间，使城市里的园林树木在春天萌动早、展叶早；在秋天落叶晚、休眠晚，即生长期有明显延长。因此，控制光照时间可以改变植物的萌动或调整休眠。

自主学习资源

1. 光质对植物形态结构和生长的影响．王燕，张亚见，何茂盛，等．安徽农业科学，2018，46(19)：22-25.

2. 园林植物生长发育与环境．关继东，向民，王世昌．北京：中国林业出版社，2013.

拓展提高

LED光对温室植物生长的影响

随着技术的发展，LED的生产成本逐年降低，现如今已经成为低光照强度周期下，实现理想光合的一种优势化技术。借助LED可以生成不同类型波段的光源的特点，尤其是将不同波长的LED光共同作用，使其成为促进温室植物的生长发育的一种可行的手段，从而切实有效地促进温室植物的生长。

现有的光学结果表明，660nm左右的红光波段及其他波段的LED光对温室植物的生长发育有宏观的调节作用，LED波长范围在660~690nm对于温室植物的相关生物量的生成以及后期的产量有很大的促进作用，但是温室植物的组织培养物在LED红光或红外光照射下会发生一定水平茎的过度伸长，导致植物茎秆具有一定的脆弱性。技术人员通过研究了LED蓝光、红光及其复合搭配作用所得到的对温室植物生长和产量的影响，可以合理组建红蓝LED组合，能切实提高植物的净光合速率，有效促进植物的生长发育。相应复合结果也表明，LED蓝光对温室植物移栽后的生长育苗具有促进作用，同时无论是对植物进行单纯的蓝光处理还是相应的红光LED处理，其温室植物的总叶绿素含量均低于荧光灯处理后，LED蓝光下植物所包含的叶绿素a与叶绿素b和类胡萝卜素的比值相应增大。

课后习题

一、不定项选择题

1. 如果光照不足，而温度偏高，这时叶片的 CO_2 补偿点(　　)。

A. 升高　　B. 降低　　C. 不变化　　D. 变化无规律

2. 在达到光补偿点时，光合产物形成的情况是(　　)。

A. 无光合产物生成　　B. 有光合产物积累

C. 呼吸消耗=光合产物积累　　D. 光合产物积累>呼吸消耗

3. 在其他条件适宜而温度偏低的情况下，如果提高温度，光合作用的 CO_2 补偿点、光补偿点和光饱和点(　　)。

A. 均上升　　B. 均下降　　C. 不变化　　D. 变化无规律

4. 木质部和韧皮部是植物体内进行(　　)的两条途径。

A. 短距离运输　　B. 细胞间物质交换

C. 长距离运输　　D. 胞内运输

5. 下列(　　)是代谢源。

A. 绿色植物的功能叶　　B. 茎、花、果实

C. 发育的种子　　D. 植物的幼叶

6. 下列(　　)是代谢库。

A. 绿色植物的功能叶

B. 植物的幼叶

C. 种子萌发期间的胚乳或子叶

D. 春季萌发时2年生或多年生植物的块根、块茎、种子

7. 一般(　　)能抑制植物的伸长生长，而使植物形成矮粗的形态。

A. 绿光　　B. 黄橙光　　C. 红光、红外线　　D. 蓝紫光、紫外光

8. 在温带地区，春末夏初能开花的植物一般为(　　)植物。

A. 中日照　　B. 长日照　　C. 短日照　　D. 短-长日照

9. 在温带地区，秋季能开花的植物一般为(　　)植物。

A. 中日照　　B. 长日照　　C. 短日照　　D. 短-长日照

10. 如果把长日照植物向南移(北树南移)，会出现(　　)的现象。

A. 无影响　　B. 二次生长，延长生长期

C. 遭受霜害　　D. 休眠期提前

11. 根据对光周期的不同反应，可将植物分为(　　)等生态类型。

A. 长日照植物　　B. 短日照植物　　C. 中日照植物　　D. 日照中性植物

12. 在实践中，根据树木的外部形态，树冠呈伞形者多为(　　)。

A. 无区别　　B. 耐阴树种　　C. 喜光树种　　D. 阴生树种

13. 在园林植物栽培过程中，可以调节植物光合作用面积的措施有(　　)。

A. 引种驯化　　B. 控制花期　　C. 整形修剪　　D. 遮阴

14. 在园林植物栽培过程中，可以调节光质的措施有(　　)。

A. 合理施肥　　B. 覆盖有色塑料薄膜

C. 整形修剪　　D. 引种驯化

二、判断题

1. 在一定范围内，叶龄增大，光合速率加快；叶片成熟，光合速率达到最大；叶片衰老，光合速率逐渐下降。(　　)

2. 目前生产上主要采用干冰在温室及塑料大棚中进行 CO_2 施肥。(　　)

3. 施肥对保证光合作用的顺利进行是没用的。(　　)

4. 绝大多数有机物质在韧皮部中的运输是非极性运输。(　　)

5. 在整个植物生长发育过程中，源与库不会随着植物生长发育阶段而发生转化。(　　)

6. 环割可阻止光合产物下运，改善割口以上部分的养分状况，有利于花芽分化、坐果及果实膨大。(　　)

7. 弱光下植物色素不能形成，细胞纵向伸长，糖类形成少，植株表现为黄色瘦弱状，称为黄化现象。(　　)

8. 阳生叶与阴生叶是叶片适光变态的两种类型，经常处于强光下发育的植物叶片属于阳生叶，长期处于弱光条件下生长的植物叶片属于阴生叶。(　　)

三、问答题

1. 什么叫太阳辐射？简述太阳光在植物群落中的变化。

2. 简述城市光污染的类型及特点。

3. 结合所在的城市，列举当地栽植的园林植物，并说明哪些属于喜光植物，哪些属于阴生植物。

4. 简述光的调控在园林植物栽植中的应用。

5. 简述太阳辐射中不同光谱对植物生长、发育等生理活动的影响。

6. 比较阳生叶与阴生叶的特点。

单元 8　园林植物生长与水分

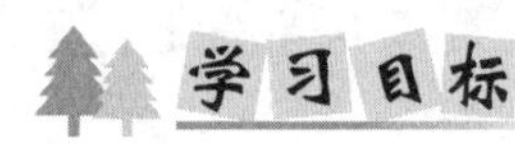

(1)了解水分的来源及空气湿度的变化规律。

(2)理解植物水分吸收、运输、利用、蒸腾的基本原理。

(3)掌握植物的需水规律。

(4)了解植物对水分的适应及抗旱、抗涝性。

(5)能够运用水分与园林植物栽培的关系，在生产中合理利用水分。

(6)会运用植物水分生理解释与水分相关的植物生长发育现象，指导园林植物水分调控的实施。

水是植物体的重要组成成分，是植物生命活动的基础。土壤水分对于植物根系和土壤微生物活动起着很大作用，“哪里有水，哪里就有生命”。因此，水也是限制植物生存、发展的重要生态因子。由于水分条件的差异，我国由东至西分布着不同的植被类型，形成了形态各异的自然景观。园林生产中，应合理利用水分并加以调控，进而促进园林植物的生长发育。

8.1　水的来源及变化规律

8.1.1　水的来源

植物生活需要的水分大部分通过根系从土壤中吸收，而土壤水分主要来源于大气降水和人为灌水。雨和雪是大气降水最重要的两种形式。降水的有效性与降水强度关系很大，当降水强度比较大时，往往造成土壤来不及吸收，使许多雨水流失，成为无效降水，在一些地方形成渍涝；降水强度过小，连阴雨过多，导致植物倒伏与病害，光合产物不足；一般地，中等程度的降水对植物有利。冬雪融化作为水分来源也能满足植物生长发育的需求，但降雪对植物也会造成一定的伤害。植物冠层上积压超负荷的雪，会把树木枝条压弯或压折，严重的会出现树干折断或掘根。在正常降水满足不了植物生命活动需求时，需用人工灌水形式进行补充。

8.1.2 水分的常用指标

园林植物的生长和发育都离不开水分，这里的水分指的是空气水分和土壤水分。生产中，二者的常用指标和计算方法有所不同。

8.1.2.1 空气水分的常用指标

空气水分也称为空气湿度，指的是大气的干湿程度，取决于空气中水汽含量的多少。

(1)绝对湿度

单位容积空气中所含水汽的质量称为绝对湿度，用α表示，它实际上就是空气中水汽的密度，单位为g/m^3。空气中水汽含量越多，绝对湿度就越大。绝对湿度能直接表示空气中水汽的绝对含量，但不能反映空气对水汽的最大容纳限量，故不能用它来判断空气的潮湿程度。

(2)相对湿度

空气中实际水汽压与同温度下饱和水汽压的百分比称为相对湿度，用γ表示。

$$\gamma=\frac{e}{E}\times 100\%$$

相对湿度表示当时温度下空气中水汽距离饱和的程度。当$e=E$时，$\gamma=100\%$，表明空气中水汽达到饱和状态；$e>E$，$\gamma>100\%$而无凝结现象时，空气中水汽处于过饱和状态。当空气中水汽含量一定时，即e不变，则随着气温的升高，E变大，相对湿度变小；反之，如果气温下降，E变小，则相对湿度变大；当气温下降到一定值时，使$e=E$，$\gamma=100\%$，则空气中水汽达到饱和状态。

(3)饱和差

在某一温度下，饱和水汽压与实际水汽压之差称为饱和差，用d表示，单位为百帕(hPa)，其表达式为$d=E-e$。饱和差值随温度升高而增大，反之则减小。

(4)露点温度

当空气中水汽含量不变且气压一定时，气温降低到空气水汽达到饱和时的温度称为露点温度，简称露点，单位℃。它形式上是温度，实质上是表示空气湿度的一个物理量。

对于温度相同而水汽压不同的两部分空气来说，水汽压较大的空气其温度稍降就能达到饱和，因而露点温度较高；水汽压较小的空气，其温度需下降较大幅度才能达到饱和，因而其露点温度较低。因此，气压一定时，露点温度的高低反映了空气中实际含水量的多少。

8.1.2.2 土壤水分的常用指标

(1)自然含水量(绝对含水量)

土壤自然含水量用土壤水分质量占烘干土壤质量的百分比表示，是最常用的表示方法。

$$\text{土壤自然含水量}=\frac{\text{湿土质量}-\text{烘干土质量}}{\text{烘干土质量}}\times 100\%$$

(2)相对含水量

土壤相对含水量是以土壤实际含水量占该土壤田间持水量的百分数来表示。一般认为，土壤含水量为田间持水量的60%~80%时，最适宜旱地植物的生长发育。

$$土壤相对含水量=\frac{土壤实际含水量(质量分数)}{田间持水量(质量分数)}\times 100\%$$

(3) 土壤蓄水量

为了便于比较和计算土壤含水量与降水量、灌水量与排水量之间的关系，常用水层厚度来表示土壤贮水量。

$$水层厚度(mm)=土层厚度(mm)\times土壤自然含水量\times土壤密度$$

8.1.3 园林生产中水分的变化规律

8.1.3.1 空气水分的变化规律

园林生产中，空气水分常用相对湿度来表示。相对湿度会随着环境的温度、时间、地形、海拔、风速等因子的影响而发生变化。

(1) 相对湿度随时间的变化

相对湿度日变化，一般与气温日变化相反。当温度升高时，水汽压随着蒸发、蒸腾作用的增强而增大，而饱和水汽压随温度升高的速度要比水汽压更快，结果相对湿度反而减小；温度降低，则相反。因此，一天中相对湿度的最高值出现在气温最低的清晨，而最低值出现在 14：00~15：00。

相对湿度年变化，一般与气温年变化相同。我国大部分地区属季风气候区，夏季盛行气团来自海洋，带来充沛的水汽，水汽压大；冬季盛行气团来自干燥的内陆，水汽极少，水汽压小。因此，夏季气温最高时的相对湿度最大，冬季或春季相对湿度最小。

(2) 相对湿度随高度的变化

大气中水汽含量或水汽压随高度增加而减小，1~2km 高度处的水汽含量减少到近地面层含量的 1/2，35km 处减少到 1/10。气温也是随高度增加而降低，影响了饱和水汽压。一般来说，夏季白昼时，近地面的相对湿度小，高度增加，相对湿度增大，到 1~2.5km 处达到最大值，在此高度以上相对湿度随高度减小。

8.1.3.2 土壤水分的变化规律

土壤水分会随季节变化、土壤深度的变化呈现一定的规律。

(1) 土壤水分随季节的变化规律

春季气温回升，土壤逐渐解冻，植物刚开始萌芽，蒸腾量较小，土壤含水量逐渐增加。夏、秋季植物生长旺盛，自然降水量明显增加，蒸腾作用由强到弱，因此土壤含水量也比较充足。进入秋、冬季，自然降水量减少，气温下降，植物蒸腾作用微弱，同时风大使土壤表面蒸发强烈，因此土壤含水量呈下降趋势。完全进入冬季，土壤封冻，土壤含水量达到最低，且维持在比较稳定的水平。

(2) 土壤水分随土壤深度的变化规律

土壤表层(10~20cm)受气候要素、耕作措施、冠层覆盖状况和根系活动影响较大，因此土壤水分变幅大、变化速度快，干湿交替频繁。在 70cm 以下土层，土壤水分受降雨和蒸发影响较小，水分含量相对稳定，变幅小、变化慢。

8.2 植物的水分代谢

8.2.1 植物体内含水量及水分存在状态

8.2.1.1 植物体内的含水量

植物体内存在大量水分，但植物的种类不同，其含水量不同。如水生植物的含水量可达98%，中生植物的含水量在70%~90%，旱生植物含水量最低时达6%。植物的不同器官、不同发育时期的含水量也存在较大的差异，生命活动旺盛的组织和器官，如嫩梢、根尖、幼叶、幼苗、发育的种子或果实，含水量高达70%~85%；趋于衰老的组织和器官，含水量一般在60%以下。

8.2.1.2 植物体内的水分存在状态

水分在植物细胞内通常以束缚水和自由水两种状态存在。细胞内许多生物大分子(如蛋白质、核酸、果胶质、纤维素等)含有亲水基团(如氨基、羟基、羧基、羰基等)，它们可通过氢键与水分子结合，称为水合作用。水合作用会使细胞中的一部分水失去流动性。靠近亲水物质并被吸附不易自由流动的水，称为束缚水。距离亲水物质较远，水分子可以自由移动的水分，称为自由水。这两种状态的水分划分是相对的，它们之间没有一个明显的界限。

束缚水和自由水对于植物的代谢活动和抗性强弱所起的作用不同。自由水参与植物体内的各种代谢反应，与植物的代谢强度(如光合作用、呼吸作用、蒸腾作用和生长等)有关。而束缚水不参与代谢活动，但它与植物的抗性强弱有关。细胞中自由水和束缚水比例的大小往往影响植物的代谢强度，常以自由水与束缚水的比例作为衡量植物代谢强弱和植物抗性的指标。自由水占总含水量的比例越高，则代谢越旺盛；反之，代谢越弱。当植物处于不良环境时，如干旱、寒冷等，一般束缚水的比例较高，代谢变弱，植物抵抗不良环境的能力增强。例如，越冬植物的休眠芽和干燥的种子内所含的水基本上是束缚水，植物以其微弱的代谢强度维持生命活动，并且度过不良的环境条件。

8.2.2 植物细胞对水分的吸收

细胞吸水主要有两种方式：没有液泡的细胞(如幼嫩的分生组织或干种子的贮藏细胞)主要靠吸涨作用吸水，已形成液泡的成熟植物细胞(如根部细胞)主要靠渗透作用吸水。植物细胞以渗透吸水为主。

8.2.2.1 细胞的渗透吸水

渗透吸水是指植物细胞通过渗透作用而进行的吸水过程。水分从水势高的系统通过半透膜向水势低的系统移动的现象称为渗透作用。植物液泡中的细胞液是含有多种物质的水溶液，具有一定浓度，可以把它看作细胞内的液体环境。如果把植物细胞置于清水或某一溶液中，由于液泡内细胞液与外液之间存在水势差，就会发生渗透现象(图8-1)。

当液泡内的水势高于外界溶液的水势时，细胞内的水分就会不断外流，使细胞收缩，体积变小。由于细胞壁的伸缩性有限，而原生质层的伸缩性较大，当细胞继续失水时，原生质层便和细胞壁分离开来，这种现象称为质壁分离(图 8-2)。若质壁分离过分严重，在短时间内不能复原，就会造成苗木的“烧伤”。例如，施肥浓度过高或土地盐碱过重等烧苗，就是因为土壤溶液水势低于细胞的水势，使根毛细胞不能吸收土壤水分，而且根细胞水分还会渗入土壤中，当水分外渗严重时，就会造成植株死亡。

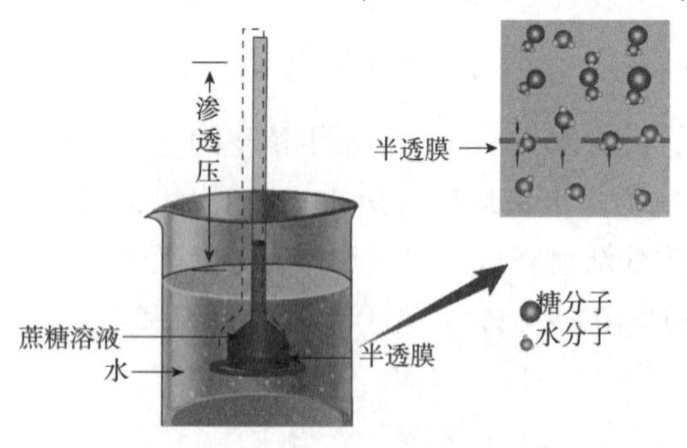

图 8-1 细胞的渗透作用吸水

图 8-2 植物细胞的质壁分离现象(潘瑞炽等，2008)

8.2.2.2 细胞的吸胀吸水

干燥种子的细胞中，细胞壁的成分(纤维素)和原生质成分(蛋白质等大分子)都是亲水性的，呈凝胶状态，这种亲水性胶体物质吸水膨胀的现象，称为吸胀作用(图 8-3)。胶体的亲水性越强，能吸附的水分子越多，吸胀作用就越明显。纤维素、淀粉和蛋白质等，它们的亲水性依次增强，其吸胀作用也依次增强。

8.2.3 植物根系对水分的吸收

8.2.3.1 根系吸水的部位

根部是植物吸水的主要器官，根的数量、分布直接影响对水的吸收。植物移栽时应保留更多根系，保证对水分的吸收。

根毛是吸水能力最强、最活跃的部位，根毛数量很多，扩大了根的吸收表面积。根毛细胞的外部由果胶质组成，具有较强的黏性和亲水性，有利于黏附土粒和吸水(图 8-4)。另外，根毛区已分化出输导组织，能将根吸收的水分及时输送到其他部位。

图 8-3 种子细胞的吸胀吸水

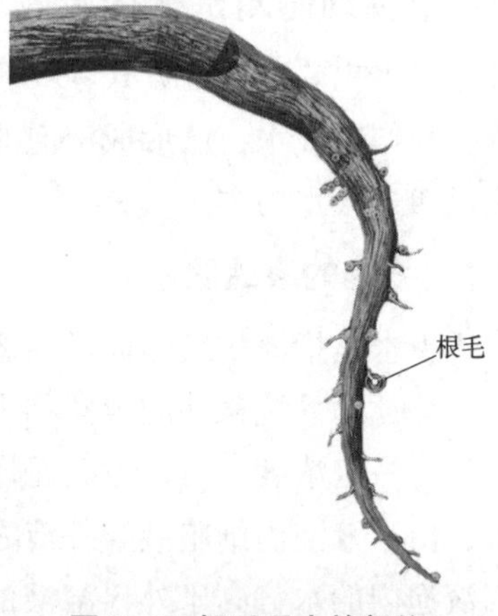

图 8-4 根系吸水的部位

8.2.3.2 根系吸水的动力

根系吸水的动力主要有两种：一种是蒸腾拉力，依靠这种动力而吸水称被动吸水；另一种是根压，是由根本身的代谢活动使水分从根部上升的压力，依靠根压的吸水称主动吸水。

(1)蒸腾拉力

在热带雨林区的乔木多为参天大树，高度在50m以上，其蒸腾作用比较旺盛时根压很小，所以水分上升的动力不是靠根压。对于高大的乔木而言，蒸腾拉力才是水分上升的主要动力。蒸腾拉力是由于叶片的蒸腾失水而使导管中水分上升的力量。叶片蒸腾失水后，叶细胞水势降低，于是从叶脉导管中吸水，同时叶脉导管因失水而水势也下降，就向茎导管吸水，由于植物体内导管互相连通，这种吸水力量最后传递到根，根便从土壤中吸水。这种吸水完全是由蒸腾失水而产生的蒸腾拉力引起的，只要蒸腾作用一停止，根系的这种吸水就会减慢或停止，所以它是一个被动的过程，称为被动吸水。

(2)根压

由于根系的生理活动，使液流从根部上升的压力，称为根压。只在早春树木刚发芽，叶子尚未展开时，根压对水分上升才起主导作用。

根压可由“伤流”和“吐水”现象说明。在土温较高、土壤水分充足、空气潮湿的情况下，没有受伤的植物叶片尖端或边缘有时也有液体外泌，这种现象称为吐水。如夏季的清晨，叶尖或叶缘边缘的所谓“露水”就是植物从叶脉末端的水孔里分泌出来的水珠。倒挂金钟、凤仙花、柳树等及许多禾本科植物都具有吐水现象。

在春天将植物的茎在近地面处切断，不久从伤口处会流出许多汁液。植物从受伤或折断的部位溢出液体的现象称为伤流。木本植物如葡萄、桑、槭树和核桃等伤流现象明显，因此这些树木应避免在春季修剪和嫁接，以免失水过多和造成感染。同一种植物，根系生理活动强弱、根系有效吸收面积的大小都直接影响根压和伤流量。伤流液中含有各种无机盐、有机物和植物激素等。无机离子是根系从土壤中吸收的，而有机物和植物激素则主要是由根系合成或转化而来的。因此，根系伤流液的数量和成分，可以反映根系生理活性的强弱。

8.2.3.3 影响根系吸水的因素

(1)土壤可用水分

一般情况下，植物根系可以从土壤中吸收水分，但只能利用土壤中的可用水分。植物能吸收利用的土壤有效水的下限值为萎蔫系数，土壤有效水的上限值为田间持水量。土壤可用水分多少与土粒粗细以及土壤胶体数量有密切关系。

(2)土壤温度

土壤温度影响根的生长和生理活动，也影响土壤水分的移动。在一定范围内，随着土温升高，根系代谢活动增强，吸水量增多。温度过高或过低，对根系吸水均不利。炎热夏季灌溉在早晨或傍晚为宜，地下冷水需经一段时间，待温度提高后，再用以灌溉。

(3)土壤通气状况

土壤中O_2充足，根系有氧呼吸产生较多的能量，有利于根系主动吸水。如果植物受涝或土壤板结，造成土壤通气状况差或长时间缺 O_2 或 CO_2 浓度过高，不利于根系吸水，甚至使根系中毒受伤。在盆花栽培中，经常会出现因浇水过勤而导致植物死亡的现象，其原因在于通气不足。

(4) 土壤溶液浓度

土壤溶液浓度过高，其水势降低。盐碱地的土壤溶液浓度高，水势很低，植物吸水困难，导致生理干旱。栽培管理中，施用化学肥料或腐熟肥料过多、过于集中时，可使土壤溶液浓度骤然升高，阻碍根系吸水，甚至会导致根细胞水分外流，产生"烧苗"现象。所以，生产上施肥应提倡薄施勤施。

8.2.4 植物体内水分的运输

水分总是从高水势区流向低水势区，所以当外液水势高于细胞水势时，细胞吸水；反之，则失水。当细胞与外液水势相等时，水分处于动态平衡状态。细胞与外液间的水势差越大，水分移动越快。在植物体内，从根毛细胞到根中柱、树干、枝条、叶片，细胞的水势是依次降低的。所以，植物根系从土壤中吸收的水分，可以运到地上的茎、叶和其他器官，供植物生理活动的需要或蒸腾到体外。植物体内水分的运输途径主要有两种，包括横向运输和纵向运输。

8.2.4.1 植物体内水分的横向运输

土壤中的水分移动到根表面后，可以通过质外体和共质体两条途径由表皮向维管束转移(图 8-5)。质外体是指原生质体以外的部分，主要包括细胞壁、细胞间隙和导管、管胞等。水与溶质在质外体中可自由扩散。内皮层凯氏带把根中的质外体分为内、外两个不连续的部分。内皮层外侧质外体的水分必须经由内皮层细胞的原生质体才能进入内皮层内侧，继而进入输导组织。胞间连丝将一株植物所有生活细胞的原生质体联结成为一个整体，称为共质体。水分进入共质体后，可通过胞间连丝向内传递，最终到达木质部(图 8-6)。

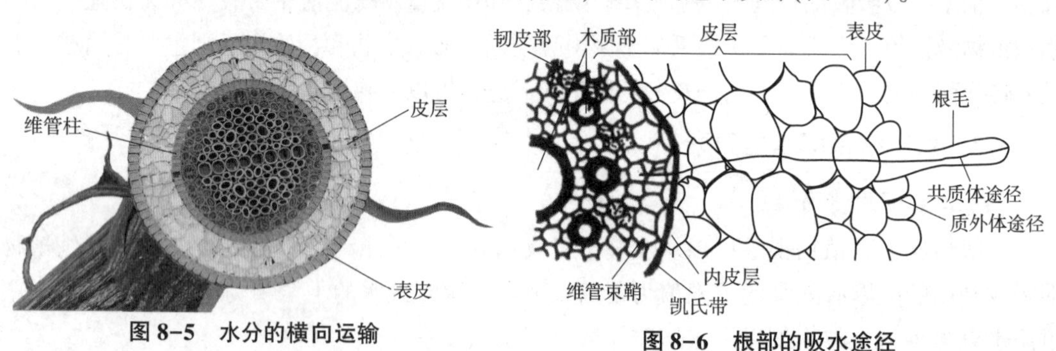

图 8-5 水分的横向运输
(根系的横剖面结构)

图 8-6 根部的吸水途径

8.2.4.2 植物体内水分的纵向运输

水分从土壤溶液进入根部，通过皮层薄壁细胞，进入木质部的导管和管胞中后(图 8-7)，首先，沿着木质部向上运输到茎或叶的木质部(叶脉)；接着，水分从叶的木质部末端细胞进入气孔下腔附近的叶肉细胞的蒸发部位(图 8-8)；最后，水蒸气通过气孔蒸腾出去。由此可见，土壤—植物—空气三者之间的水分是具有连续性的。

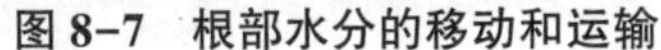

图 8-7　根部水分的移动和运输

图 8-8　叶片中水分的移动和运输

土壤的大孔隙中主要是空气，小孔隙具有毛管作用，保存水分。所以，栽苗后要踩实，保证土壤中毛管连接上。地下水可借毛管作用上升被保持在土壤中进而被根系吸收，深层根吸收的水分向上运输到浅层根系，根系通过释水也给邻近浅根系植物补充水分。

8.2.5　植物的蒸腾作用

8.2.5.1　蒸腾作用的意义和指标

蒸腾作用是指水分以气体状态通过植物体的表面从体内扩散到大气中的过程。植物的蒸腾作用主要是靠叶片进行的(图 8-9)。在正常情况下，植物从环境中吸收的水分只有不超过 1%用于光合作用和作为植物体的构成部分，约 99%用于植物的蒸腾作用，通过地上部分散失到空气中。

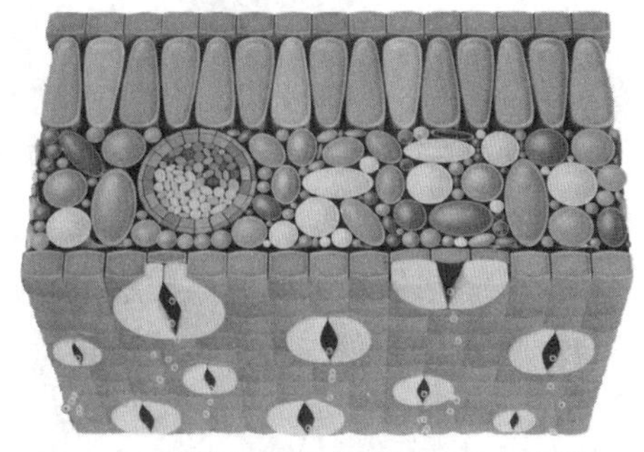

图 8-9　蒸腾作用的主要器官——叶片

蒸腾作用对植物的生命活动和小气候环境都具有重要的意义。

①蒸腾作用能产生蒸腾拉力　蒸腾作用是植物对水分的吸收和运输的主要动力，对高大的乔木来说尤为重要。

②蒸腾作用促进木质部汁液中物质的运输　土壤中的矿质盐类和根系合成的物质可随着水分的吸收和集流而被运输和分布到植物体各部分。

③蒸腾作用能降低植物体的温度　这是因为水的汽化热高，在蒸腾过程中可以散失掉大量的辐射热，使叶片在强光下进行光合作用而不致受害。

④蒸腾作用的正常进行有利于 CO_2 的同化　这是因为叶片进行蒸腾作用时，气孔是开放的，开放的气孔便成为 CO_2 进入叶片的通道。

⑤蒸腾作用为大气提供大量的水蒸气，增加空气湿度，使降水量增多，同时也降低环境的温度，调节气候。

生产上，蒸腾作用的强弱，可以反映出植物体内水分代谢的状况或植物对水分利用的效率。常用蒸腾速率来表示。蒸腾速率，又称为蒸腾强度，是指植物在单位时间内、单位叶面积上通过蒸腾作用散失的水量。常用每小时每平方米叶面积散失水的质量表示，即 $g/(m^2 \cdot h)$。测定表明，蒸腾速率昼夜变化很大，大多数植物白天的蒸腾速率为 $15 \sim 25g/(m^2 \cdot h)$，夜晚是 $1 \sim 20g/(m^2 \cdot h)$。在其他条件适宜的情况下，蒸腾速率高，蒸腾作用强，可以有效地促进植物生长发育。但因其不可避免地引起植物体内水分大量散失，所以在环境干旱或土壤水分不足时，应该适当降低蒸腾速率，否则会导致植物缺水而造成伤害。

8.2.5.2 蒸腾作用的方式

叶片的蒸腾作用方式有两种，分别是气孔蒸腾和角质蒸腾。

通过气孔的蒸腾，称为气孔蒸腾，是中生和旱生植物蒸腾作用的主要方式。气孔是植物叶片表皮组织的小孔，一般由成对的保卫细胞组成，是植物进行体内外气体交换的重要门户。水蒸气、CO_2、O_2 共用气孔通道，气孔的开闭会影响植物的蒸腾作用、光合作用、呼吸作用等生理过程。一般单子叶植物叶的上、下表皮都有气孔分布，而双子叶植物的气孔主要分布在下表皮。气孔在叶面上所占面积百分比一般不到 1%，即使气孔完全张开也只占 1%~2%，但气孔的蒸腾量却相当于所在叶面积蒸发量的 10%~50%，甚至达到 100%。保卫细胞具有不均匀加厚的细胞壁，一般中间部分细胞壁厚，弹性小；两端细胞壁薄，弹性大。当保卫细胞吸水膨胀时，外壁向外扩展，并通过微纤丝将拉力传递到内壁，将内壁拉离开来，使气孔张开(图 8-10)。

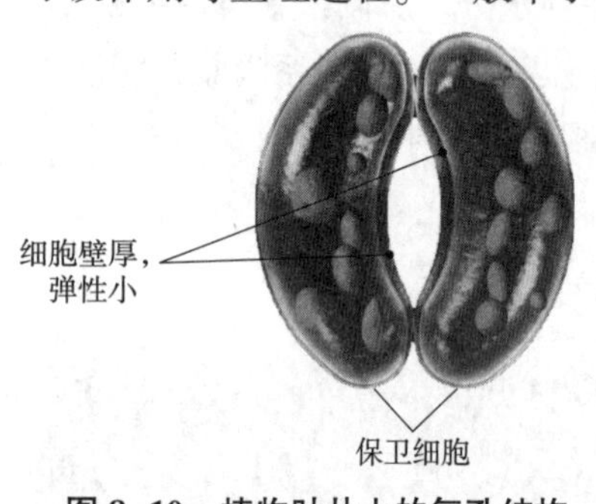

图 8-10 植物叶片上的气孔结构

通过角质层的蒸腾，称为角质蒸腾。角质层本身不易让水通过，但角质层中间含有吸水能力强的果胶质，同时角质层也有孔，可让水分自由通过。

气孔蒸腾和角质蒸腾在叶片蒸腾中所占的比重，与植物的生态条件和叶片年龄有关，实质上是与角质层厚薄有关。例如，阴生植物和湿生植物的角质蒸腾往往超过气孔蒸腾。幼嫩叶片的角质蒸腾可达总蒸腾量的 1/3~1/2。一般植物成熟叶片的角质蒸腾，仅占总蒸腾量的 3%~5%。

8.2.5.3 蒸腾作用的影响因素

植物的蒸腾作用主要是气孔蒸腾，气孔蒸腾作用不仅受植物本身形态结构和生理状况的影响，还受光照、温度、湿度和 CO_2 等环境因素的影响，此外，凡是影响这些外界因素的条件都会影响气孔开闭，进而影响蒸腾作用。

(1)光照

光照从两个方面影响蒸腾作用：一是影响气孔开度；二是影响叶温。大多数植物，气孔在黑暗中关闭，蒸腾减少；在光下气孔开放，减少内部阻力，蒸腾加强。但光照过强会引起气孔关闭，使蒸腾作用减弱。光照还可以通过提高叶片温度，使叶内外的蒸汽压差增大，水蒸气分子的扩散力加强，蒸腾加快。

(2)温度

气温升高，叶温随之升高，提高气孔下腔的饱和水蒸气压，促进蒸发和扩散，而气温升高对大气水汽压影响较小，因此，气温升高会增大气孔内外的水势差。气温升高也有利于气孔张开，促进蒸腾，但温度过高有时使气孔关闭。

(3) 湿度

当大气相对湿度增大时，大气蒸汽压也增大，叶内外蒸汽压差就变小，抑制蒸腾作用；反之，则加快。

(4) CO_2

气孔开闭对 CO_2 很敏感，高浓度 CO_2 使气孔关闭，低浓度 CO_2 使气孔张开，当 CO_2 浓度达到 1000μL/L 时，无论在光下还是暗中，都引起气孔关闭，进而影响蒸腾作用。

(5) 风速

风速通过影响界面层厚度而影响蒸腾作用。风速低时，界面层厚，蒸腾较慢；风速增大时，界面层变薄，蒸腾加快；当风速过大时，保卫细胞失水过多，气孔关闭，又降低蒸腾作用。含水蒸气很多的湿风和蒸汽压很低的干风对蒸腾的影响不同，前者降低蒸腾，而后者则促进蒸腾。

(6) 土壤

植物地上部分蒸腾与根系的吸水有密切的关系。因此，凡是影响根系吸水的各种土壤条件，如土温、土壤通气、土壤溶液浓度等，均可间接影响蒸腾作用。

影响蒸腾的上述因素并不是孤立的，而是相互影响的，共同作用于植物体。一般在晴朗无风的夏天，土壤水分供应充足，空气又不太干燥时，植物一天的蒸腾变化情况是：清晨日出后，温度升高，大气湿度下降，蒸腾作用随之增强；一般在 14：00 前后蒸腾作用达到高峰；14：00 以后由于光照逐渐减弱，植物体内水分减少，气孔逐渐关闭，蒸腾作用随之下降，日落后蒸腾作用迅速降到最低。

8.3 水分对园林植物生长发育的影响

8.3.1 水分对植物生理代谢及形态发育的影响

8.3.1.1 水分对植物生理代谢的影响

水是原生质的重要组成成分，原生质一般含水量在 70%～90%，水分使原生质保持溶胶状态，保证各种生理生化过程的正常进行。水是植物体内代谢过程和物质运输的介质。植物体内的各种生理生化过程，如光合作用(碳同化过程)、呼吸作用(糖酵解过程)以及许多有机物质(蛋白质和核酸)的合成和分解过程等，都需要水分参与。另外，光合作用产物的运输和分配，以及无机离子的吸收、运输等也是在水介质中完成的。

植物细胞含有大量水分，可产生静水压，维持细胞的紧张度，因此，水能使植物保持固有的姿态。同时，细胞的分裂和延伸生长都需要足够的水分。植物细胞的分裂和延伸生长对水分很敏感，植物细胞的生长需要一定的膨压，缺水会导致细胞的膨压降低，甚至消失，会严重影响细胞分裂及延伸生长而使植物生长受到抑制。

8.3.1.2 水分对植物种子萌发的影响

吸水是种子萌发的主要条件，种子只有吸收充足的水分后，各种生理生化活动才能逐渐开始。种子吸水膨胀后，种皮开始软化，氧气容易进入，进而增加胚的呼吸作用，使胚易突破种皮；水分可使原生质由凝胶状态转为溶胶状态，使代谢增强，并在一系列酶的作用下，使胚乳的贮藏物质逐步转化为可溶性物质，供胚生长分化；水分可促进可溶性物质运输到正在生长的幼芽、幼根，供呼吸需要和新细胞结构的形成。

8.3.1.3 水分对植物根冠比的影响

根系是植物吸水的主要器官，而根冠的发育主要受土壤水分状况和通气状况影响。土壤水分影响根系的垂直分布，当土壤含水量较低时，根系扩散受到土壤的阻力变小，有利于新根发生，根系发达。而枝叶是水分蒸腾的主要器官，往往蒸腾失水大于根系吸水，造成水分亏缺。特别是土壤干旱或供水不足时，土壤中有限的水分可以满足根系生长发育需要，而输送给地上部的水分就较少，所以此时对植物地上部的影响更大，根冠比增大。土壤水分和土壤空气存在于土壤孔隙内，此消彼长。所以，如果土壤含水量过多，土壤通气性差，直接影响根系呼吸作用，进而影响根系生长发育，但可以满足植物地上部对水分的需要，根冠比降低。

8.3.1.4 水分对植物形态的影响

细胞的分裂和延伸生长都需要足够的水分，水分能维持植物体内正常的渗透压，使花卉处于膨压状态，如使花梗和枝条挺立、叶片伸展、花苞开放等。因此，在水分胁迫下，植株会发生萎蔫现象，植株生长速率大大降低，表现个体低矮。随着胁迫程度增加，枝条节间变短，叶面积减少，叶数量增加缓慢。空气湿度也影响花卉的生长，当空气湿度过大，会使枝叶徒长，落花，同时降低了对病虫害的抵抗力。但温室栽培的热带观叶植物喜欢较大的空气湿度，若湿度过低，反而影响其开花结实。

水分也影响植物的花色，植物在适宜的湿度条件才能显现出固有的花色。一般水分缺乏时花色变浓。例如，蔷薇的白色及淡粉红色品种，在水分不足的情况下，往往变成乳黄色或浓粉红色。试验表明，水分缺少会造成色素的形成较多，所以色彩变浓。

8.3.1.5 水分对植物干物质积累的影响

植物干物质积累量的大小直接反映在株高、茎粗、叶面积和产量形成的动态变化上。植物的光合作用和干物质积累都需要水分的参与，土壤水分影响植物根系的吸水、叶片的蒸腾，进而影响干物质的积累。在水分胁迫下，植株变得矮小，光合叶面积明显减小，造成产量降低。

8.3.2 极端水分条件对园林植物的伤害及预防

植物在长期的进化过程中，与其生态环境中的水分状况产生了一定的适应关系，会形成固有的生态适应特征。但是，水分过多或过少，都会对园林植物的生长发育产生一定的影响，严重时会使植物死亡。这就是植物与环境之间的关系。

8.3.2.1 植物体的水分平衡

植物根系从土壤中不断地吸收水分，叶片通过气孔蒸腾失水，这样就在植物体内形成了吸水与失水的连续运动过程。一般把植物吸水、用水、失水三者之间的和谐动态关系称为水分平衡。植物体内的水分经常处于动态平衡状态，这种动态平衡关系是由植物的水分调节机制(植物的适应性)和环境中各生态因子间相互调节与制约的结果。

影响植物体水分平衡的主要因子是土壤、湿度、温度、光照、风力等。在水分不足的地方或季节，植物易受到干旱的威胁。土壤水分长时间供应不足，加之植物蒸腾持续消耗大量的水分，致使水分平衡的破坏超出植物体自身的调节范围而不能恢复，造成萎蔫甚至枯死。若长时间水分过多，如持续降雨或低洼湿涝，也会使植物体内水分平衡遭到破坏。

8.3.2.2 旱害与植物的抗旱性

(1)旱害的类型及危害

因长期无雨或少雨，空气和土壤极度干燥，植物体内水分平衡受到破坏，影响正常生长发育，造成损害或枯萎死亡的现象称为旱害。播种期、水分临界期、谷类植物灌浆成熟期这3个时期发生干旱对植物的危害最大。按发生的原因，干旱分为土壤干旱、大气干旱和生理干旱，后者与土壤温度有关。

干旱会减弱植物的各种生理过程，进而影响植物生长发育。干旱会降低植物体内合成酶的活动，并使分解酶活性增强，使植物体内能量代谢紊乱，能量利用率降低，原生质结构被破坏，营养物质的吸收和运输受阻，光合速率降低。中生植物遭干旱后脱落酸含量剧增。干旱缺水会破坏植物体内的水分平衡，从而引起植物体内水分重新再分配。干旱缺水加速叶片老化，减少了尚能进行光合作用的有效叶面积，还会加剧植物营养生长和生殖生长对水分的争夺。萎蔫时，还会引起落花、落果，或者果实变小、品质和数量降低。干旱严重时，会使园林植物永久萎蔫以致枯死。通常，草本植物比木本植物受害严重，湿生植物较旱生植物受害严重。

(2)植物的抗旱性

植物对干旱的抗性主要通过形态适应和生理适应来实现。长期在干旱地区生活的植物其形态上有以下5个方面的特征：一是根系比较发达，扎得较深，能有效地利用深层土壤水分，根冠比增加；二是叶细胞较小，细胞间隙也较小，能减轻干旱条件下细胞脱水时的机械损伤；三是散射气孔密集，输导组织发达，利于水分运输；四是细胞壁较厚；五是叶片表面的角质层和蜡质层较厚。

其生理特征表现为：一是细胞渗透势低，吸水能力强；二是原生质具有较高的亲水性、黏性和弹性，既能抵抗过度脱水，又可减轻脱水时的机械损伤；三是缺水时合成反应仍占优势，而生物大分子的降解减少，原生质稳定，生命活动正常。

(3)提高植物抗旱性的途径

通常可以采取以下几种方法提高植物抗旱性：抗旱锻炼，人工给植物以亚致死状态的干旱条件，让植物经受锻炼，提高其对干旱的适应能力，生产上采用的双芽法、蹲苗、搁苗等都是有效的方法；使用化学药剂(H_3BO_4、$CuSO_4$、0.2% $MnSO_4$ 和 $ZnSO_4$ 溶液)浸种、拌种或喷洒叶面；使用生长调节剂(外施ABA、多效唑、矮壮素、B_9、整形素和三碘苯甲酸等)和抗蒸腾剂；合理施肥，改良土壤的理化性质，增强土壤的蓄水能力等。

8.3.2.3 涝害与植物的抗涝性

(1)涝害的类型及危害

水分过多时也会对植物生长发育造成不利影响，这种危害称为涝害，植物对积水或土壤过湿的适应力和抵抗力称植物的抗涝性。广义的涝害包括两层含义，即湿害和涝害。土壤水分长期处于饱和状态使植物遭受的损害，称为湿害。湿害降低了土壤中的氧气含量，进而对植物产生直接和间接影响。如果地面积水，淹没了植物的全部或一部分，对植物造成的危害，称为涝害。涝害使植物生长不良，甚至死亡，受害程度与缺氧程度有关。

(2)植物的抗涝性

植物对雨涝的适应也反映在形态适应和生理适应两个方面。形态特征表现为：抗涝性强的植物体内有发达的通气组织，可以把氧气从叶片输送到根部，即使地下淹水，也可以从地上部分获得氧气。有一些植物，特别是木本植物，原生根在缺氧时会死亡，但在茎的地下部分会长出不定根，以便取代原生根，它们在有氧的表层土壤内呈水平分布。有些树木能够永久性地生长在被水淹没的地区，其典型代表是落羽杉、红树、柳树和池杉。落羽杉生长在积水的平坦地区，具有特殊的根系，即露出水面的通气根。红树也有露出水面的通气根，它有助于气体交换并能在涨潮期间为根供应氧气。

生理特征表现为：雨涝导致植物进行无氧呼吸，使植物体内积累有毒物质，而植物通过某种生理生化代谢来消除有毒物质，或本身对有毒物质具有忍耐力。

(3)防止涝害的途径

在园林设计时规划排水设施，发生涝害及时排水，并根据情况，除去粘在叶面堵塞气孔的泥沙，以保证呼吸作用和光合作用。

8.4 园林植物对水分的适应及调节

8.4.1 园林植物对水分的适应

不同植物在生长发育不同阶段对水分的需求差异很大。而长期生长在不同的水环境中，植物会产生固有的生态适应特征。根据不同植物对水分的适应能力不同，通常将植物分为水生植物和陆生植物两大类。园林建设中，要根据水环境和植物适应情况，选择适宜的植物进行配置和栽培，同时加强管理，以达到绿化美化效果。

8.4.1.1 水生植物

(1)水生植物的特点

水生植物的适应特点是：通气组织发达，以保证体内对氧气的需要；叶片常呈带状、丝状或极薄，有利于增加采光面积和对CO_2、无机盐的吸收；植物体弹性较强和具抗扭曲能力以适应水的流动；淡水植物具有自动调节渗透压的能力，而海水植物则是等渗的。

(2)水生植物的分类

①沉水植物　根、茎生于泥中，整个植株沉没在水下，具发达的通气组织，利于进行气体交换。叶多为狭长或丝状，能吸收水中部分养分，适应水中弱光生境。如狸藻、金鱼藻等。

②浮叶植物　根固着或漂浮，无明显的地上茎或茎细弱不能直立，多数以观叶为主，叶片漂浮于水面。如浮萍(不扎根)、睡莲、眼子菜(扎根)等。

③挺水植物　植株高大，花色艳丽，绝大多数有茎、叶之分；茎直立挺拔，下部和基部沉于水中，根状茎生于泥里，植株挺出水面，光合作用部分处于水面之上。如芦苇、香蒲等。

8.4.1.2　陆生植物

(1)陆生植物的特点

生长在陆地上的植物统称为陆生植物，包括湿生植物、中生植物和旱生植物3种类型。陆生植物为了从土壤中吸收水分和养分，必须有发达的根部。为了支撑身体，便于输送养分和水分，必须有强韧的茎。根与茎都有厚厚的表皮包着，防止水分的流失。

(2)陆生植物的分类

①湿生植物　抗旱能力弱，不能长时间忍受缺水。生长在光照弱、潮湿环境中。湿生植物秉承了挺水植物的一些特点，如根系不发达，叶片薄大、柔软，细胞间隙很大，栅栏组织和机械组织不发达等，称为湿生结构。按照湿生植物所处的环境可分为阴生湿生植物和喜光湿生植物两类。如蕨类植物，附生的兰科植物，树木中的落羽杉、池杉、垂柳、蒲葵、夹竹桃等。

②中生植物　适于生长在中等水湿条件下的植物，其形态结构和适应性介于湿生植物与旱生植物之间，适应性最强、分布最广、数量最多。该类植物不仅需要中等的水湿条件，同时也要求适中的营养、通气和温度条件。如乔木树种红松、落叶松、云杉、桦、槭、紫穗槐和水杉等。

③旱生植物　指生长在干旱的环境中，经受较长时间的干旱仍能维持水分平衡和正常生长发育的一类植物。多分布在干旱的草原和荒漠地区。旱生植物的种类特别丰富。主要有两大类，一类是肉质植物，如仙人掌、芦荟、景天、马齿苋；另一类是硬叶旱生植物，如柽柳、沙拐枣、骆驼刺等。旱生植物具有根系伸展范围大、叶片变小而厚、气孔变小、有叶毛或被有短柔毛、角质层加厚、细胞间隙小等特征。

8.4.2　园林植物对城市水分的调节

8.4.2.1　城市的水环境

城市人口密集，工业发达，用水需求过度集中，淡水资源日益短缺。此外，水体富营养化、有毒物质污染和热污染等水污染严重，城市水环境日趋恶化，超过了水体的自净能力，使动、植物生长条件恶化，影响人类的生活和健康。城市的废气等易造成大气污染，形成的酸雨也会影响地表水和地下水。此外，城市的降水频度和降水强度比郊区高，但与郊区相比，城市地面不透水面积不断增加，减少了蓄水空间，使地表水下渗和蒸发减少，城市地表径流量增加；同时也使地下水减少，造成水资源的严重浪费。

8.4.2.2　园林植物对城市水分的调节和改善

(1)增加空气湿度

园林植物具有较强的遮阳庇荫、降低风速的作用，同时，植物从土壤中吸收的大部分水分通过蒸腾作用向空气中不断输送，增加空气湿度。一般公园的相对湿度比城市其他地区高27%左右，即使在冬季，城市绿地的风速较小，土壤和树木蒸发的水分不易扩散，绿地的相对湿度也比非绿地地段高10%左右。

(2)涵养水源、保持水土

城市中的公园、林带、片林、庭院及街道绿化带等处的园林植物可以通过林冠截留，减弱雨水对地表的冲刷，减少了地表径流，防止水土流失。另外，园林植物根系的生长，可以疏松土壤并使孔隙增多，地表水容易被孔隙吸收。此外，由枯枝落叶等构成的地被层结构疏松、通气良好、表面粗糙，增强对地表水的拦截和吸收作用。因此，园林绿地上的地表径流要比裸地小得多。

(3)净化水体

水生植物在生长的过程中离不开营养元素，它们会通过根系或茎、叶等器官吸收水中的溶解质，并将吸收的物质富集在体内或者土壤中。利用水生植物对有毒物质的吸附和富集作用，并通过人工收割等方式将其移出水生生态系统，可以净化水体。如水葫芦能从污水中吸收金、银、汞、铅等重金属物质；浮萍能大量吸收、积累发电厂洗煤废水中的重金属元素，能有效吸收、积累、分解废水中的营养盐类和多种有机污染物。此外，水生植物和浮游藻类在生长的过程中对养分和光照存在竞争关系，水生植物中大部分植物可以阻挡光线过多地射入水中，从而减少了藻类生长所需要的光照，抑制浮游藻类的生长。

8.5 园林生产中水分的利用

8.5.1 通过合理灌溉，提高水分利用率

园林生产中，根据不同植物的需水规律，适时适量对其进行灌溉，可提高水分利用率，保证植物的正常生长和发育。合理灌溉即根据植物的生长习性、生长发育阶段、所处的环境条件(包括土壤环境和大气环境)等方面合理调节水分，以保持植物体内的水分平衡。一般来说，木本植物的需水量大于草本植物；喜湿的蕨类植物应多浇水；耐旱的仙人掌等多浆液植物要少浇水。同种植物在不同发育阶段需水量也不同。通常，播种期需要多浇水，出苗后少浇水；进入速生期，随着植物的生长、开花，需水较多；速生期过后进入结实期，需水又减少。不同季节和天气情况下，需水量也不同。通常，干燥的晴天应多浇，阴湿天少浇水或不浇水。夏季天热，蒸发量大，植物生长旺盛，应多浇水；冬季大多数植物处于休眠期，基本无须浇水。不同土壤上生长的植物，需水量也有差异。一般盐碱土上的植物，要"明水大浇"；砂质土上的植物应小水勤浇；黏重土上的植物浇水次数和浇水量应当减少。植物在水分临界期(即植物一生中对水分亏缺最敏感、最易受害的时期)一定要充分浇水。一般在生殖器官的形成与发育阶段(如果树开花期和幼果膨大期)，必须满足其对水分的需求，否则会导致落花、落果，影响果实膨大和种实产量。

综上所述，即为"看天、看地、看树"因地制宜实施灌溉。判定植株灌溉时机及浇水量时，可以先观察植株形态变化。当植物缺水时，其形态表现为幼嫩的茎叶在中午发生暂时萎蔫，但这些形态症状不过是生理生化过程改变的结果。还可以根据土壤含水量来进行灌溉，土壤含水量为田间最大持水量的70%左右时，植物生长较好。生产中，手握成团，挤

压时土团不易裂，说明土壤含水量为最大持水量的50%以上。如果手指松开，轻轻挤压容易裂缝，则证明水分含量少，需要进行灌溉。土壤颜色较深时说明土壤含水较多，颜色较浅说明土壤较干且需要浇水。判定盆栽基质含水量的多少，可以敲击瓦盆听声音，也可使用湿度传感装置等方法。同时，灌溉水对水源、水质硬度、水质酸碱度都有要求。通常地下水、井水以及自来水(来自地下水)属于硬水(即含有较多钙盐和镁盐)；而池塘水、雨水、江湖河水则属于软水(即钙和镁含量少或完全不含)。长期使用硬水浇灌土壤，会造成盐的积累，使土壤溶液呈碱性，从而降低土壤中 P、Fe、Mn、B 等养分的有效性，造成缺素症。因此，生产中以软水进行浇灌，pH 6.0~7.0。如果使用自来水，需放置一段时间，使自来水中氯气散发掉再使用。

8.5.2 通过调节水分平衡，提高大树移植成活率

生长正常的大树，根和叶片吸收的养分(收入)与树体生长和蒸发消耗的养分(支出)基本能达到平衡。而在移栽过程中，植株吸收根被破坏，根幅、根量缩小，植物根系脱离了原有的土壤环境，根系主动吸水能力大大降低。在运输过程中，根系基本吸收不到水分，地上部还会通过蒸腾作用蒸发失水。栽植到新的环境后，新根发出还需要一段时间，根系与土壤的密切关系遭到破坏，减少了根系对水分的吸收表面，极易造成水分失衡。因此，大树移植成活的关键是在选树、起挖、吊装、运输、栽植的一整套工艺流程中，尽量缩短树木根系和土球的裸露时间，保持和恢复以水分为主体的代谢平衡。

生产中，可以采取以下措施来弥补大树移植过程中对大树造成的“收支”不平衡。①在植物挖运和栽植过程中，要严格保湿、保鲜，防止植株过度失水。如起挖前 3~4d 进行充分灌水、向树体喷水或叶面施肥增加树体养分，运输中给树体挂输液吊袋输液。②植物栽植后 90%以上的吸收根会死亡，要促进植株的伤口愈合和发出更多的新根，短期内恢复和扩大根系的吸收表面与能力。移栽时应注意，尽量保持根系完整，可带土球移栽，避免和减少根毛损伤。对大树而言，生产上常采用“断根缩坨”处理，通过切断根系，使有限的土坨范围内预先生长大量的新根，促进更多须根萌发，进而增加根的数量，提高根的吸水能力。③栽植中使植物的根系与土壤颗粒密切接触，并在栽植后保证土壤有足够适量的水分供应，以补充水分的消耗。④适当抑制其蒸腾作用，减少水分、养分散失。移植时，可进行合理修剪，除去部分或全部枝叶，减少蒸腾面积，降低蒸腾量；也可以避开促进蒸腾的外界条件，如在午后或阴天移植植物；还可以采用包裹保湿垫(树干用无纺麻布垫、蒲垫、草绳等包扎，对切口罩帽)、运输途中和移植后搭荫棚进行遮阴、起挖后喷施抗蒸腾剂等技术措施降低蒸腾速率。

8.5.3 通过树干注药，促进养分吸收和利用

园林植物干部注射药液是在树体根、茎部打孔，在一定的压力下，把药液或营养液通过树体的导管，使之随蒸腾流或同化流迅速、均匀地输送到树体的各个部位，使树体在短时间内积聚和贮藏足量的药液浓度或养分，从而改善和提高植株的抗病虫能力、营养结构水平和生理调节机能，同时也会使根系活性增强，扩大吸收营养的面积，有利于对土壤中矿质营养的吸收利用。注射的内吸性药物和矿物质在树体导管内随水分向上输送，即从根部向顶梢、

叶片传输，并扩散、存留和发生代谢。有些内吸剂和矿物质到达叶片后又能下行经韧皮部筛管转向根部，或直接从木质部向韧皮部转移、传输、扩散、存留和发生代谢。

8.5.4 通过调节水分供给量，调整植物花期

在干旱的夏季，充分灌水有利于植物生长发育并促进开花。如在干旱条件下，在唐菖蒲抽穗期间充分灌水，可使花期提早1周左右。而一些花卉，常在夏季高温干旱时被迫进入休眠，这时生长充实的部位就加速花芽分化，使其花蕾提早成熟。根据这个原理，生产中可人为地进行干旱处理，调节生长，促使提早休眠，提早进行花芽分化，达到控制花期的目的。如将玉兰、丁香、紫荆、垂丝海棠等花卉，预先在春季精心养护，使植株及早停止营养生长，组织充实健壮。开花前20d左右进行干旱处理，促进自然落叶或人工摘叶，使其提前进入休眠状态。3~5d后再放到较为凉爽的地方，给予良好的水肥条件，就可解除休眠，使植株恢复生长而开花。温室栽培的石斛于10月中旬起施行短期断水以促进花芽分化，否则往往不能开花。球根花卉，水分常常是决定花芽分化早晚的主要因素。据试验，郁金香的花芽分化与含水量呈负相关，含水量越少，花芽分化越早。

8.5.5 通过抗旱锻炼，提高抗旱能力

干旱是限制植物生长发育的主要逆境因素，生产中一些措施可以有效地提高植物抗旱性。通常，园林植物本身具有一定的抗旱潜力，抗旱能力较强的植物，会表现出叶面积较小，甚至在干旱季节落叶等旱生植物特性。许多中生植物在短期干旱的影响下，能表现出不同程度的抗旱特性。因此，可以在植物苗期逐渐减少土壤水分供给，使其经受一定时间的适度缺水锻炼，促使其根系生长，叶绿素含量增多，光合作用能力增强，干物质积累加快。在植物种子萌发期或幼苗期进行适度的干旱处理，可使植物在生理代谢上发生相应的变化，增强对干旱的适应能力。一般先浸种催芽，然后使萌动的种子风干2d后播种；或采用“蹲苗”的方法提高植株的抗旱性，即在作物的苗期给予适度的缺水处理，抑制地上部生长，以锻炼其适应干旱的能力。

8.5.6 通过休眠期灌水，提高防寒能力

植物在休眠期，通过有效灌水可以提高防寒能力。北方植株到冬季开始落叶，即进入休眠期。休眠期的灌溉主要集中在秋末和早春。在秋末初冬时进行灌溉，灌水后土壤含水量提高，一方面，土壤的导热能力提高，土壤深层的热容易上升，从而提高了表土和近地表空气的温度；另一方面，土壤的热容量提高，增强了土壤的保温能力。此外，灌水后土壤中的水分蒸发进入大气，使近地层中的水汽含量增多，夜间降温时，水汽凝结成水滴，同时放出潜热，从而缓冲了温度下降的幅度。据测定，灌水后可使近地层增温2~3℃。

自主学习资源

1. 环境对园林植物生长发育的影响．黄鑫．农业与技术，2019，39(9)：155-156.
2. 园林植物在水处理中的应用．高燕，郑红海．住宅与房地产，2017(21)：70.

3. 水分胁迫对园林植物的影响．陈祝林．绿色科技，2010(7)：65-68.
4. 园林植物叶片变黄常见原因及应对措施．何姗．乡村科技，2016(17)：81.
5. 园林植物根灌溉聚水保水的技术应用．赵明富．建材与装饰，2015(47)：70.
6. 园林绿地节水技术介绍．宋庆光．科技经济导刊，2016(12)：121-122.
7. 吊瓶输水在园林树木移植上的应用探究．陈淳．现代园艺，2018(14)：16.

拓展提高

水污染对植物的危害

水污染是直接排入水体的污染物在水体中的含量超过了水体的本底含量和水体的自净能力，从而破坏了水体原有的性质。水污染是由有害化学物质造成水的使用价值降低或丧失。污水中的酸、碱、氧化剂，铜、镉、汞、砷等化合物，以及苯、二氯乙烷、乙二醇等有机毒物，会毒死水生生物，影响饮用水源、风景区景观。污水中的有机物被微生物分解时消耗水中的氧，影响水生生物的生命。水中溶解氧耗尽后，有机物进行厌氧分解，产生硫化氢、硫醇等难闻气体，使水质进一步恶化。水污染物种类及其对植物的危害主要表现在以下几个方面：

1. 固体污染物

水中的固体污染物以悬浮状态、胶体状态和溶解状态的形态存在于水体中，主要是指固体悬浮物。它会造成水体外观恶化、浑浊度升高，改变水的颜色。悬浮物沉积于土壤上，则会堵塞土壤毛细管，影响通透性，造成土壤板结，不利于植物的生长。

2. 有机污染物

有机污染物主要指以糖类、蛋白质、脂肪、氨基酸等形式存在的天然有机物质及某些其他可生物降解的人工合成有机物质。该类物质少量进入水体，影响并不大，但超过了水的自净能力，就会大量消耗水中的溶解氧，此时有机污染物便转入厌氧腐败状态，产生硫化氢、甲烷等还原性气体，使水中动、植物大量死亡，而且可使水体变黑、变浑浊，发生恶臭难闻气味，严重污染生态环境。

3. 油类污染物

油类污染物主要来自含油废水，当水体中的油量稍多时，便会在水面上形成一层油膜，使大气与水面隔绝，破坏了正常的充氧条件，导致水体缺氧，严重影响水生植物的通气和光合作用。

4. 有毒污染物

有毒污染物主要指无机化学毒物、有机化学毒物和放射性物质。无机化学毒物主要指重金属及其化合物。大多数重金属离子及其化合物易于被水中悬浮颗粒所吸附而沉淀于水底的沉积层中，长期污染水体。许多重金属元素还会影响植物对正常养分的吸收，以及对植物体的生理生化活动产生影响，如镍、钴等元素会严重妨碍根系对铁的吸收，铅会妨碍植物对磷的吸收，硒会使植物体正常的蛋白质合成受阻而造成植物死亡等。有机化学毒物，主要指酚、苯、硝基物、有机农药、多氯联苯、多环芳香烃、合成洗涤剂等，这些物质具有较强的毒性。放射性物质是指具有放射性核素的物质，是对人和植物都影响较大的有毒污染物。

5. 生物污染物

生物污染物是指废水中含有的有害微生物，如病原菌、病毒及寄生性虫卵等。它们在水中能使有机物腐败、发臭，是引起水质恶化的罪魁祸首。它们对人和动植物也会引起病害，影响健康和正常的生命活动，严重时会造成死亡。

6. 营养物质污染物

营养物质污染物主要指氮、磷、钾等营养物质。在人类生产生活的影响下，有机物和化肥被大量施用，50%以上未能被植物吸收利用的营养物质进入河流、湖泊、海湾等缓流水域，引起水中藻类和其他浮游生物迅速繁殖，导致水体溶解氧含量下降，水质恶化，鱼类及其他生物大量死亡，这种现象称为水体富营养化。水体出现富营养化时，浮游生物特别是某些蓝藻、绿藻和硅藻大量繁殖，在水面形成稠密的藻被层；同时，大量死亡的藻类沉积在底部，进行好氧分解，使水中溶解氧下降，引起鱼类和其他水生动物的死亡。因占优势的生物颜色不同，水面往往呈蓝色、红色、棕色、乳白色等不同颜色。这种现象在江河湖泊中称为“水华”，在海洋中则称为“赤潮”。

另外，还有酸碱污染物、热污染物及其他污染物等。

课后习题

一、单项选择题

1. 水是原生质的重要组成成分，原生质一般含水量在(　　)。

A. 10%~30%　　B. 30%~50%　　C. 50%~70%　　D. 70%~90%

2. 不同水分在植物细胞中的存在状态不同，其中(　　)不参与代谢活动，但它与植物的抗性强弱有关。

A. 自由水　　B. 束缚水

C. 自由水和束缚水　　D. 悬着水

3. 植物细胞主要的吸水方式为(　　)。

A. 吸胀吸水　　B. 根尖吸水　　C. 渗透吸水　　D. 毛管吸水

4. 对于高大乔木而言，(　　)才是水分上升的主要动力。

A. 根压　　B. 内聚力　　C. 表面张力　　D. 蒸腾拉力

5. (　　)可由“伤流”和“吐水”现象说明。

A. 根压　　B. 蒸腾拉力　　C. 内聚力　　D. 表面张力

6. 影响根系吸水的土壤条件有很多，其中(　　)对植物根系吸水影响最大。

A. 土壤温度　　B. 土壤可用水

C. 土壤中氧气和二氧化碳的浓度　　D. 土壤溶液浓度

7. 对于中生植物和旱生植物来说，其蒸腾作用的主要方式是(　　)。

A. 气孔蒸腾　　B. 角质蒸腾　　C. 皮孔蒸腾　　D. 根、茎蒸腾

8. 植物的需水量是合理灌溉的依据之一，但需水量不等于灌溉量，一般灌溉量是需水量的(   )倍。

A. 1~2　　B. 2~3　　C. 4~5　　D. 5~6

9. 一般植物生长较好的土壤含水量为田间最大持水量的(   )，如果低于此含水量，应及时进行灌溉。

A. 20%~30%　　B. 30%~40%　　C. 40%~60%　　D. 60%~80%

10. 植物栽植成活的原理是保持和恢复植株以(   )为主体的代谢平衡。

A. 营养　　B. 水分　　C. 植物激素　　D. 生长势

二、判断题

1. 一般衡量植物代谢强弱和植物抗性的指标为自由水和束缚水的比例。(   )

2. 风干种子的含水量在20%~25%。(   )

3. 植物能通过气孔自动开闭调节蒸腾量的大小，当气孔张开时，保卫细胞失水。(   )

4. 蒸腾效率又称蒸腾强度，指植物在单位时间内、单位叶面积上通过蒸腾作用散失的水量。(   )

5. 植物生活周期中对水分亏缺最敏感、最易受害的时期称为植物的水分临界期，该时期一般在营养器官的形成与发育阶段。(   )

6. 对植物进行灌水，最好选择在中午温度比较高的时候。(   )

7. 树干注射应将针头出药孔扎至树木的韧皮部。(   )

8. 花色与水分关系比较密切，一般水分缺乏时花色会变浓。(   )

9. 植物根的吸水区域主要在根尖的幼嫩部分，其中根冠区吸水能力最强。(   )

10. 植物体内水分运输途径是通过活细胞的长距离运输及通过维管束中的死细胞和细胞间隙进行的短距离运输。(   )

三、问答题

1. 水对植物有哪些生理作用？

2. 根系吸水与土壤条件有什么关系？

3. 干旱对园林植物有哪些危害？

4. 树干注药的原理是什么？

5. 水分对园林植物花期、花态、花色有何影响？

单元 9 园林植物生长与大气

学习目标

(1) 了解大气的组成及其主要成分的生态作用。

(2) 熟悉大气污染的概念以及大气污染对园林植物的危害。

(3) 熟悉园林植物对大气污染的抗性、监测作用、净化作用。

(4) 会运用大气、风与植物的作用关系分析园林植物受大气污染的原因。

大气与地球上生物的生存息息相关，是非常重要的生态因子。大气给地球上的生物提供了不可缺少的氧气，能使地面上保持适宜的温度，还能吸收部分紫外线和 X 射线，避免对人类造成伤害。动物、植物及人类都离不开大气，其生活也受大气成分的变化而影响。

9.1 大气成分及变化规律

大气成分是逐渐演化而来的，早期大气是由火山爆发形成，主要含有氮气、水蒸气、二氧化碳。而后经过地壳的变化，使大气中二氧化碳浓度逐渐减少，绿色植物的出现使大气中氧气的含量逐渐增加。

9.1.1 低层大气的主要成分

大气中与人类和植物关系最为密切的是低层大气。低层大气指的是海拔在 25km 以下的地球大气层，包括对流层和平流层中下部。低层大气所含空气占整个地球大气层 80%以上，对天气和气候有直接的影响。

低层大气主要是由多种气体、水汽以及一些液态（水滴、水晶等）、固态（尘埃、盐粒、植物花粉、孢子等）杂质混合组成的混合物。不含水蒸气和杂质的大气称为干洁大气，在对流层内，干洁大气主要由氮（N_2）、氧（O_2）、氩（Ar）及 CO_2 组成，占空气容积的 99.99%，其中氮为 78.084%，氧为 20.948%，CO_2 为 0.033%，以 O_2 和 CO_2 对生物影响最大。此外，还有少量的氖（Ne）、氦（He）、氪（Kr）、氙（Xe）、臭氧（O_3）、氢（H_2）和碳、硫、氮的化合物。大气中水蒸气含量一般在 40%以下。

9.1.2 低层大气的变化规律

9.1.2.1 对流层的变化规律

对流层位于大气的底层，受地面的影响最大。地面上的空气受热上升，上面的冷空气下降，会发生对流运动。大气3/4的质量和几乎全部的水汽、杂质，以及云、雾、降水等天气现象，都集中出现在对流层。对流层对植物的生长发育、繁殖和分布具有深刻的影响，也是大气污染的主要发生范围。对流层有3个重要的特征：

(1)气温随高度的增加而降低

平均每上升100m，气温约下降0.65℃。

(2)空气具有强烈的垂直运动

主要是由于地面受热不均和空气经过粗糙不平的地面时引起的对流运动和湍流运动，使高、低层的空气进行交换和混合，使得近地面的热量、水汽和固体杂质等向上输送，这对成云致雨等天气现象的形成有重要作用。

(3)温度和湿度在水平方向分布不均匀

如寒带内陆上空寒冷而干燥，热带海洋上则温暖而湿润，从而空气发生大规模的水平运动，使水平方向上得以水热交换，各地天气现象也随之发生变化。

9.1.2.2 平流层的变化规律

平流层位于对流层上部离地面18~55km的高空，这一层大气以水平运动为主。平流层上部有臭氧层存在，这也是该层的特征之一。该层下部气温随高度几乎不变，上部气温随高度而显著增高，这是由于臭氧强烈吸收紫外线而增热的结果。其中，对生物影响较大的是海拔在18~25km的平流层中下部。

9.2 风的产生及变化规律

9.2.1 风的产生

风是由空气流动引起的一种自然现象，它是由太阳辐射热引起的。地球上任何地方都在吸收太阳的热量，太阳辐射的地表温度升高，地表的空气受热膨胀变轻而往上升。热空气上升后，低温的冷空气横向流入，由于地表温度较高又会加热空气使之上升，而上升的空气因逐渐冷却变重而不断降落，这种空气的流动就产生了风。

常用风向和风速表示风的特征。风向指风的来向，园林中用东、南、西、北、东北、西北、东南、西南8个方位表示即可；风速指的是单位时间内空气水平移动的距离，常以m/s表示。

由于风速大小、方向还有湿度等的不同，会产生许多类型的风。而与地形或地表性质有关的局部地区的风称为地方性风，主要有海陆风、峡谷风等。在沿海地区，白天风从海上吹向大陆，夜间又从大陆吹向海上，这种随昼夜交替而有规律地改变方向的风，称为海陆风。海陆风可以调节沿海地区的气候，还可以降低沿岸气温，使夏季不至于十分炎热。在森林与旷野之间，城市与乡村之间，建筑物与绿地之间，也会出现类似海陆风的热力环流，对邻近地区的小气候产生一定的调节作用。峡谷风是因经过山区而形成的地方性风。在城市高层建筑之间的街道如高山之间的峡谷一样，当盛行风向与街道垂直平行或斜交时，风速增大，会出现超过郊区风的急流。

9.2.2 风的变化规律

风的日变化，一方面是由于空气在垂直方向上的湍流混合作用引起；另一方面是由于地表性质不均匀而引起。根据观测，近地气层中(离地面100m以下)风的日变化最大。一般日出后风速逐渐增大，午后达到最大值，夜间风速减小，清晨时最小。这是因为白天地表得到太阳辐射后，受热不均，气层变得不稳定，湍流逐渐发展，使上、下层空气间的动量交换加强，动量下传，造成上层风速减小，下层风速增大。午后空气湍流作用最强，故下层风速最大，上层风速最小；清晨空气湍流作用最弱，下层风速最小，上层风速最大。

风的季节性变化为季风，季风是一年中大范围地区盛行风向随着季节而改变的风，主要是由于海陆之间的热力差异所致。众所周知，水的热容量最大，使得陆地的增热和冷却都比海洋快且剧烈。冬季陆地比海洋上更冷，大陆上是高气压，海洋上是低气压，形成从大陆吹向海洋的冬季风；夏季大陆比海洋上更热，大陆上是低气压，海洋上是高气压，形成从海洋吹向大陆的夏季风。我国东临太平洋，南濒印度洋，西北为欧亚大陆，海陆之间的热力差异显著，因此季风现象十分明显，大部分地区夏季以温暖湿润的东南风为主，冬季多刮寒冷干燥的西北风。

9.2.3 城市的风

城市的风场非常复杂。首先，具有较大粗糙度的下垫面，摩擦系数增大，使城市风速一般比郊区降低20%~30%。其次，城市内部局部差异很大，有些地方为“风影区”，风速减少，另一些地方的风速则可能大于同高度的郊区。这是因为当风吹过建筑物时，因摩擦产生不同的升降气流、涡流和绕流等，致使风的局部变化更为复杂。最后，街道的走向、宽度及绿化情况，以及建筑物的高度及布局，使不同地点所获的太阳辐射有明显差异，在局部地区形成热力环流，导致城市内部产生不同的风向和风速。

当风向遇到建筑阻碍时，风向常发生偏转，而且风速发生变化，向风侧的风速下降10%，背风侧下降55%。在街道绿化效果好的干道上，当风速为1.0~1.5m/s时，可降低风速50%以上；当风速为3~4m/s时，可降低风速15%~55%。如果风向与街道走向一致，则由于峡谷效应，风速比开阔地增强。

9.3 大气对园林植物的生态作用

9.3.1 大气主要成分对园林植物的生态作用

低层大气中，与植物生命活动息息相关的气体主要有二氧化碳(CO_2)、氧气(O_2)、氮气(N_2)、臭氧(O_3)等。

9.3.1.1 二氧化碳的生态作用

大气中的CO_2主要来源于化石燃烧、生物呼吸作用及死亡有机物的分解。地球上的生物和环境之间不断进行着CO_2交换，大气中的CO_2因时间和空间不同而稍有变化，一般是冬季比夏季多，夜间比白天多，阴天比晴天多，室内比室外多，城市比农村多。

CO_2在大气成分中是最为重要的因子。首先，CO_2是植物光合作用的原料，植物通过光合作用将二氧化碳和水合成糖类等。地球上的有机物都是光合作用的直接或间接产物。据分析，在植物干重中，碳占45%，氧占42%，氢占6.5%，氮占1.5%，灰分元素占5%，其中碳和氧都来自CO_2。因此，植物对CO_2吸收的多少具有重要的生态意义。植物的光合作用与CO_2浓度密切相关，通常空气中CO_2浓度平均为320μL/L，随着空气中CO_2浓度增加，光合作用也会增强。据估测，当水分、温度及其他养分因子适宜时，大气CO_2每增加10%就可使净初级生产增加5%，因此，CO_2浓度也是限制植物生产力的因素之一。生产上可通过CO_2施肥来提高植物的生产力。

此外，CO_2对维持地球表面温度的相对稳定有极为重要的意义。大气中的温室气体有许多种，CO_2是其中的主要成分，其显著特点是吸收太阳辐射少，吸收地面辐射多。因此，CO_2的浓度高低直接影响地表温度。一般，大气中CO_2浓度每增加10%，地表平均温度就要升高0.3℃。随着现代工业的迅速发展，人类开发和使用碳氢化合物燃料激增，加上森林的砍伐，尤其是对热带雨林的乱砍滥伐，耕地面积减少，森林和各种植物同化CO_2的能力不断降低，造成大气中CO_2含量不断增加，使温室效应加剧，全球气候变暖。

9.3.1.2 氧气的生态作用

大气中的O_2主要来源于植物的光合作用，少量来源于大气层中的光解作用，即在紫外线照射下，大气中的水分子分解成O_2和H_2。

O_2是植物呼吸的必需物质，O_2参加植物体内各种物质的氧化代谢过程，释放能量供植物体进行正常的生命活动。如果缺氧或无氧，有机质不能彻底分解，造成植物物质代谢过程所需能量匮乏，植物生长将受到影响，甚至窒息死亡。在土壤中，常常因为土壤含水量过高或土壤结构不良等原因缺氧，从而影响植物根系呼吸，严重时会引起植物中毒死亡。植物的呼吸作用消耗O_2，而光合作用能释放出O_2，植物白天光合作用放出的氧要比呼吸作用所消耗的氧气大20倍。

O_2是自然界氧化过程的参与者，岩石的氧化、土壤和水域中的各种氧化反应等都离不开氧气，这些氧化反应为植物生长所需的养分提供来源。

9.3.1.3 氮气的生态作用

氮元素是植物体及生命活动不可缺少的成分，它不仅是蛋白质的主要成分，也是叶绿素、核酸、酶、激素等许多代谢有机物的组成成分，因而它是生命的物质基础。大气中氮的含量最多，约为79%，但大气中的N_2却不能被大部分植物直接利用，必须经过一定途径转换为含氮化合物才能被植物吸收。其转化途径首先是生物固氮，为植物界提供了大量的可吸收的氮元素，起固氮作用的主要是一些共生固氮微生物（根瘤菌）和非共生固氮微生物（蓝细菌），它们可以吸收和固定大气中的游离氮；再者是工业固氮，随着工业化的发展，工业固氮所占的比例越来越大；此外，大气中的雷电、火山爆发等也可将氮气合成为硝态氮和氨态氮，但数量较少。

9.3.1.4 臭氧的生态作用

在大气高层中，氧分子与活性极高的氧原子在紫外线照射下结合生成臭氧(O_3)，在大气圈中形成臭氧层。臭氧在20~25km的高空含量最多。臭氧层是地球的保护罩，它能够吸收大量紫外线使地球温度不至于过高，保护地球表面生物免遭紫外线的杀伤。大气低层在雷电作用下也能产生部分臭氧，低空中的臭氧是一种大气污染物。

9.3.2 大气主要污染物对园林植物的影响

按照国际标准化组织(ISO)定义，空气污染(也叫大气污染)通常指由于人类活动或自然过程引起某些物质进入大气中，呈现出足够的浓度，达到足够的时间，超过大气及生态系统的自净能力，破坏了生物和生态系统的正常生存和发展的条件，对生物和环境造成危害的现象。随着工业化、城市化的发展，人类对化石燃料和石油产品的需求迅猛增加，排放到大气中的污染物种类增多，数量增大，大气污染日益严重。当前大气污染已成为全球面临的公害，在城市尤为严重。

9.3.2.1 空气污染物的来源、类型及侵入途径

我国大气污染以煤烟型污染为主，主要体现为：总悬浮颗粒物(TSP)、PM_{10}和$PM_{2.5}$浓度超标；二氧化硫(SO_2)污染长期保持在较高的水平；机动车尾气污染物排放总量增加，致使大气氮氧化物(NO_x)污染不断加重。大气污染直接影响生态环境，危害人体健康。

(1)空气污染物的来源

空气污染物的来源有两大类：自然污染源和人为污染源。自然污染源有火山喷发、森林火灾、海啸以及生物腐烂等自然现象。人为污染源按照人类活动可分为4类：生活污染源、工业污染源、交通运输污染源及农药化肥残留物的散逸等。其中，燃料燃烧过程产生的污染物最多，大约占70%，排放的污染物有二氧化碳、一氧化碳、硫氧化物、氮氧化物、烟气和飞灰等。

(2)空气污染物的类型及侵入途径

空气污染物按其存在状态，可分为气态污染物和颗粒污染物。气态污染物主要有以下5类：以二氧化硫为主的含硫化合物，以一氧化氮和二氧化氮为主的氮氧化合物，碳的氧化物，有机化合物，以及卤素化合物。固体颗粒物包括煤、石灰粉尘、硫黄粉及其他悬浮颗粒物等。

空气污染对植物的危害是从叶片开始的。气态污染物从叶片气孔侵入，然后扩散到叶肉组织和植物体的其他部分，干扰光合作用、呼吸作用和蒸腾作用的正常进行。此外，大量固态污染物会吸附在植物叶片上，堵塞气孔及皮孔，阻挡气体交换及水分蒸腾，降低了光合强度，影响植物的生长发育。

9.3.2.2 几种主要大气污染物对园林植物的危害

引起人们注意的大气污染物有100多种，其中危害较大的有SO_2、Cl_2、H_2S、HF、

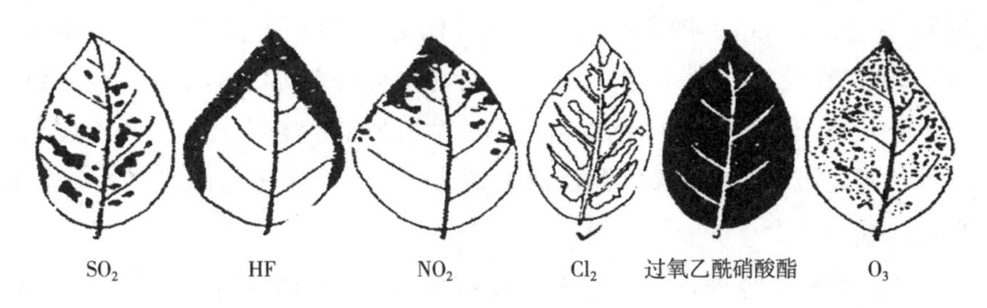

图 9-1 不同有害气体对植物造成伤害的典型症状(关继东等, 2013)

O_3、NO_2、粉尘等。下面重点介绍几种主要大气污染物对园林植物的伤害及影响(图 9-1)。

(1)二氧化硫

大气中的 SO_2 是一种无色、具有强烈刺激性气味的气体，主要来自含硫化石能源的燃烧和利用，工业生产中产生的 SO_2，以及森林火灾、火山喷发、微生物作用产生的 SO_2 等。通常，大气中的 SO_2 浓度超过 0.3mol/L 植物就表现出伤害症状。针叶树受害后的典型症状是针叶叶色褪绿变浅，针叶顶部出现黄色坏死斑或褐色环状斑并逐渐向叶基部扩展至整个针叶，最后针叶枯萎脱落。阔叶树受害后的典型症状是在叶片的脉间出现大小不等、形状不同的坏死斑，受害部分与健康组织之间的界限明显，主脉和侧脉的两侧不受影响。植物受 SO_2 危害后，症状最重的是发育完全、生理活动旺盛的叶片，枝下部老叶较轻，枝顶部未完全展开的幼叶受害最轻。

此外，SO_2 还会以酸雨的形式对土壤进行二次污染，对土壤进行不同程度的酸化，还会杀死土壤中大量有益于植物生长的微生物。酸雨有很强的腐蚀性，常使植物叶片、嫩枝受害，会造成枯萎、落叶，严重时会引起大面积树木死亡。

(2)氟化氢

大气中的 HF 主要来源于电解铝、磷肥、磷酸等工厂。HF 的毒性强，为 SO_2 的几十倍到几百倍，对环境造成很大危害。

一般 HF 浓度在 0.003mol/L 时就可使植物受到毒害。针叶树对 HF 十分敏感，受害后的针叶尖端出现棕色或红棕色坏死斑，与健康组织界限明显，逐渐向叶基部扩展，最后干枯脱落。阔叶树受害后，叶尖和叶缘处出现褐色或深褐色坏死斑，坏死斑自叶尖沿叶缘向叶基部扩展，坏死斑与健康组织之间界限明显。植物受 HF 危害，枝条顶端的幼叶受害最重，这是与 SO_2 和 Cl_2 伤害症状的显著区别。

(3)氮氧化物

大气中的氮氧化物主要来源于机动车、煤和天然气的燃烧以及肥料厂和炸药厂。造成大气污染的氮氧化物主要是 NO 和 NO_2。NO 不会引起植物叶片斑害，但能抑制植物的光合作用。NO 进入大气后可缓慢地氧化成 NO_2，NO_2 的毒性约为 NO 的 5 倍，植物叶片气孔吸收溶解的 NO_2 会造成叶脉坏死，如果长期处于 2~3mol/L 的高浓度下，就会使植物产生急性伤害症状。

NO_2 在空气中与其他物质反应形成一种刺激性很强的浅蓝色的混合烟雾，称为光化学烟雾，产生的二次污染物为过氧乙酰基硝酸酯，这种二次污染比一次污染更严重。当空气

中的 NO_2 浓度超过 0.05mol/L 时就会对植物造成伤害，植物受害后叶表出现褐色、红棕色或白色斑点，斑点较细，一般散布整个叶片，有时也会表现为叶表面变白或无色，严重时扩展到叶背，叶片两面坏死，呈白色或橘红色，叶薄如纸。老叶最易受害。过氧乙酰基硝酸酯在空气的浓度超过 0.01mol/L，会造成植物幼叶背面光泽化、银白化、褐色化。

(4) 氯气、氯化氢

大气中的 Cl_2 主要来源于化工、制药、化纤等生产，如电解食盐，生产烧碱、盐酸、漂白粉、氯乙烯等。此外，纺织厂、造纸厂的漂白，自来水厂的消毒杀菌等过程，也都有一定量的 Cl_2 逸散到大气中。由于 Cl_2 的密度大，排入环境后一般由高处向低处流动，顺风向沿地面扩散，尤其在气压低的无风阴雨天，Cl_2 下沉滞留于近地面的空间，与水汽形成酸，腐蚀性极强。一般情况下氯的危害范围常见于污染源附近，所以它是局部地区性污染物。

Cl_2 及 HCl 毒性较大，空气中最高允许浓度为 0.03mol/L。针叶树受害症状特征与 SO_2 所致症状较为相似，但受害组织与健康组织之间常没有明显界限。阔叶树受害后，脉间出现褐色斑，扩展及全叶，模糊一片，与健康组织间界限不清，叶缘卷缩。植物受 Cl_2 危害，症状最重的是发育完全、生理活动旺盛的叶片，下部枝的老叶和枝顶端叶很少受害。

(5) 臭氧

臭氧对植物生长兼具保护与破坏的作用，高空大气层中(20~25km)的臭氧可以有效地阻挡太阳辐射中的过量紫外线，保护地表生物。而低空中的臭氧是一种大气污染物，主要来源于阳光、汽车与工业废气混合作用。

大气中臭氧对植物产生的危害主要取决于其浓度与作用时间。当大气中臭氧浓度 $\geq 0.1\mu L/L$ 时，植物生长受到抑制和早期衰老，最初叶孔受损，接着叶片上表面最小叶脉间产生小斑点，其颜色可由浅褐色到深褐色，甚至为浅紫色或浅红色，严重时叶片大部分表面呈褐色或淡黄色或青铜色，叶片下面海绵组织中的细胞也会受到损害。

9.4 园林植物对大气污染的抗性及调节

植物在正常生长发育的过程中，可吸收一定量的大气污染物并对其进行解毒，这就是植物对大气污染的抗性。不同的植物对大气污染的抗性不同，这与植物叶片的结构、叶细胞生理生化特性有关，一般常绿阔叶植物的抗性比落叶阔叶植物的抗性强，落叶阔叶植物的抗性比针叶树强；同一种植物对不同的有害气体的抗性也不同，如五叶地锦对 SO_2 的抗性强，而对 Cl_2 的抗性弱；同一植物不同生长发育时期抗性也有差异，一般幼龄和老龄植物抗性较弱，营养生长期抗性较强，生殖生长期抗性最弱，休眠期的抗性最强。

9.4.1 确定园林植物对大气污染抗性的方法

确定园林植物大气污染的抗性强弱一般有 3 种方法：

(1) 野外调查

在相似的污染条件下，通过调查不同植物的受害状况来简单地对其抗污染性进行分级。该种方法比较简单易行，且结果更接近于客观实际，是确定植物抗污染性的最基本和常用的方法。但利用该方法很难确定某一特定污染物对植物的影响，并且污染区的植物种类一般也比较少。

(2)定点对比栽培法

在污染区进行栽培试验，经过一段时间的自然熏气，根据不同植物的受害程度来划分其抗性强弱。该种方法栽培对象一般是幼年苗木，观察结果有一定的局限性。

(3)人工熏气法

将植物放置在熏气箱中，通入预定浓度的有害气体，经过一段时间后，根据植物的受害程度来进行植物抗性分类。该种方法可以较好地测定不同污染物及其不同浓度对植物的伤害状况，人工控制性良好，因此应用非常广泛。

9.4.2 园林植物对大气污染的抗性分级

采用上述方法可将植物对大气污染的抗性进行分级，常可分3级(表9-1)，标准如下。

表9-1 常见园林植物对大气污染的抗性(孔国辉，1988)

抗性强弱	强	中等	弱
SO_2	五角枫、山楂、白蜡、皂角、杜松、女贞、悬铃木、加拿大杨、毛白杨、圆柏、旱柳、槐、紫穗槐、黄杨、山茶、大叶黄杨、茉莉花、柽柳、五叶地锦、爬山虎、美人蕉	臭椿、合欢、朴树、丝棉木、梧桐、银杏、核桃、桑树、白皮松、云杉、青杨、红叶李、辽东栎、刺槐、北京丁香、华北卫矛、小叶女贞、桂花、接骨木、钻天杨	水杉、白榆、悬铃木、樱花、雪松、黑松、竹子、美女樱、福禄考、瓜叶菊
Cl_2	五角枫、臭椿、丝棉木、白蜡、杜松、青杨、龙柏、旱柳、黄杨、山茶、大叶黄杨、接骨木、九里香、柽柳、欧洲绣球、美人蕉、钻天杨	合欢、板栗、丝棉木、梧桐、银杏、核桃、女贞、桑树、白皮松、云杉、罗汉松、加拿大杨、毛白杨、红叶李、山桃、辽东栎、刺槐、圆柏、槐、北京丁香、紫穗槐、华北卫矛、木槿、含笑、桂花、爬山虎	广玉兰、紫薇、糖槭、福禄考、朴树、皂荚、悬铃木、五叶地锦、瓜叶菊、天竺葵、倒挂金钟
HF	臭椿、白蜡、杜松、蒲葵、桑树、白皮松、罗汉松、栓皮栎、圆柏、龙柏、北京丁香、紫穗槐、黄杨、大叶黄杨、接骨木、九里香、柽柳、爬山虎、欧洲绣球	五角枫、朴树、山楂、梧桐、核桃、女贞、云杉、悬铃木、青杨、红叶李、辽东栎、刺槐、旱柳、槐、华北卫矛、木槿、小叶女贞、钻天杨	合欢、垂柳、黑松、雪松、海棠、碧桃、银杏、皂荚、加拿大杨、桂花、玉簪、唐菖蒲、锦葵、凤仙花、杜鹃花、万年青
O_3	五角枫、臭椿、白蜡、银杏、悬铃木、红叶李、刺槐、圆柏、槐、紫穗槐、海桐、卫矛、钻天杨	野牛草	

(1)抗性强的植物

能较正常地生活在一定浓度的有害气体环境中，基本不受伤害或受害轻微，慢性受害症状不明显；在遭受高浓度有害气体袭击后，叶片受害轻或受害后生长恢复较快，能迅速萌发出新枝叶。

(2)抗性中等植物

能较长时间生活在一定浓度的有害气体环境中；在遭受高浓度有害气体袭击后，生长恢复慢，植株表现出慢性中毒症状，如节间缩短、小枝丛生、叶形缩小及生长量下降等。

(3)抗性弱(敏感)的植物

不能长时间生活在一定浓度的有害气体环境中，否则，植物的生长点将干枯，全株叶片受害普遍、症状明显，大部分受害叶片迅速脱落、生长势衰弱，植物受害后生长难以恢复。

9.4.3 园林植物对大气污染的调节

9.4.3.1 园林植物对大气污染的监测作用

植物监测是指利用对环境中有害气体特别敏感的植物的受害症状来检测有害气体的浓度和种类，并指示环境被污染的程度。这种植物称为监测植物或指示植物。利用植物监测大气污染，取材容易、监测方法简单、费用低，具有较高的灵敏度，并能长期连续监测。利用植物监测大气污染已成为环境保护的重要手段。但是，利用植物监测环境，要精确地确定污染物质的种类和含量非常困难，因为植物表现的症状往往是多因素综合作用的结果，另外，同种植物在不同的发育时期对外界干扰的反应的敏感性也不一样。常见的监测植物见表 9-2 所列。

表 9-2 常见大气污染物的监测植物

污染物	监测植物
SO_2	雪松、马尾松、美国五针松、加拿大短叶松、挪威云杉、水杉、美国白蜡、加拿大白杨、欧洲白桦、枫杨、泡桐、柳树、银杏、紫丁香、紫茉莉、百日草等
HF	银杏、雪松、马尾松、葡萄、杏、李、樱桃、核桃、加拿大白杨、悬铃木、黄杉、唐菖蒲、郁金香、桂花、落叶杜鹃、梅花、凤仙花、小苍兰以及地衣等
Cl_2	石楠、核桃、柳树、加拿大白杨、悬铃木、桃、葡萄、米仔兰、海棠、凤仙花等
HCl	落叶松、李、槭等
O_3	松树、女贞、梓树、皂荚、丁香、美国白蜡、葡萄、牵牛花等

9.4.3.2 园林植物对大气污染的净化作用

大气污染影响生态环境、城市发展及人类生存和动植物健康。改善生态环境，控制和治理大气污染极为迫切。园林植物可以修复大气污染，能有效缓解大气污染状况，尤其是一些园林植物对大气主要污染物具有较强的吸附净化作用，具有低碳、环保等优势。园林植物主要是通过植物的吸收功能和累积功能以及阻挡、滞留、吸附等物理作用来净化空气的。具体有如下几个方面：

(1)维持大气中的 O_2 和 CO_2 平衡

人口的增长、大量化石燃料的燃烧和大面积热带森林消失，导致全球性 CO_2 含量增加，全球的碳氧平衡正在受到威胁，这种矛盾在城市中表现尤为严重。CO_2 浓度的不断增加，势必造成城市局部地区 O_2 供应不足。而绿色植物是地球上唯一能利用太阳能合成有机物的创造者，又是地球上二氧化碳的“吸收器”和氧气的“制造厂”。园林植物的光合作用能吸收 CO_2、释放 O_2，对维持大气中的碳氧平衡起着重要的作用。

(2)减少粉尘污染

灰尘是空气中的主要污染物质，它的体积和重量都很小，到处飘浮。灰尘中除尘埃和粉尘外，还含有油烟炭粒及铅、汞等金属颗粒，这些物质常会引起人们的呼吸道疾病。园林植物特别是由树木组成的森林或林带，能对灰尘等大气颗粒污染物起到明显的阻挡、滞尘和吸附的过滤作用，从而净化空气。其主要途径为：a. 大量植物增加环境内相对湿度并降低风速，进而加快颗粒物沉降速度，产生滞尘效应；b. 绿地内粗糙的地表和植物的叶片、树干，可以阻滞颗粒物的扩散，以此减缓二次扬尘；c. 各类植物表面所吸附的颗粒物最终通过降水冲洗进入土壤并得到固定，达到吸收消化的效果。据统计，绿化区与非绿化区空气中的灰尘含量相差10%~15%；街道空气中含尘量比公园等有茂密树木的地方多1/3~2/3。

植物叶片是植物吸附大气颗粒物的重要器官，植物叶片表面粗糙，或具有茸毛，或分泌黏性的油脂和汁浆，都易于吸附颗粒物，滞留粉尘作用明显；叶表面光滑，纤毛较少，则不易滞留大气颗粒物。因此，不同植物种类对大气颗粒物的降尘能力不同。表面粗糙、绒毛多且密、气孔大且多、沟槽深且宽、无或少蜡质层的叶片更易滞留大气颗粒物。试验结果表明：阔叶树的降尘能力比针叶树高，$1hm^2$ 的云杉林每年降尘为32t，松树为34.4t。

(3)降低有害气体浓度

一些植物对空气中的二氧化硫、氯和氟化氢等有害气体具有一定的吸收和积累的能力。植物通过叶片吸收大气中的有毒物质，减少大气中的有毒物质含量，避免有毒气体积累到有害程度，从而达到净化大气的目的。有毒物质被植物吸收后，并不是完全被积累在植物体内，植物能使某些有毒物质分解、转化为无毒物质，或毒性减弱。例如，SO_2 进入植物叶片后形成亚硫酸和毒性很强的亚硫酸根离子，亚硫酸根离子能被植物本身氧化，并转变为硫酸根离子，硫酸根离子的毒性相对较小，比亚硫酸根离子的毒性小97%，使植物避免受害。有的硫和氮的氧化物被植物吸收后，经过植物生理活动能转化为有机物，构成植物体的一部分。

不同植物种类吸收的有毒气体的量有所差异。通常，对硫的同化转移能力以槐、银杏、臭椿为强，毛白杨、垂柳、油松、紫穗槐较弱，新疆杨、华山松和加拿大杨极弱。$1hm^2$ 的柳杉林，每年可吸收 SO_2 720kg；$259km^2$ 的紫花苜蓿，每年可减少空气中的 SO_2 600t以上。结构复杂的植物群体对污染物的吸收要比单株植物强得多。

(4)杀菌

园林植物可以减少空气中细菌的数量，一方面，空气中的尘埃是细菌等的生活载体，园林植物的滞尘效应减少了空气病原菌的含量和传播；另一方面，许多园林植物能分泌杀菌素，有效地杀死空气中的细菌、真菌。据测定，1hm^2 阔叶林整个夏天可分泌 3kg 杀菌素，针叶林为 5~10kg，而圆柏能分泌 30kg。因此，绿地空气中的细菌含量明显低于非绿地，城市中绿化区域与没有绿化的街道相比，每立方米空气中的含菌量要减少 85%以上。

(5)减弱噪声

城市生活会产生很多噪声，如汽车行驶声、空调外机声、建筑施工声等，经常远远超过正常的环境声音，严重影响人们的正常休息和工作，成为城市环境污染的重要因素之一。

绿色植物茎、叶表面粗糙不平，有大量微孔和密密麻麻的茸毛，就像凹凸不平的吸声器，可减弱声波传递或使声波发生偏转和折射，从而降低噪声。总体来说，阔叶林比针叶林降低噪声效果好，疏散栽植的树丛比成行排列的效果好，宽带林比窄带林效果好，不同树种混种比单一树种好，乔、灌、草相结合的绿化带降噪的效果最好。据测定，100m 宽的片林可降低汽车噪声 30%，40m 宽的林带可以降低噪声 10~15dB，30m 宽的林带可以降低噪声 6~8dB，4.4m 宽的绿篱可降低噪声 6dB；攀缘植物覆盖屋顶，屋内噪声强度可降低 50%。因此，从遮隔和减弱城市噪声的需要考虑，配植树木应选用常绿灌木与常绿乔木树种的组合，并要求有足够宽度的林带，以便形成较为浓密的"绿墙"。实际应用中，隔声效果较好的园林植物有：雪松、圆柏、梧桐、垂柳、云杉、臭椿、栎树等。

(6)增加空气负氧离子

空气负离子能够净化空气。首先，空气负离子可通过电荷作用吸附、聚集、沉降微尘或作为催化剂在化学过程中改变痕量气体的毒性，尤其对小至直径 0.01μm 的微粒和在工业上难以除去的飘尘，空气负离子对它们有明显的沉降去除效果；其次，空气负离子具有抑菌和除菌作用，对多种细菌、病毒生长有抑制作用；再次，空气负离子能与空气中的有机物起氧化作用而清除其产生的异味；此外，空气负离子还能调节人体生理功能，增强人体的抵抗力，被称为"空气维生素""长寿素"。

据报道，金边虎尾兰在吸收 CO_2 的同时能释放出 O_2 及大量负离子，使室内空气中的负离子浓度增加。当室内有电视机或电脑启动的时候，对人体非常有益的负离子会迅速减少，而金边虎皮兰肉质茎上的气孔白天关闭，晚上打开，释放负离子，而且释放出的负离子含量比大部分植物高 30 倍以上。

(7)改善室内空气质量

室内环境与人体健康关系密切，一般室内空气 CO_2 含量过高，缺氧，且装修等会造成甲醛、苯、苯酚、氯化氢、乙醚等有害气体增加，选择合适的家居植物可改善室内环境。

家居植物通过新陈代谢可释放 O_2，吸收 CO_2，增加室内空气湿度，吸收有毒气体以及除尘等从而可改善室内环境。据报道，芦荟、吊兰和虎尾兰可清除甲醛，一盆吊兰在 8~10m^2 的房间内就相当于一个空气净化器，它可在 24h 内分解房间里 80%的有害物质，吸收掉 86%的甲醛；能将火炉、电器、塑料制品散发的一氧化碳、过氧化氮吸收殆尽。常春藤、月季、蔷薇、芦荟和万年青等可有效清除三氯乙烯、硫化氢、苯、苯酚、氟化氢和乙醚等，一盆常春藤能消灭 8~10m^2 的房间内 90%的苯，能吸附室内细菌和其他有害物质，甚至可以吸附一些细小的灰尘。虎尾兰、龟背竹和一叶兰等可吸收室内 80%以上的有害气体。天门冬可清除重金属微粒。绿萝等一些叶大和喜水植物可使室内空气湿度保持极佳状态。但切忌，居室养花数量不能过多，尤其是卧室内不适合摆放过多的植物，因为在夜间，植物呼吸作用旺盛，放出大量 CO_2 同时吸收 O_2，与白天正好相反，不利于夜间睡眠。

9.5 风与园林植物的生态关系

9.5.1 风对园林植物的生态作用

空气的对流运动产生风，风也是园林植物的一个环境因子，它既可以直接影响植物，又能通过改变环境中的温度、湿度、大气污染状况等间接影响植物，具体表现在对植物的生长、发育、繁殖和形态等多方面的作用。

(1) 风对植物生长的影响

风对植物的蒸腾作用影响非常显著。当风速较大时，植物蒸腾作用过大，失水过多，根系又吸收不到足够的水分，叶片气孔便会关闭，使光合作用受到抑制，植物生长减弱。植物在长时间强风吹袭下生长量会降低，器官小型化、旱生化，甚至发生枯梢和干死。北京早春的干风是植物枝梢干枯的主要原因，由于土壤温度还没提高，根部吸收机能并未恢复，在干旱的春风下，枝梢失水而枯。微风能把叶片表面 CO_2 浓度低的空气吹走，带来含 CO_2 多的空气，有利于植物光合作用，因此适当速度的风能促进植物生长。

(2) 风对植物形态的影响

在多风的环境，植物叶面积减小，节间缩短，变得低矮、平展，如为了适应多风、大风的高山生态环境，很多植物生长低矮、贴地，株形变成与风摩擦力最小的流线形，成为垫状植物。盛行一个方向的强风常使树冠畸形，这是因为树木向风面的芽受风作用常干枯死亡，而背风面成活较多，枝条生长较好，形成“旗形树”，如黄山迎客松。有些吹不死的迎风面枝条，常被吹弯曲到背风面生长，有时主干也常年被吹成沿风向平行生长，形成扁化现象。

(3) 风对植物繁殖的影响

风是空气流动形成，因此风对植物繁殖的影响主要体现在影响植物授粉和种子传播。借助风来传播花粉的植物，称为风媒植物。通常风媒植物的花不够鲜艳，花数较多，呈柔荑花序或松散的圆锥花序，花丝很长，伸于花被外，易被风吹动而传粉，如松科植物。还有许多植物靠风把它们的种子传播到远方，称为风播植物。风播植物通常种子或果实很轻，如兰科和杜鹃花科的种子细小；或种子具有冠毛，如杨柳科、菊科、萝摩科等植物的种子；或种子或果实带翅，如榆属、槭属、松属某些植物的种子；或种子带气囊，如铁木属植物的种子。它们都有适合空中长途旅行的构造，都可以借助风来进行传播。

(4) 风对植物的机械损伤

大风还常常对植物造成机械损伤。风速过大，浅根树会被连根拔起，强风会引起植物倒伏，吹断植物枝干，使植物叶片受到损伤，落花、落果，严重影响其观赏价值。特别对是受病虫危害、生长衰退、老龄过熟木危害更为严重。沿海城市树木常受台风危害，如厦门台风过后，冠大荫浓的榕树可被连根拔起，凤凰木小枝纷纷被吹断，盆架树由于大枝分层轮生，风可穿过，只折断小枝。

不同树木对大风的抵抗力不同。一般树冠紧密、材质坚韧、根系发达的树木抗风力强；相反，抗风性能则弱。据调查，园林植物中抗性较强的树种有马尾松、黑松、圆柏、白榆、樱桃、枣树、葡萄、臭椿、朴树、槐。抗性中等的树种有侧柏、龙柏、旱柳、杉木、柳杉、枫杨、银杏、广玉兰、桑、李、桃、杏、花红、合欢、紫薇等。抗性弱的树种有雪松、悬铃木、梧桐、加杨、钻天杨、银白杨、泡桐、垂柳、刺槐、苹果等。

(5)风对生态系统的影响

在风的长期作用下，如果植被破坏面积很大，土壤受日晒、风吹、雨淋，地表就会变得支离破碎、高低不平，呈针状、锥状、塔状、蘑菇状等奇特外貌，这都是风蚀地貌。土壤表土被风蚀，会降低土壤肥力和生态系统的生产力。如沙流造成农田、渠道、村舍、草场等被掩埋，尤其是对交通运输造成严重威胁，对农田和草场的土地生产力造成严重破坏。

植物能减弱风力，降低风速。降低风速的程度主要取决于植物体形的大小和枝叶茂密程度。在风盛行的城市，营造防风林带可以减弱风的危害。一般乔木防风的能力大于灌木，灌木又胜过草本植物；阔叶树强于针叶树，常绿阔叶树又好于落叶阔叶树；深根性树种强于浅根性树种；木材坚韧的强于材质脆弱的。乔、灌、木结合的混交林防风效果好。因此，建立防风林带宜采用深根性、材质坚硬、叶面积小、抗风力强的树种。

9.5.2 防风林带对风的调节

(1)防风林带的概念

防风林带是在干旱多风的地区，为了降低风速、阻挡风沙而种植的防护林。主要作用是降低风速、防风固沙、改善气候条件、涵养水源、保持水土，还可以调节空气的湿度、温度，减少冻害和其他灾害的危害。

(2)不同防风林带结构及防风效果

防风林带的防风效果与其结构密切相关。按林带的透风系数与疏透度，防风林带常分为3种基本类型，即紧密结构、疏透结构和透风结构。不同林带结构的防风效果差异很大(表9-3)。透风系数又指透风数，是指林带背风面1m处林带高度范围内平均风速与空旷地相应高度范围内平均风速之比。疏透度是指林带纵断面透光空隙的面积与纵断面面积之比的百分数。

①紧密结构　是由主要树种、辅佐树种和灌木树种组成的3层林冠，上下紧密，林带较宽，透风系数在0.3以下，疏透度在20%以下。林带枝叶稠密，气流被林带所阻，大部分从林带上越过。越过林带的气流能很快到达地面，动能消耗少。在林带背风面，靠近林缘附近形成一个有效防护的平静弱风区。但距林缘稍远处(2~2.5m倍树高处)，风速很快恢复原状。有效防风距离为树高的10~15倍。

②疏透结构　由主要树种、辅佐树种或灌木树种组成的2层或3层林冠，林带的整个

纵断面均匀透风、透光，透风系数为0.4~0.5，疏透度为30%~50%。大约有50%的气流从林带内部透过，在背风面林缘形成许多小漩涡，另一部分气流从上面绕过。最小弱风区在背风面3~5倍树高处，有效防风距离为树高的25倍左右。

③透风结构　由主要树种、辅佐树种或灌木树种组成的1层或2层林冠，上层为林冠层，下层为树干层，林带行数少，带幅窄，透风系数0.6以上，疏透度60%以上。这种林带气流易通过，且很少减弱，仅少量气流从林带上越过，气流动能消耗很少，防风效能不强。在背风林缘处，风速开始减弱，但要到远处才会出现弱风区，因此防护距离也较长，最小弱风区出现在背风面3~5倍树高处。

表9-3　3种结构的林带防风效果比较

林带结构	平均风速(%)					
	0~5倍树高	0~10倍树高	0~15倍树高	0~20倍树高	0~25倍树高	0~30倍树高
紧密结构	25	37	47	54	60	65
疏透结构	26	31	39	46	52	57
透风结构	49	39	40	44	49	54

9.6 园林生产中空气及风的利用

植物在生长过程中，需要不断从空气中吸收CO_2和O_2来进行光合作用和呼吸作用，保证正常地生长和发育。而在栽培设施(温室大棚)内，夜间CO_2的含量比外界高，白天CO_2的含量比外界低，且CO_2含量分布不均匀，使植株各部位的产量和质量不一致。同时，由于温室大棚封闭严，空气不对流，极易贮存有害气体，如NH_3、NO_2、CO、SO_2等。因此，设施环境内需要经常通风换气，保持CO_2和O_2的平衡，有时甚至需要补充一定量的CO_2，即进行CO_2施肥。

CO_2施肥是指提高大气CO_2浓度来加强植物生长的过程。园林生产中，可以施入固体CO_2颗粒肥，施用时可在垄沟底部开一小的条沟，将CO_2颗粒肥施入后覆土，或施入地膜下面。施入后要保持土壤湿润，根据室内温度可正常通风换气。此外，还可以施用固体CO_2(干冰)或液态CO_2，施用时可把一定量的固体CO_2放入温室，在常温下升华变成气体CO_2，来增加温室内CO_2浓度。在冬季日光温室内，施用CO_2后可显著提高植物的光合作用，促使植株根系发达、枝叶茂盛，果实成熟期提早，产量和品质都有很大改善。

自主学习资源

1. 我国大气污染现状评估及控制对策研究．杨月，李晓臣．产业创新研究，2020，39(10):60-62.

2. 浅谈大气污染的危害及防治．齐丹丹，周枫，张晟昊．上海节能，2020，377(5):64-68.

拓展提高

大气颗粒物对人类的影响

大气颗粒物是国内外许多城市空气的首要污染物，其浓度超过一定限值会严重影响人体健康和生态环境。

按颗粒物的来源，可将大气颗粒物分为一次颗粒物和二次颗粒物。一次颗粒物是从污染源直接排放的颗粒，如烟囱排放的烟尘、风刮起的灰尘及海水溅起的浪花等。二次颗粒物是从污染源排放的气体，在大气中经物理、化学作用转化生成的颗粒，如锅炉排放的 H_2S、SO_2 等经过大气氧化过程生成的硫酸盐颗粒。

按颗粒物的性质，可将大气颗粒物分为以下 3 种：无机颗粒，如金属尘粒、矿物尘粒和建材尘粒等；有机颗粒，如植物纤维、动物毛发、角质、皮屑、化学染料和塑料等；有生命颗粒，如单细胞藻类、菌类、原生动物、细菌和病毒等。

按颗粒物的粒径大小，可将大气颗粒物分为以下 4 种：总悬浮颗粒物(TSP)，是指粒径≤100μm 的颗粒物，包括液体、固体或者液体和固体结合存在的悬浮于空气中的颗粒；可吸入颗粒物(PM_{10})，是指空气动力学直径≤10μm 的颗粒物，能进入人体呼吸道，又因其能在空气中长期飘浮，也被称为飘尘；细颗粒物($PM_{2.5}$)，是指空气动力学直径≤2.5μm 的细颗粒物，它在空气中悬浮时间更长，易于滞留在终末细支气管和肺泡中，其中某些较细的组分还可穿透肺泡进入血液，其更易于吸附各种有毒的有机物和重金属元素，对健康危害极大；超细颗粒物($PM_{0.1}$)，是指空气动力学直径≤0.1μm 的大气颗粒物，有直接排放到大气的，也有排放出的气态污染物经紫外线作用或其他化学反应后二次生成的，人为来源的 $PM_{0.1}$ 主要来自汽车尾气。

气象专家和医学专家认为，由细颗粒物造成的灰霾天气对人体健康的危害甚至要比沙尘暴更大。粒径 10μm 以上的颗粒物，会被挡在人的鼻子外面；粒径在 2.5~10μm 的颗粒物，能够进入人体的呼吸道，但部分可通过痰液等排出体外，另外也会被鼻腔内部的绒毛阻挡，对人体健康危害相对较小；而粒径在 2.5μm 以下的细颗粒物，直径相当于人类头发的 1/10 大小，不易被阻挡，被吸入人体后会直接进入支气管，干扰肺部的气体交换，引发包括哮喘、支气管炎和心血管病等方面的疾病。

课后习题

一、单项选择题

1. 植物呼吸的必需物质是(　　)。

A. 二氧化碳　　B. 氧气　　C. 氮气　　D. 二氧化硫

2. 大气的垂直分布，处于最下层的是(　　)。

A. 对流层　　B. 平流层　　C. 中间层　　D. 大气层

3. 温室效应主要是因为空气中(　　)浓度增加。

A. 氧气　　B. 二氧化碳　　C. 氮气　　D. 二氧化硫

4. 臭氧能吸收(　　)，从而保护地球表面温度不致过高。

A. 红外线　　B. 可见光　　C. 紫外线　　D. 自然光

5. 当(　　)过多时，会增加大气污染，使水体富营养化。

A. 氮气　　B. 氧气　　C. 二氧化碳　　D. 二氧化硫

6. 大气污染的来源可以分为两大类，下列属于天然污染的是(　　)。

A. 人类生活　　B. 工业生产　　C. 交通运输　　D. 森林火

7. 大气污染的来源可以分为两大类，下列属于人为污染的是(　　)。

A. 火山喷发　　B. 交通运输　　C. 森林火灾　　D. 自然尘

8. 大气污染物有100多种，其中危害较大的有(　　)等。

A. 氧气　　B. 氢气　　C. 二氧化硫　　D. 氮气

二、判断题

1. 园林植物对大气污染具有监测作用，所有的植物都可以作为环境监测的指示植物。(　　)

2. 植物监测大气污染已成为环境保护的重要手段，所以，利用植物监测可以替代仪器检测。(　　)

3. 植物叶片可以吸收粉尘，一般叶片宽大、平展、硬挺且叶面粗糙的植物吸滞粉尘的能力强。(　　)

4. 园林植物具有减弱噪声的作用，相比较而言，针叶树的作用要优越于阔叶树。(　　)

5. 空气负氧离子能调节人体生理功能，增强人体的抵抗力，所以被称为“空气维生素”。(　　)

6. 植物可以改善室内的空气质量，所有的植物都适合放在室内栽培。(　　)

7. 人类的生产和生活活动是大气污染的主要来源。(　　)

8. 工业污染主要包括工厂排放的烟雾、粉尘和各种有害物质，甚至核物质泄漏。(　　)

9. pH低于7.0的降雨为酸雨。(　　)

10. 风的产生源于空气的流动，空气从气压高的区域流向气压低的区域便形成了风。(　　)

三、问答题

1. 园林植物对大气污染的净化作用有哪些方面?

2. 空气对植物种子萌发的影响有哪些?

3. 防风林带的主要类型及防风效果是什么?

单元 10　园林植物生长与土壤环境及营养

学习目标

(1)熟悉土壤的基本形态和组成。
(2)掌握土壤主要的物理性质及化学性质。
(3)了解土壤养分的来源、种类及生理作用并掌握养分的吸收、运输和利用方式。
(4)理解园林植物施肥原理，了解常见的施肥方法。
(5)掌握常见的肥料种类、特性及施用方法，能够在园林生产中合理利用肥料。

土壤是岩石圈表面能够生长植物的疏松表层，是大多数园林植物生长的基础。自然土壤是在岩石风化与土壤形成两个过程共同作用下，经过漫长的地质年代和复杂的变化过程形成的。岩石经过物理的、化学的和生物的风化，破碎成疏松的堆积物即成土母质，它是土壤矿物质部分的基本材料，具有通气、透水的特性，是植物营养的最初来源。土母质在气候、生物、地形和时间等多种成土因素的综合作用下，逐步形成土壤。

土壤最根本的特性是具有一定肥力，土壤肥力是在植物生长发育过程中，土壤具有不断地供应和调节植物需要的水分、营养、气体、热量和其他生活条件的能力。土壤肥力是土壤区别于成土母质和其他自然物质的本质特征，它是土壤物理、化学和生物特性的综合表现。因此，土壤是一个综合的生态因子，是影响园林植物生长好坏的重要因素，如根系的深浅、根量的多少、根吸收能力的强弱、植株的高矮和大小都与土壤有着密切的关系，园林栽培中的改土、翻耕等农业措施，也都是通过作用于土壤而影响园林植物。

因此，园林绿化中应运用土壤肥力的生态相对性原理及适地适树原则，根据园林植物的生态要求，把它种植在适宜的土壤上，或者根据现有土壤的肥力特征和生态特征，选择合适的植物进行合理配置。当土壤条件都不适宜时，则需要根据既定设计方案有针对性地进行换土、改土或施肥。对于既有的各种园林绿地上的土壤，应根据园林植物的生理生态要求，适时、适度地调节土壤肥力因素(施肥、灌水、排水、增温等)和其他土壤生态条件，以保证园林植物持续正常生长。

10.1 土壤的组成

土壤是由大小不等、成分不一、结构各异、性质不同的细微土粒重叠形成，在土粒与土粒之间，形成了大小不同的孔隙，充斥着土壤空气和土壤水分。因此，土壤是由固相、液相、气相三相物质构成的疏松多孔体。

10.1.1 土壤固相组成

土壤固相部分含有植物需要的各种养分，构成土壤的骨架，为植物生长提供机械支持。固相物质主要包括矿物质、有机质以及生活在土壤中的微生物和动物。土壤固相部分占土壤总体积的50%左右。

10.1.1.1 土壤矿物质

土壤矿物质是土壤中所有固态无机物的总称。土壤矿物质由岩石风化而来，占总体积的38%左右，占固相总重量的95%以上，是土壤的骨架，又是土壤养分最初的和最重要的来源之一。土壤中除氮以外的所有矿物养分，包括磷、钾、钙、镁、硫及微量元素都是经矿物质风化而来的。

(1)土壤矿物质的分类

按照来源不同，土壤矿物质包括原生矿物和次生矿物两类。原生矿物是在风化过程中化学结构和成分未经改变的矿物，常见有石英、长石、白云母、黑云母、辉石、角闪石、橄榄石等，是构成土壤砂粒和粉粒的主要成分。次生矿物是原生矿物在土壤形成过程中，经物理、化学风化作用后被分解破坏再次形成的矿物，是构成土壤黏土的主要成分。

(2)土壤矿物颗粒的分级

土壤矿物颗粒即土壤颗粒。土壤颗粒的大小以土粒直径为标准。根据土壤颗粒直径的大小、成分和性质，我国制定了一套土壤颗粒粒级4级分级方案(表10-1)。

表10-1 土粒分级、组成及物理性质

粒级	粒径(mm)	主要矿物组成	物理性质
石砾	>1	残积母质和洪积母质	通透性强、不能蓄水保肥
砂粒	1~0.05	主要为石英、正长石和白云母等原生矿物	通透性强、蓄水保肥弱、养分缺乏、土壤变温幅度大
粉粒	0.001~0.05	主要以斜长石、辉石、角闪石和黑云母等原生矿物为主。有少量次生矿物	通透性较弱、蓄水保肥能力强、养分较丰富、土壤变温幅度小
黏粒	<0.001	大部分为硅酸盐和铁铝氢氧化物黏土两类	通透性差、蓄水保肥强、养分丰富、土壤变温幅度小

不同粗细的土壤矿物颗粒及其比例，影响土壤的物理性状，进而影响土壤水、气、热状况。土壤砂粒的直径和体积较大，颗粒间的孔隙也大，有利于排水和通气。土壤黏粒的直径和体积异常细小，所以每克黏土的总表面积极大，因此大部分水分和某些有效养分都

被吸持在黏粒的表面，使黏粒在土壤中起着水分和养分储存库的作用。同时，随着土粒直径由大到小，土壤的黏结性、黏着性和可塑性增加，对耕作带来不利影响。

10.1.1.2 土壤有机质

土壤有机质是土壤中一切有机化合物及小部分生物有机体的总称，是土壤固相的一个重要组成部分。土壤有机质在土壤中含量很少，占土壤固相物质的比例平均不足5%，但它是最活跃的部分，对土壤肥力影响很大，是土壤肥力的物质基础。

(1)土壤有机质的来源及组成

土壤有机质的主要来源包括植物、动物、微生物的残体，植物根系分泌物，动物排泄物和施肥。自然土壤中，地面植被凋落物和根系是土壤有机质的主要来源，如树木、灌丛、草类及其凋落物。耕作土壤中，施用的各种有机肥及动、植物残体是土壤有机质的主要来源。

组成土壤有机质的简单有机化合物包括糖类、氨基酸、脂肪酸等。根据分解程度不同，进入土壤中的有机质有3种存在状态。一是新鲜的有机质，基本上保持动、植物残体原有状态，有机物质尚未分解；二是半分解有机质，动、植物残体已被分解，原始状态已不复辨认的腐烂物质；三是腐殖质，是在微生物作用下，有机质经过分解后再合成，形成一种黑褐色的含氮高分子的稳定胶体物质，占土壤有机质总量的85%~90%，是有机质的主要成分，也是植物营养的主要来源，是土壤肥力水平高低的重要标志。

(2)土壤有机质的转化

进入土壤的各种动、植物残体会受到机械的、物理的、化学的、生物的各种作用，其在土壤生物特别是土壤微生物的作用下发生的分解过程(矿质化过程)和合成过程(腐殖化过程)称为土壤有机质的转化。

①土壤有机质的矿质化过程　是指复杂的有机化合物，如糖类、蛋白质、腐殖质等，在多种微生物分泌酶的作用下进行分解转化，最终形成简单的矿质化合物(如CO_2、H_2O、NH_3、H_2S等)，同时放出能量的过程。矿质化过程是有机质的分解过程，也是释放养分的过程，为植物生长提供矿质养分。

②土壤有机质的腐殖化过程　是指在微生物的作用下，把矿化过程中形成的中间产物重新合成更为复杂的、特殊的、性质稳定的高分子化合物(腐殖质)的过程。腐殖化过程是土壤腐殖质的形成和积累的过程，使有效养分暂时保存在土壤中。腐殖质对土壤的保水和保肥、通气透水、团粒结构的形成、矿物质的强烈腐蚀风化都有很重要的作用。

在土壤中，新的腐殖质不断合成，原有的腐殖质也在不断地分解转化，二者处于动态变化之中。矿质化和腐殖化两个过程不是彼此孤立的，并存在一定矛盾。从培育良好的土壤环境上看，既要促进腐殖化过程，使土壤的腐殖质达到高肥力水平，从而改善土壤的物理性状，又要维持一定的矿质化过程，释放土壤有机质潜在的营养和能量，以保证植物的产量和品质，从而维持有机质的分解和合成的循环过程。

(3)影响土壤有机质转化的因素

土壤有机质的转化与土壤中的微生物活动情况有密切关系。土壤水分、温度、pH和有机质碳氮比(C/N)都影响微生物的活动。通常，土壤温度适宜、水分适当、通气良好时，好氧微生物数量多，活动旺盛，有机质分解快，有利于矿质化过程，对供肥有利。但若在短期内产生过多的有效养料，植物一时吸收不完，引起淋溶损失，浪费有机质，对养地不利。相反，当土壤积水、温度较低、通气不良时，厌氧微生物活动旺盛，以腐殖化过程为主，有利于腐殖质的积累，对提高地力有利，但供给养分不足。

一般来讲，土温在25~35℃，土壤含水量为田间持水量的60%~80%，土壤pH 6.5~7.5时，土壤微生物活动最旺盛，有机质分解快。碳氮比(C/N)是指土壤有机质中碳素总量与氮素总量的比值。含碳有机物质既供给微生物碳素营养，又提供微生物活动的能量。微生物在吸收氮时，每利用1份氮素就需要外界提供20份氮素，最适合微生物活动的C/N是(20~25)∶1。因此，生产上人为控制有机质转化的方向和速度，调节土壤水热条件，使有机质的好氧分解与厌氧分解适度，使之既能及时供应养分，又能保蓄养分，不断培肥土壤。同时，调节土壤pH，增施有机肥料、种植绿肥，合理轮作和间作，缩小C/N比率，促进有机质的分解与转化，以保证丰产并不断提高土壤肥力。

(4)土壤有机质的作用

土壤有机质对土壤肥力的作用是多方面的，可概括为以下几个方面。

①提供植物所需的养分　土壤有机质中含有植物所需的多种营养元素，如氮、磷、钾、钙、镁、硫、铁等大量元素及微量元素。土壤表土中80%~95%的氮素贮存在土壤有机质中，随着土壤有机质的矿质化，就可以成为有效氮素，供植物吸收。

②提高土壤的蓄水保肥能力　土壤有机质的主要成分是腐殖质，其疏松多孔，又是亲水胶体，具有很强的蓄水性。此外，腐殖质有巨大的表面积与表面能，通常带负电荷，能吸收、保持大量离子养分避免随水淋失。

③改善土壤的物理性质　腐殖质是良好的天然胶黏剂，能提高土壤的结构性能，改善土壤的结构状况，形成良好的水稳性团粒结构。其黏结力和黏着力比土壤黏粒小，比沙粒大得多，可改善黏土的通透性、耕性和砂土的松散性，从而使土壤具有良好的孔隙性、通透性、保蓄性和适宜耕作性质。

④促进土壤微生物的活动　土壤有机质(特别是新鲜的植物有机残体)能提供微生物活动所需的碳源、氮源、灰分和其他物质。同时，腐殖质又能调节土壤的水分、气体、热量和酸碱状况，改善微生物的生活条件，有利于微生物的活动和养分的转化。一般有机质含量越高的土壤，微生物的活动越强，土壤肥力越高。

⑤促进植物生长发育　土壤有机质中的胡敏酸具有芳香族多元酚官能团，可以增强植物的呼吸作用，加强细胞膜的透性，促进植物的生理活性及对营养的吸收。此外，还含有维生素、一些激素、抗生素，可刺激植物生长，增强植物体的抗性。

10.1.1.3　土壤生物

土壤生物是土壤有机成分中有生命活力的那一部分，是指全部或部分生命周期生活在土壤中的动物、微生物和高等植物根系。土壤生物与土壤之间紧密联系，既依赖于土壤而生存，又对土壤的形成、发育、性质和肥力状况产生深刻的影响，是土壤物质转化的主要动力和肥力发展的主要因素。

(1)土壤动物

土壤动物是指在土壤中度过全部或部分生活史的动物，主要有线形动物(如土壤线虫)、环节动物(如蚯蚓)、节肢动物(如蚂蚁)及脊椎动物(如地下鼠类)。它们粉碎土壤中有机残体，并把这些残体与土壤充分掺和，进一步促进了微生物的分解作用。有的以有机残体为食物，将含有丰富养分的粪便排入土壤，从而提高土壤肥力，如蚯蚓。

(2)土壤微生物

土壤微生物是指土壤中肉眼无法辨认的微小生物的总称，包括细菌、真菌、放线菌、藻类和原生动物五大类群，其中细菌是土壤中数量最大、分布最广的有机体。土壤细菌参与有机质矿质化与腐殖化、土壤养分转化(尤其是氮、硫、磷、铁、铝)和生物固氮等土壤生物化过程。一般，土壤微生物数量越多，土壤肥力越高。

(3)植物根系

植物根系对土壤发育有重要作用。根系分泌物、根周围的微生物均能促进矿物及岩石的风化。根死亡后，增加土壤下层的有机物质、阳离子交换量，并促进土壤结构的形成。根系腐烂后，留下许多孔道，改善了土壤通气性并有利于重力水下排。

10.1.2 土壤其他物质组成

土壤除了固相组成外，在土壤孔隙之间还存在液相部分和气相部分。土壤液相部分指的是土壤水分，它是土壤的重要组成部分，是三相物质中最活跃的部分，它保存并运动于土壤孔隙之间。土壤气相部分指的就是土壤空气，它充满在那些未被土壤水分占据的土壤孔隙中，与土壤水分相互消长。

10.1.2.1 土壤水分的类型及作用

土壤水的来源是大气降水、凝结水、地下水和人工灌溉水，以大气降水为主。这些水有一部分以向下渗漏、土内侧向径流和地表径流的方式流失；另一部分直接从裸露的地面蒸发散失。保存在土壤中的水受重力、毛管引力、分子间引力的作用，表现出不同的形态和性质。

(1)土壤水分的类型

土壤水分类型主要有吸湿水、膜状水、毛管水、重力水和地下水，它们的特点及对植物的利用效果如下。

①吸湿水　是干燥的土壤颗粒表面靠分子引力从空气中吸收气态水而保持在土粒表面的水分。它不能移动，无溶解力，不能被植物利用，属无效水。通常，土壤空气湿度愈大，土质越黏重，腐殖质越多，吸湿水含量越大。当土壤空气湿度接近饱和时，吸湿水达最大含量，此时土壤含水量的百分数称为吸湿系数或最大吸湿水量。它的大小与土壤质地和有机质含量有关，黏土和富含有机质的土壤吸湿系数大。

②膜状水　是土壤水分达到最大吸湿水量后，土粒靠吸湿水外层剩余分子引力从液态水中吸附的一层薄薄的水膜(图 10-1)。它可以被植物利用，但移动速度缓慢，只有在与根毛接触的地方及其周围很小的范围内才能被植物利用，属弱有效水。膜状水达到最大量时的土壤含水量称为最大分子持水量。在膜状水被利用完之前，植物就会因吸不到水分而

发生永久萎蔫。植物出现永久萎蔫时的土壤含水量的百分数，称为萎蔫系数。所以，植物能吸收利用的膜状水只是高于萎蔫系数的那一部分水量，因而萎蔫系数表明植物可吸收利用的土壤有效水分的下限值。

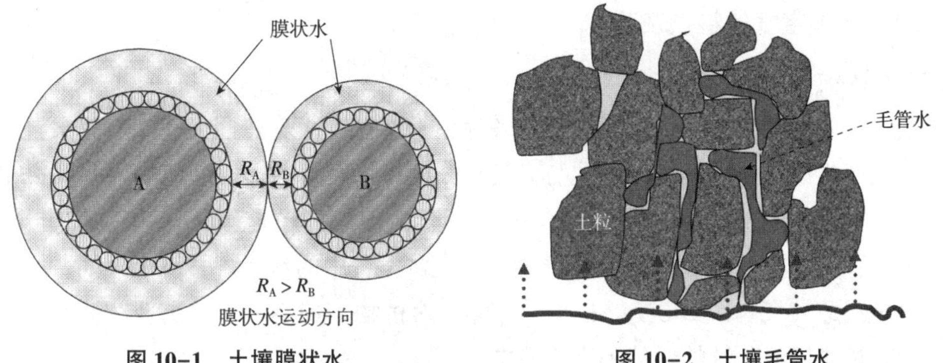

图 10-1　土壤膜状水　　　图 10-2　土壤毛管水

③毛管水　是借助毛管引力保持在土壤毛管孔隙中的水。它移动速度快、数量多、能溶解溶质、易被植物吸收，是土壤中最有效的水分(图 10-2)。毛管孔隙中所保持的水量是吸湿水、膜状水和毛管水的总和。毛管水有两种存在状态：毛管悬着水和毛管上升水。

毛管悬着水是土壤借毛管力保存在上层土壤中的水分。这种水分与地下水不相连接，而“悬挂”在土壤上层毛细管中。在排水良好的条件下，充分向土壤供水，等到过多的水排出后(经 1~2d)，即毛管悬着水达到最大值时的土壤含水量称为田间持水量。田间持水量是判断旱地土壤是否需要灌水和确定灌水量的重要依据，是土壤有效水的上限。通常，质地黏重、富含有机质的土壤，田间持水量大。当土壤含水量降到田间持水量的 70%时，毛管水多处断裂呈不连续状态。此时毛管水的运动缓慢，水量又少，难以满足植物的需要，植物表现出缺水症状。

毛管上升水是地下水借毛管作用上升并被保持在毛管孔隙中的水分。毛管上升水达最大量时的土壤含水量称为毛管持水量。它的大小随地下水位的变化而改变。在华北平原东部地区，地下水位一般在 1.5~2.5m，毛管上升水可以达到根分布层，它是植物根系所需水分的重要来源。但在地下水含可溶性盐较多时，毛管上升水可能会造成土壤盐渍化。

④重力水和地下水　当降水或灌溉强度过大时，进入土壤的水超过田间持水量，多余的水在重力作用下沿着大孔隙向下渗透，这种水称为重力水。当重力水下渗到某一不透水层时就会在该层聚积起来，便形成地下水。在质地较黏的土壤中，如果重力水不能及时排除，会影响土壤的通气状况，不利于植物根系的发育。随着重力水的渗漏，往往造成土壤可溶性养分的流失。

(2)土壤水分的作用

土壤水分是溶有各种无机盐与有机盐的水溶液，土壤中的许多物质转化过程都是在水分存在并直接参与的情况下才能进行。因此，土壤水分是土壤肥力的重要因素之一，是园林植物生长发育必不可少的物质条件。土壤水分影响土壤的通气状况、土壤的温度变化以及土壤微生物的活动，进而影响土壤养分的有效性及根系呼吸与生长。土壤水分适量地增加有利于各种营养物质的溶解和移动，也有利于磷酸盐的水解和有机态磷的矿化作用，这些都能改善植物的营养状况。土壤水分对植物的影响也存在“三基点”，即水分过少则旱，过多则涝，只有土壤水分含量适宜才能保证植物正常生长。

10.1.2.2 土壤空气的特点及作用

(1)土壤空气的特点

土壤空气是植物、微生物生活的必需条件。土壤空气主要来自大气，部分来自土壤生物化学过程产生的气体。其组成基本与大气成分相似，但由于土壤中植物根系和微生物生命活动的影响及其他生物化学作用的结果，土壤空气有本身的特点：土壤空气中 O_2 的含量低于大气；土壤空气中 CO_2 含量高于大气；土壤空气中的水汽含量高于大气；土壤空气中含有少量还原性气体，如 CH_4、H_2S、H_2 等，对植物生长不利，常出现在渍水、表土严重板结和有机质厌氧分解的通气不良土壤中。

(2)土壤空气的作用

土壤空气与大气之间通过气体扩散作用和整体交换形式(对流作用)不断地进行气体交换，这种性能称为土壤通气性。其中，气体扩散是主要方式。土壤通气性的好坏受土壤孔隙状况和土壤含水量影响，是土壤的重要物理性质之一。

土壤中氧气是种子和根系进行呼吸作用的重要参与物质。一般来说，种子正常萌发要求氧气浓度在10%以上。生产中，播种过深、土壤渍水、土壤板结等，都会造成土壤空气含氧量下降，影响种子的发芽率。当土壤通气不良时，根系短而粗、颜色暗，根毛大量减少，呼吸作用减弱，影响根的吸收作用。当土壤中氧的浓度低于9%时，根系在土壤中的发育受阻。土壤中空气的含量还对微生物活动有显著影响，进而影响有机质转化方向和速度。土壤通气良好时，氧气充足，好氧微生物活动旺盛，有机质分解速度快，土壤速效养分的含量高；土壤通气不良时，氧气不足，厌氧微生物活动旺盛，有利于有机质的腐殖化，但易产生大量的还原性气体和低价的铁、锰等还原物质，从而使植物受到抑制或被毒害。

生产上，通过深耕松土、破除板结、排水保墒等措施，改善土壤通气状况，促进植物生长发育。

10.2 土壤的性质

10.2.1 土壤质地

土壤中各粒级土粒大小、比例、组合及其表现的物理性质称为质地。土壤质地表示土壤颗粒的粗细程度及其组合状况所表现出来的外部(手感)特征，即土壤的砂黏性，是土壤的物理性质之一。

10.2.1.1 土壤质地划分标准

按照土壤矿物颗粒的大小，可以划分出不同的土壤粒级。由于土壤粒级的划分标准不同，所以土壤质地分类也有不同的分类系统。应用较多的土壤质地分类制度有卡庆斯基制和国际制等，不同的分类制度尽管存在一些差别，但大体相同。

卡庆斯基制土壤质地分类是以物理性黏粒(<0.01mm)及物理性砂粒(>0.01mm)的百分含量并结合其特性而划分土壤质地，共划分为3组9级(表10-2)。

表10-2 卡庆斯基土壤质地分类手测法质地判断标准 %

土壤质地		物理性黏粒(<0.01mm)	物理性砂粒(>0.01mm)
砂土	松砂土	0~5	95~100
	紧砂土	5~10	90~95
	砂壤土	10~20	80~90
壤土	轻壤土	20~30	70~80
	中壤土	30~45	55~70
	重壤土	45~60	40~55
黏土	轻黏土	60~75	25~40
	中黏土	75~85	15~25
	重黏土	>85	<15

10.2.1.2 土壤质地类型及生产特性

(1)砂土类

砂土是以砂粒所占密度较大、粉粒和黏粒密度较小的土壤。砂土中土壤砂粒多，粒间孔隙大，但孔隙量少，通透性强，保水力弱，土温高。而且，土壤矿物成分单一，有机质含量较少。因此，砂土具有通气缺水、养分不足、土温变幅大、保肥保水力弱的特点。

反映在生产上的特点：土质疏松，容易耕作，土性燥，为热性土。

(2)壤土类

壤土的质地比较均匀，粉粒、砂粒、黏粒比例适中，物理性质良好，兼有砂土和黏土的优点。因此，既通气透水，又保水保肥，土性温润而稳定，养料分解较快。

反映在生产上的特点：肥力特性介于砂土和黏土之间，土壤水分、营养、气体、热量状况比较协调，耕性好，适应范围广，是园林栽培上最理想的质地类型。

(3)黏土类

黏土是以黏粒所占密度较大、粉粒和砂粒密度较小的土壤。与砂土相反，黏土中黏粒多，富含矿物质和腐殖质，且土壤紧实，粒间孔隙小，但孔隙量大，通透性弱，水多气少，土温低。因此，黏土具有保水保肥性强、通透性较差、肥效迟缓、不易流失、土温变幅小的特点。

反映在生产上的特点：干时板结，湿时泥泞，耕作困难。土性偏冷，为冷性土。

10.2.2 土壤孔隙性和结构性

10.2.2.1 土壤孔隙性

自然状态的土壤是疏松的多孔体，土体中贯穿着许多大小不等、弯弯曲曲的孔洞，称土壤孔隙。土壤孔隙不仅是土壤水分、空气存在和根系活动的场所，也是物质和能量交换的通道。土壤孔隙性是土壤孔隙的多少、大小、比例和性质，反映出土壤紧实或疏松的程度，也是土壤的物理性质之一。

(1)土壤孔隙的决定因素

土壤孔隙的决定因素主要有土粒密度和土壤容重。

土粒密度是指单位体积固体土粒(不包括粒间孔隙)的烘干重量，单位为 g/cm^3 或 t/m^3。土粒密度大小主要决定于组成土壤的各种矿物质的密度和土壤有机质的含量。多数矿物质密度为 2.6~2.7g/cm^3，土壤有机质的密度为 1.25~1.40g/cm^3，所以富含有机质的土壤密度较小。土粒密度通常以矿物质密度的平均值 2.65g/cm^3 表示。土粒密度本身没有直接的肥力意义，它是土壤孔隙度计算的必要参数之一。

土壤容重(土壤密度)是指单位体积原状土壤(包括粒间孔隙体积)的烘干重量，单位为 g/cm^3，是土壤肥力高低的重要标志之一。土壤容重的大小主要决定于土壤质地、土壤有机质、土壤结构性和耕作状况。如砂质土壤容重较大(多为 1.4~1.7g/cm^3)，黏质土壤容重较小(多为 1.1~1.6g/cm^3)；一般耕层土壤疏松，土壤容重小且变化大，而心土层和犁底层紧实，土壤容重大且比较稳定。

(2)土壤孔隙类型

土壤是多孔体，衡量土壤孔隙的数量指标为土壤孔隙度。在自然状态下，所有孔隙容积占土壤总容积的百分率，称为土壤孔隙度，简称土壤孔度。其计算公式如下：

$$\text{土壤孔隙度}=\left(1-\frac{\text{土壤密度}}{\text{土粒密度}}\right)\times 100\%$$

土壤孔隙度与土壤容重密切相关，容重越小，孔隙度越大；反之，容重越大，孔隙度越小。

土壤孔隙根据其大小和性能可分为无效孔隙、毛管孔隙和非毛管孔隙 3 种类型。无效孔隙是极细孔隙，孔径在 0.002mm 以下，水分在其中不能移动，空气不能进入，根系不能伸入，微生物也难以侵入，其中的腐殖质分解非常缓慢，可长期保存。毛管孔隙(小孔隙)孔径在 0.002~0.02mm，具有毛管力，对水分起到保蓄和移动作用。非毛管孔隙(大孔隙)较粗大，孔径大于 0.02mm，毛管作用明显减弱，保持水分的能力逐渐消失，通常为空气所占据，不能吸持水分却易通气透水。耕作层土壤大孔隙保持在 10%以上时适于植物生长，大、小孔隙在 1∶(2~4)时最为合适。

(3)影响土壤孔隙状况的因素

影响土壤孔隙状况的因素有土壤质地、土壤结构、有机质含量等。土壤质地越黏，毛管孔隙和非毛管孔隙越多，但通气孔隙越少；当土粒排列疏松时，孔隙度高；排列紧实时，孔隙度低。一般而言，越是黏重的土壤，总孔隙度越大，而空气孔隙度越小；反之，总孔隙度变小，空气孔隙度变大。

(4)土壤孔隙状况与土壤肥力、园林植物生长的关系

土壤孔隙状况通过影响水、肥、气、热状况，影响植物生长和发育。土壤孔隙状况，特别是大、小孔隙的比例直接影响土壤的通气性、保水性和透水性，影响土壤中水、气含量，进而影响养分的有效性和保肥、供肥性。土壤疏松时，土壤大孔隙多，漏气、漏水和漏肥；土壤紧实时，土壤蓄水少，渗水慢，雨季易产生地面积水与地表径流。实践中，多

采用耕、耙、镇压等措施来调节土壤的孔隙状况，改善土壤的通透性及蓄水能力。

一般适于植物生长的上部土壤孔隙度为55%左右，通气孔隙度达15%~20%，有利于通气透水和种子的发芽出苗；下部土壤孔隙度为50%，通气孔隙度10%左右，有利于土壤保水和根系扎稳。因此，做到“上虚下实”有利于给植物生长提供良好孔隙性。但是，不能“虚”到不能立苗，而“实”不能到无通气气孔。只有大、小孔隙比例协调，植物才能得到适宜的水分和空气，同时也利于养分供给和植物生长发育。

10.2.2.2 土壤结构性

土壤中的矿物质很少以单粒存在，多数土粒在各种因素的综合作用下，相互黏聚、胶结形成大小、形状和性质不同的土块、土片等团聚体，称为土壤结构体。土粒的排列方式及其土壤的稳定程度和孔隙状况，称为土壤结构性。不同土壤及不同层次，往往具有不同的结构体和结构性，它们直接影响土壤中水分、营养、气体、热量的状况，在很大程度上反映了土壤肥力水平。

(1)土壤结构类型

根据结构体的几何形状、大小及肥力特征，土壤结构可划分为以下几种类型(图10-3)。

①块状结构和核状结构

块状结构　形状不规则，表面不平整的块状体，称为块状结构，农民称为“坷垃”，在缺乏有机质的黏重土壤上出现。根据其直径可分为大块状(直径>100mm)、块状(50~100mm)和碎块状(5~50mm)。一般表土中多大块状，心土和底土多碎块状。块状结构是耕作质量差、土壤肥力低的表现。这种结构体相互支撑，漏水、漏气、漏肥，在播种时会造成露籽、压苗，在生产中要将大块坷垃打碎。

核状结构　比块状小，直径5~50mm，棱角明显，内部十分坚实，泡水不散，形似核桃状，俗称蒜瓣土，常见于黏重土壤和缺乏有机质的下层土中。这种结构黏重紧实，耕作困难，通透性差。不恰当的翻耕会把核状结构的底土翻出地表。

②柱状结构和棱柱状结构　土壤结构体沿着土壤纵向发育呈柱状或棱柱状。柱状结构中土粒胶结成柱状，棱角不明显，横断面直径一般在20~100mm，形状不规则。在半干旱地带的心土、底土中常见，以碱土的碱化层最为典型。棱柱状结构具有较明显的棱面和棱角，横断面略呈三角形。这种结构多见于黏重而又干湿交替的心土和底土中。这两种结构的土壤常形成垂直裂缝，通透性好，但易漏水、漏肥。

③片状结构和板状结构　这两种结构形状扁平，片状结构较薄(片厚<3mm)。板状结构较厚(板厚>3mm)，这两种结构是土壤水的沉积作用或某些机械压力而形成的，常见于耕作土壤的老犁底层和森林土壤的灰化层以及人为践踏的绿地土壤中。土粒排列紧密，孔隙较小，影响通透性和热量交换，属于不良的土壤结构。

④粒状结构和团粒结构　粒状结构由单个土粒组成复粒，形状比较规则，像麦粒状，直径在0.5~5mm，常见于砂壤土中表层、自然土壤的亚表层和耕作土壤的耕层。结构体近似球形，直径0.25~10mm的称为团粒结构，群众称之为“土粒子”“蚂蚁蛋”，在腐殖质含量高或植被生长茂密的土壤上层以及根系附近常见。粒状结构及团粒结构属于良好的土壤结构。

图 10-3 土壤结构类型示意(宋志伟等，2001)

(2)团粒结构的肥力特征

团粒结构是多团聚体结构，具有良好的肥力特征，是提高土壤肥力的最理想的结构(图 10-4)。

①协调土壤水、气、热的矛盾　团粒结构的大、小孔隙比例适当，在团粒内部的土粒之间存在很多小的毛管孔隙，团粒与团粒之间有较大的通气孔隙，即团粒结构的多级孔性。既能通过团粒内部小孔隙锁住水分，也能通过团粒间大孔隙贮存空气，从而使土壤固、液、气三相物质的比例适宜。另外，团粒结构保水性强，温度变化缓慢，这同时也大大改善了土壤的增温、保温性能。因此，团粒结构协调了土壤水、气、热的矛盾。

②协调土壤保肥与供肥矛盾　团粒结构之间的非毛管孔隙中，多为气体所占，水少气多，好气微生物活动旺盛，有利于有机质等迟效养分的转化。团粒内部毛管孔隙中，水多气少，厌气微生物活动旺盛，分解作用缓慢，有利于腐殖质的积累和养分的保存。因此，团粒结构协调了土壤供肥与保肥的矛盾。

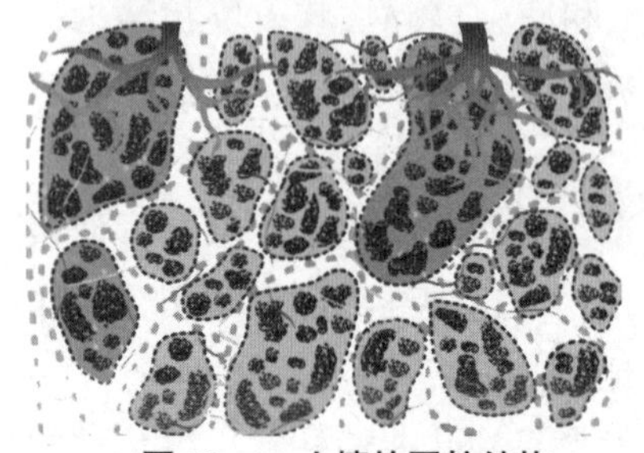

图 10-4 土壤的团粒结构

③改善土壤耕性　团粒结构体是近球形的，它们之间是靠较小的点、面相互接触，土团排列疏松，黏结性弱，耕作阻力小，既利于根系生长，也利于耕作。

10.2.3 土壤物理机械性和耕性

土壤物理机械性是指土壤动力学性质，生产中直接影响土壤耕性的好坏，土壤耕性是土壤物理机械性的反映，二者关系密切。

10.2.3.1 土壤物理机械性

(1)土壤黏结性

黏结性是指土粒与土粒之间通过各种引力相互黏结在一起，抵抗机械破碎的性能。影响土壤黏结性的因素主要是土壤质地、土壤水分及土壤有机质含量。一般来讲，黏重的土壤，黏结性强，反之则弱；土壤水分含量过高则黏结性下降，而水分含量下降，黏结性提高；土壤有机质可以降低质地黏重土壤的黏结性，而提高质地较粗土壤的黏结性。

(2)土壤黏着性

黏着性是指土壤在一定含水量下，土壤颗粒黏附于外物表面上的性能。黏着性强的土壤，易于附着于农机具上，耕作阻力较大。影响黏着性的因素是土壤质地、土壤水分和有机质的含量等。土壤质地越黏重，黏着性越强；土壤有机质一般能降低土壤黏着性，所以有机质含量高的土壤比较容易耕作；当土壤含水量少时，黏着力小，随着含水量的增加，黏着性加强。但是当土壤含水量超过土壤最大持水量的80%以后，水膜太厚，开始形成流体，黏着性逐渐消失。

(3)土壤可塑性

可塑性是指土壤在一定含水量范围内，可被外力塑造成各种形状，当外力消失和土壤干燥后，仍能维持塑造形状的性能。可塑性强的土壤，耕作阻力大、耕作质量差及适耕性弱。土壤可塑性除与水分含量有密切关系外，还与土壤黏粒数量和类型有关。因此，土壤质地越黏重，黏粒含量越多，可塑性越强。

10.2.3.2 土壤耕性

土壤耕性是指土壤在耕作时所表现的特性，是土壤物理性质及物理机械性质的综合反应，可以反映土壤的熟化程度。衡量土壤耕性有3个指标：耕作难易、耕作质量和宜耕期长短。

(1)耕作难易

耕作难易是指耕作时土壤对农机具产生阻力的大小。耕作阻力越大，越不易耕作。通常，土壤有机质含量少，土壤结构不良，土壤的黏结性和黏着性越强，则耕作阻力越大；反之，土壤越易耕作。

(2)耕作质量

耕作质量是指耕作后土壤的状况对植物生长发育的影响。一般土壤翻耕后土块小，土壤疏松平整，有利于种子发芽和根系发育，耕作质量高；反之，土块大则耕作质量低。影响耕作质量高低的因素是土壤的黏结性、可塑性和土壤的水分状况。

(3)宜耕期长短

宜耕期长短是指适合耕作的时间长短。宜耕期长短主要与土壤含水量、土壤质地和土壤的物理机械性质有关。耕性好的砂土和具有团粒结构的壤质土，雨后或灌水后的适耕时间长，对土壤墒情要求不太严格，表现为“干好耕，湿好耕，不干不湿更好耕”；耕性不良的黏重土壤，土壤宜耕期短，一般只有1~2d或更短。一旦错过宜耕期，耕作阻力大，费力、费工，且耕后质量差。对于宜耕期短的黏质土壤，应随耕随耙，不宜停放，以免影响耕作质量。

10.2.4 土壤保肥性和供肥性

10.2.4.1 土壤的保肥性

土壤的保肥性是指土壤将一定种类和数量的可溶性或有效性养分保留在耕作层的能力。它体现为土壤的吸收性能，通常吸收能力强，其保肥能力也强。土壤胶体与土壤吸收性能有着密切的关系。土壤胶体是土壤中颗粒最细小的部分，也是最活跃的部分，直径一般在1~100nm。胶体粒子表面的离子与土壤溶液中的离子发生交换，如果胶粒带正电荷，则吸附阴离子；如带负电荷，则吸附阳离子。土壤的吸收作用包括机械吸收、物理吸收(物理化学吸收)、化学吸收、生物吸收和离子交换吸收等。

(1)机械吸收

机械吸收是指土壤孔隙对较大颗粒的阻留作用(还包括毛管力对土壤溶液中可溶态养分的机械保留作用)，如粪便残渣、有机残体和磷矿粉等主要靠这种形式被保留在土壤中。阻留在土层中的物质可被转化利用，起到保肥作用。因此，多耕多耙可以增强土壤的机械吸收作用。

(2)物理吸收

物理吸收是指细小的土壤颗粒靠表面能对分子态物质的吸附，或土壤胶体靠电性对离子的吸附作用，如粪水、臭气(NH_3 等)通过土壤，臭味会消失或减弱等。通常，质地越黏重，含有的吸附性成分越多，物理吸收保肥作用越明显。

(3)化学吸收

化学吸收是指土壤中的某些物质成分与进入土壤中的某些物质形成难溶性沉淀的作用。如施入土壤的速效性磷肥与土壤中的 Ca^{2+}、Fe^{3+}、Al^{3+} 等作用生成难溶性磷酸盐化合物而失去有效性。通过化学吸收可以吸收农药、重金属等有害物质，减少土壤污染。

(4)生物吸收

生物吸收是指土壤中的植物根系和微生物对土壤中的可给态(有效态)养分进行的选择性吸收作用。如土壤中固氮生物固定空气中的氮素，增加土壤中氮素营养水平，提高了土壤肥力。

(5)离子交换吸收

离子交换吸收是指土壤溶液中的离子态养分与土壤胶体上吸附的离子进行交换后而被保存在土壤中的作用，是土壤最重要的吸收性能之一，对土壤养分供应和保存有重要影响。

土壤胶体多带负电荷，扩散层上的阳离子能与土壤溶液中的阳离子进行交换，称为阳离子交换吸收。例如，向土壤中施入化学肥料氯化钾，那么，土壤溶液中的 K^+ 浓度就会很高，K^+ 就会大量地被胶体吸附，同时胶体上吸附的其他阳离子则被 K^+ 从原吸附体上代换下来而进入土壤溶液。

阳离子交换吸收有两个特点：一是可逆反应，迅速平衡；二是等物质量(等离子价)交换。土壤阳离子交换能力是一种阳离子将另一种阳离子从胶体上交换到土壤溶液中的能力，其大小排序是：$Fe^{3+}>Al^{3+}>H^+>Ca^{2+}>Mg^{2+}>K^+>NH_4^+>Na^+$。

10.2.4.2 土壤的供肥性

土壤的供肥性是指在植物生长和发育过程中，土壤能够持续不断地供应植物生长发育所必需的各种速效养分的能力和特性。它是土壤的重要属性，是调节土壤养分和植物营养的重要依据，也是评价土壤肥力的重要指标。

(1)土壤供肥性的表现

土壤供肥性体现在以下 3 个方面。

①土壤中速效养分的数量和比例　土壤养分的供应数量可以用供应容量和供应强度来表示。供应容量指土壤中该种养分的总量，是供应养分的基础，它反映土壤供应养分潜在能力的大小。供应强度指该种养分的速效性的数量占养分总量的百分数，它说明供肥能力

的强弱。如果供应容量大且供应强度大，说明养分充足不致缺肥；如果两者都小，则必须及时施肥；如果供应容量大，供应强度小，说明养分没能释放出来；如果供应容量小，供应强度大，说明储备不足。氮、磷、钾是植物养分的三要素，实践证明，氮、磷肥配合施用比单施氮肥或磷肥效果都好。

②迟效养分转化为速效养分的速率　是土壤供肥能力大小的一个重要标志。一般在结构良好，水、热条件适宜的土壤中，迟效养分转化为速效养分的数量大，肥力大；反之，在通气不良，水分过多或过酸、过碱的土壤，供应速效养分少，肥力小。

③速效养分持续供应的时间　是土壤肥力大小在时间上的表现。一般有机质含量丰富的土壤，速效养分持续供应的时间长。

(2)影响土壤供肥性的因素

综上所述，影响土壤供肥性的因素很多，有土壤质地、结构状况、耕层深浅、土壤胶体含量和所吸附的离子种类、数量以及微生物的活动。一般土层深厚、土色较暗、砂黏适中、结构良好、松紧适度的土壤供肥性能好。有机质含量丰富，阳离子交换量大，有效养分丰富。砂土施肥后供肥猛而不持久，而黏土不择肥、不漏肥，肥力稳长。此外，还需调节土壤的水、气、热条件，促进养分的迅速转化。

(3)土壤的供肥过程

土壤中养分的供应过程是一个复杂的矛盾发展过程。这个过程可以概括为两个方面：一是迟效养分的有效化；二是胶体吸附离子的有效化。溶解在土壤溶液中的营养离子是很少的，肥料施入的以及养分有效化过程中转化的易溶性养分，在其未被植物吸收时，多数是被胶体吸附着，因此土壤胶体上吸收性离子的有效度，对土壤供肥力有重要作用。

生产实践中根据植物的反应，将土壤的供肥性划分为“发小苗不发老苗，有前劲无后劲”“发老苗不发小苗，前劲小后劲足”“既发小苗又发老苗，肥幼稳长”3 种类型。这里的“发”与“不发”是植物对土壤肥力条件的综合反映，“有劲”“无劲”则主要表现土壤供肥强度的特性。

综上所述，土壤中的速效养分与迟效养分并不是静止不变的，而是经常不断地互相转化，构成动态平衡。养分由难溶的迟效性养分转化为易溶的速效性养分的过程，称为养分的有效化过程；反之，易溶的速效性养分由于化学和生物的作用转化为难溶的迟效性养分的过程，称为养分的固定过程。

10.2.5　土壤酸碱性与缓冲性

10.2.5.1　土壤酸碱性

土壤酸碱性是土壤的重要化学性质，是影响土壤肥力和植物生长的一个重要因素，它对植物生长、微生物活动、养分的转化以及土壤肥力有重大影响。

(1)土壤酸碱度的概念

土壤酸碱度取决于土壤溶液中游离的 H^+ 和 OH^- 的比例。当 H^+ 浓度大于 OH^- 浓度时，土壤呈酸性反应；当 H^+ 浓度小于 OH^- 浓度时，土壤呈碱性反应；当二者浓度相等时，土壤呈中性反应。土壤酸碱度通常用 pH 表示。根据我国土壤酸碱度的实际差异情况及其肥力的关系，可把土壤酸碱度分为 7 级(表 10-3)。

表 10-3 我国土壤酸碱度分级

土壤反应	pH	土壤反应	pH	土壤反应	pH
强酸性	<4.5	中　性	6.6~7.5	强碱性	>9.1
酸　性	4.6~5.5	弱碱性	7.6~8.0		
弱酸性	5.6~6.5	碱　性	8.1~9.0		

土壤酸碱性是气候、植被及土壤组成共同作用的结果，其中气候起着决定性作用。因此，酸性土和碱性土的分布与气候有密切的关系。“南酸北碱”就概括了我国酸碱度的地区性差异。我国土壤 pH 一般在 4~9，多数土壤的 pH 在 4.5~8.5。

(2) 土壤酸度

土壤酸度是土壤溶液的酸性程度，是土壤中 H^+ 浓度的表现。H^+ 浓度越大，土壤酸性越强。土壤中 H^+ 主要来源于动物的呼吸作用、微生物的分解作用、土壤溶液中活性铝的作用，吸附性 H^+ 和 Al^{3+} 被交换到溶液后也可产生大量的氢离子。

我国长江以南的土壤多为酸性土(pH 为 5.0~6.5)，如红壤和棕壤。地处南方热带及亚热带的低山丘陵区多为贫瘠的红壤(由南至北依次为砖红壤、赤红壤、红壤、黄壤)，这些土壤在湿热条件下，土壤矿物质强烈分解，盐基和 SiO_2 遭受淋失，铁铝氧化物则相对富集，土壤呈红色或黄色，酸性反应；地处北亚热带至寒温带的东部湿润地区林下土壤多为棕壤(由南至北依次为黄棕壤、棕壤、暗棕壤和棕色针叶林土)，具有湿润的水分状况和较弱的淋溶作用，土体黏化，盐基不饱和并具有一定的风化淋溶度和铁的游离度等，土壤呈中性或微酸性反应。

(3) 土壤碱度

土壤碱度主要是由于土壤中存在大量的碱式盐，特别是碱金属和碱土金属的碳酸盐和重碳酸盐，以及代换性钠而产生的，它们经过水解或代换后可产生大量的 OH^-。土壤碱度也用 pH 表示。

我国长江以北的土壤多为中性或微碱性土(pH 为 7.0~8.5)，如褐土、黑土、黑钙土、栗钙土、黑垆土等，由于淋溶作用较弱，在土体中普遍有碳酸钙沉积，它们都属于石灰性土壤。强碱性对植物根系有腐蚀作用，对大多数植物都是有害的，应注意改良。

(4) 土壤酸碱性对园林植物的影响

①土壤酸碱性影响养分的有效性　一般情况下，大量元素在 pH 为微酸性至碱性时的有效性最高。例如，N 在 pH 6~8 时，有效态氮供应数量多；P 在 pH 6.5~7.5 时有效性最高，酸性或碱性环境都会引起 P 的固定，降低其有效性；K、Ca、Mg、S 在土壤微酸性条件下，溶解度大，但易淋失。通常，微量元素 Fe、Mn、Cu、Zn、B 等在酸性条件下溶解度较大，有效性高；而微量元素 Mo 则相反，在酸性土壤中有效性较低，随 pH 的升高而增加(图 10-5)。

②土壤酸碱性影响微生物的生命活动　土壤酸碱性还能通过影响微生物的活动而影响养分的有效性和植物的生长。酸性土壤一般不利于细菌的活动，真菌则较耐酸碱。

③土壤酸碱性对园林植物的毒害作用　大多数园林植物不能在 pH 低于 3.5 或高于 9 的环境下生长。pH 太低，土壤溶液中易产生铝离子毒害，或由于多种有机酸浓度过量，

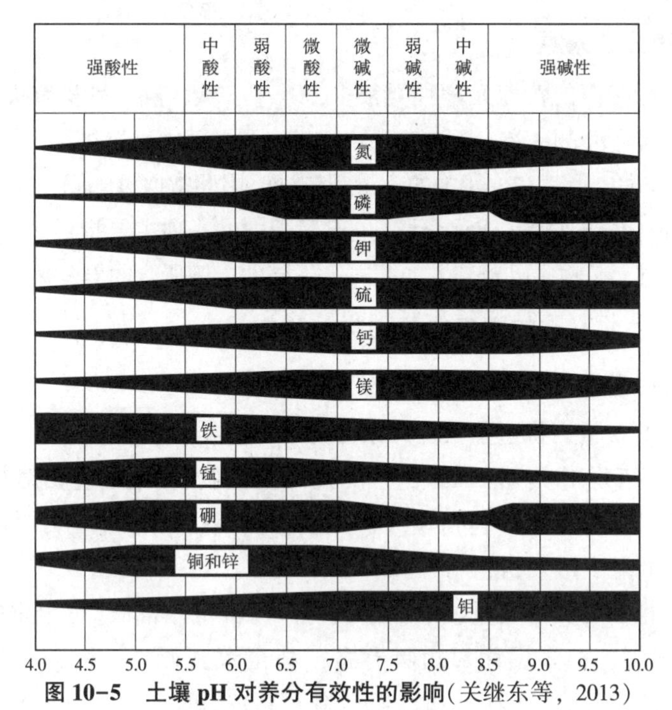

图 10-5　土壤 pH 对养分有效性的影响(关继东等，2013)

注：带的宽度越大，代表有效性越大。

引起植物体细胞蛋白质变性，而直接危害植物。pH 过高，则会腐蚀植物的根系和茎部，造成植物死亡。不同的栽培植物有不同的最适宜生长的酸碱度范围，了解它们各自最佳的生长范围，就可以根据土壤酸碱度因地制宜地选择合适种植的植物；或根据植物的生长特性，调节土壤酸碱度到合适的范围。

10.2.5.2　土壤缓冲性

(1)土壤缓冲性的概念

在自然条件下，土壤 pH 不因土壤酸碱环境条件的改变而发生剧烈的变化，而是保持在一定的范围内，土壤这种特殊的抵抗能力，称为缓冲性。土壤缓冲性能主要通过土壤胶体的离子交换作用、强碱弱酸盐的解离等过程来实现。土壤胶体吸收了许多代换性阳离子，如 Ca^{2+}、Mg^{2+}、Na^{+}等，可对酸起缓冲作用，土壤胶体吸附的 H^{+}、Al^{3+}可对碱起缓冲作用。

(2)土壤缓冲性对园林植物的影响

由于土壤具有缓冲性，可以有效地缓和土壤酸碱变化，使土壤酸碱度保持在一定的范围内，因此避免因施肥、根的呼吸、微生物活动、有机质分解和湿度的变化而使 pH 强烈变化，为植物生长和微生物活动提供一个比较稳定的生活环境。

10.3　土壤的养分

10.3.1　土壤养分的来源、种类及作用

土壤养分是指土壤中植物生长发育所必需的营养元素。这些营养元素在植物体内的含量及生理作用具有较大差异。多数土壤养分主要来源于土壤，一些来自空气。

10.3.1.1 土壤养分的来源

植物生长发育所必需的营养元素种类很多，其中，碳、氢、氧是有机物的重要组成元素，主要来自大气和降水。除碳、氢、氧以外，其他元素都由土壤供给。植物对氮、磷、钾3种元素的需求量较大，但其在土壤中的含量都较少，因此常通过施肥补充，被称为肥料“三要素”。土壤中各种养分的总量(或称全量)是土壤肥力的一项主要指标。土壤中的养分主要来自土壤中的有机质、矿物质以及施入的肥料，不同的土壤所含的养分数量差异很大。

10.3.1.2 土壤中植物必需的营养元素种类及其作用

(1)植物必需的营养元素种类

根据植物体内的含量，将这些营养元素分为以下两类(表10-4)。

①大量元素　植物对其需要量相对较大，在植物体内含量相对较高(占干重的0.01%~10%)，称为大量元素。包括碳(C)、氢(H)、氧(O)、氮(N)、磷(P)、钾(K)、钙(Ca)、镁(Mg)和硫(S)9种元素。

②微量元素　植物对其需要量极微，在植物体内含量非常低(占干重的千万分之一)，但对植物的作用很大，稍多反而对植物有害，甚至致其死亡，称为微量元素。包括铁(Fe)、锰(Mn)、铜(Cu)、锌(Zn)、硼(B)、钼(Mo)、氯(Cl)和镍(Ni)8种元素。

表10-4　高等植物必需的营养元素及其在植物体内的浓度(Epstein，1972)

营养元素	植物可利用的形式	在干组织中的含量	
		干重质量分数(%)	质量浓度(mg/L)
大量元素			
碳(C)	CO_2	45	450 000
氧(O)	O_2、H_2O	45	450 000
氢(H)	H_2O	6	60 000
氮(N)	NO_3^-、NH_4^+	1.5	15 000
钾(K)	K^+	1.0	10 000
钙(Ca)	Ca^{2+}	0.5	5000
镁(Mg)	Mg^{2+}	0.2	2000
磷(P)	$H_2PO_4^-$、HPO_4^{2-}	0.2	2000
硫(S)	SO_4^{2-}	0.1	1000
微量元素			
铁(Fe)	Fe^{2+}、Fe^{3+}	0.01	100
锰(Mn)	Mn^{2+}	0.005	50
铜(Cu)	Cu^{2+}	0.0006	6
锌(Zn)	Zn^{2+}	0.002	20
硼(B)	H_3BO_3	0.002	20
钼(Mo)	MoO_4^{2-}	0.000 01	0.1
氯(Cl)	Cl^-	0.01	100
镍(Ni)	Ni^{2+}	0.000 01	0.1

(2)植物必需的营养元素生理作用

植物必需矿质元素在植物体内的生理作用，可以概括为以下几个方面：一是细胞结构物质的组成成分，参与原生质、生物膜和细胞壁等的物质组成，如C、H、O、N、P和S等；二是植物生命活动的调节物质，作为酶和植物生长物质的组分，或是酶的激活剂，如Fe、Cu、Zn和Mg等；三是起电化学作用，能维持细胞的渗透势、原生质胶体的稳定和电荷中和、调节膜透性等，如K、Cl、Ca和Mg等，Fe、Cu、Zn、和Mo等还可以通过化合价的变化传递电子；四是参与能量转换和促进有机物质的运输，如P、B和K等。下面具体介绍常见营养元素的生理作用。

①氮(N)的生理作用　氮是构成蛋白质和酶的必要成分，也是核酸、叶绿素、磷脂、激素、维生素和生物碱等含氮有机物质的主要成分。对促进养分吸收及同化，进而促进植物生长发育，具有明显的调节作用。

②磷(P)的生理作用　磷是组成细胞膜、蛋白质和核酸等的元素，参与光合作用、呼吸作用及糖类、脂质和蛋白质等的代谢过程，促进糖类的运转。可改善根的生长，促进发芽和分蘖，改善开花结实，促进成熟，提高品质。

③钾(K)的生理作用　钾在调节渗透、蛋白质合成、气孔运动、细胞延伸、酶的活化和光合作用中起重要作用。可调节原生质胶体状态，提高水合度，增强植物的生理活性，使植物对干旱、霜冻、盐分和病害等恶劣环境的抵抗力增强。钾是NH_4^+和Na^+的增效剂，Ca^{2+}的颉颃剂。有利于花青苷的形成，增加果实硬度、含糖量与加速果实成熟，与维生素C含量呈线性关系。

④钙(Ca)的生理作用　钙参与细胞壁果胶钙组成，促进糖类和蛋白质形成，调节植物体内酸碱度，平衡生理活性，降低胶体水合度，提高黏滞性和原生质的保水能力，增强抗寒、抗旱等抗逆性，促进根系吸收，调节呼吸活性。

⑤镁(Mg)的生理作用　镁是叶绿素、花青素等的组分，调节水合作用(Ca^{2+}的颉颃剂)、基本代谢(光合作用、磷酸盐传递)，有利于对磷的吸收，是镁、锌的增效剂，多种酶活化剂。

⑥铁(Fe)的生理作用　铁参与基本代谢(氧化还原反应)和蛋白质的合成，调节酶的活性、光合作用、氮的代谢，促进叶绿素的形成。

10.3.1.3　营养元素间的相互作用

(1)协同作用

当一种离子的存在促进另一种离子的吸收或加强其作用，即两种元素结合后的效应超过单独效应之和的现象，称为协同作用。例如，Ca^{2+}能促进K^+、Rb^+和NH_4^+的吸收，而NO_3^-、$H_2PO_4^-$和SO_4^{2-}等阴离子则能促进K^+、Ca^{2+}和Mg^{2+}的吸收。

(2)颉颃作用

当某一种离子的存在或过多会抑制另一些离子的吸收或降低其作用，称为颉颃作用，主要表现在阳离子和阳离子、阴离子和阴离子之间。例如，N与K、Cu和P颉颃，K与Ca和Mg颉颃，P与Zn、Fe和Cu颉颃，Ca与B颉颃，K与Zn和Mn颉颃等。

值得注意的是，协同作用与颉颃作用都是相对的，仅仅是对一定植物、一定生育期和一定离子浓度而言，有时在低浓度下是协同作用的离子，在高浓度下却发生颉颃作用。

10.3.2 土壤养分的形态及转化

土壤养分状况的好坏，除了与养分含量有关外，还与养分的存在形态相关。养分在土壤中的存在形态一般有3种，即水溶态、代换态与难溶态。水溶态和代换态养分不需要经过转化就可以被植物吸收利用，称为速效性养分或有效性养分，常以离子、分子状态存在于土壤溶液中。难溶态养分主要是一些复杂的有机化合物(动植物有机残体、腐殖质)和难溶性无机化合物(原生矿物和次生矿物)，不溶于水，需要经过矿质化作用与风化作用，才能被植物吸收利用，是一种贮藏形态的养分，称为迟效养分或潜在养分。

10.3.2.1 土壤中氮素的形态及转化

(1)土壤中氮的形态

①无机氮 仅占土壤全氮量的1%~2%，常以铵态氮(NH_4^+)和硝态氮(NO_3^-)的形态存在于土壤溶液中或被土壤胶体所吸附，能被植物直接吸收利用，是土壤中氮素的速效部分。一般是由施入土壤中的化学肥料或各种有机肥料在土壤微生物的作用下经过矿化作用转变形成。

②有机氮 一般占全氮量的98%以上，是土壤中氮的主要形态。按其分解速度可分为3种类型：水溶性有机氮，占全氮量的5%以上，易矿质化，是速效氮源，包括氨基酸、胺盐和酰胺类化合物；水解性有机氮，易被弱酸或弱碱溶液溶解，如简单的蛋白质，较易矿质化，在一定时间内，对植物来说是比较有效的；非水解性有机氮，占全氮量的30%~50%，比较稳定且不易分解，如腐殖质、复杂的蛋白质(如核蛋白)以及一些复杂的缩合物等，这类物质不易被植物利用。

(2)土壤中氮的转化

土壤中各种形态的含氮化合物可以相互转化。土壤中氮素的转化包括矿质化作用、硝化作用、反硝化作用、生物固氮作用、氮素的固定与释放、氨的挥发作用和氮素的淋溶作用等。其中，矿化作用是指土壤中的有机氮在一定温度、水分、空气及各种酶的作用下，通过水解作用和氨化作用分解成无机氮的过程。硝化作用是土壤中的NH_3或NH_4^+在硝化细菌作用下转化为硝酸的过程。反硝化作用是指在厌氧条件下，微生物将硝酸盐及亚硝酸盐还原为气态氮化物和氮气的过程，是活性氮以氮气形式返回大气的主要生物过程。

从土壤中氮素积累和转化过程(图10-6)可以看出，增加氮素主要有两个途径：施肥是增加氮素的重要措施；土壤微生物的固氮作用增加了土壤氮素。氮的损失主要有3个方面：氨的挥发损失；氮的淋失；土壤通气不良时，硝态氮受反硝化作用就成游离氮，导致氮的损失。园林生产中，应尽量增加氮的积累，减少氮的损失。

10.3.2.2 土壤中磷素的形态及转化

(1)土壤中磷的形态

①有机态磷 在表土中占全磷量的20%~50%，主要来源于有机肥料和生物残体，主要有核蛋白、植素、核酸、磷脂等。除少部分能被植物直接吸收利用外，大部分需经微生物的作用，使之转化为无机态有效磷后供植物吸收利用。

②无机态磷 占土壤全磷量的50%~90%，主要由土壤中矿物质分解而成。无机态磷又

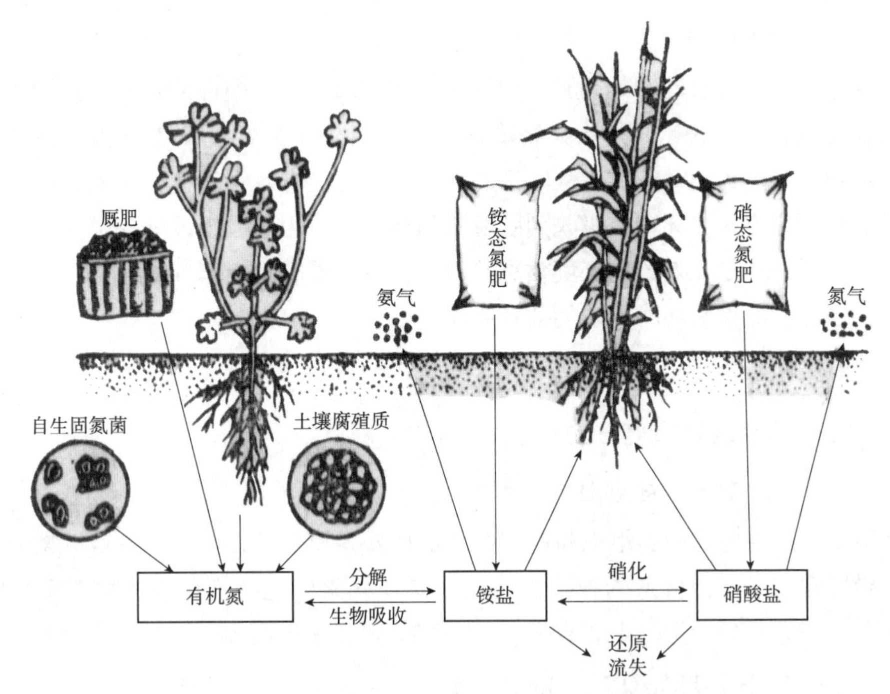

图 10-6　土壤中氮素积累和转化示意(关继东等，2013)

可分为水溶性、弱酸溶性和难溶性 3 种。水溶性磷酸盐有 KH_2PO_4、NaH_2PO_4、K_2HPO_4、Na_2HPO_4、$Ca(H_2PO_4)_2$、$Mg(H_2PO_4)_2$ 等，弱酸溶性磷酸盐有 $CaHPO_4$、$MgHPO_4$ 等。这两类磷酸盐对植物都是速效的，它们含量的高低在一定条件下代表着土壤的供磷能力。难溶性磷矿物在土壤中占比例很大，主要有磷灰石类、磷灰土等，其难以被植物利用，但是在长期风化及在有机酸、无机酸作用下，可逐渐变成易溶性磷酸盐，将磷释放出来供植物利用。

(2)土壤中磷的转化

土壤中磷的转化包括有效磷的固定和难溶性磷的释放过程，它们处于不断变化的过程中。在石灰性土壤中，速效磷与土壤中的 Ca^{2+} 结合成难溶性的磷酸八钙；在酸性土壤中，速效磷与 Fe^{3+}、Al^{3+} 作用生成磷酸铁、磷酸铝沉淀。在石灰性土壤中，难溶性磷酸钙盐可借助于微生物的呼吸作用和有机肥分解所产生的二氧化碳与有机酸的作用，逐步转化为有效性较高的磷酸盐和磷酸二钙。园林生产中，应采取相应的措施，减少土壤对磷的固定，使难溶性磷向速效磷转化。

10.3.2.3　土壤中钾素的形态及转化

(1)土壤中钾的形态

土壤中的钾素绝大部分是以无机化合物形态存在。按其对植物的有效性可以分为 3 类：难效性钾、缓效性钾和速效性钾。难效性钾占土壤全钾量的 90%~98%，是土壤全钾含量的主体，主要存在于斜长石、正长石和白云母中。它难溶于水，植物利用率极低，而且不易分解，只有在长期风化过程中才能被释放出来。缓效性钾，是土壤速效性钾的主要贮备，占土壤全钾量的 1%~10%。速效性钾可被植物直接吸收利用，但仅占全钾的 1%~2%，以胶体吸附的代换性钾为主，也有少量水溶性钾。

(2)土壤中钾的转化

在土壤中，各种形态的钾是相互制约和相互转化的。土壤中钾的转化包括钾的释放过程和钾的固定过程。钾的释放是指矿物中的钾和有机体中的钾在微生物和各种酸的作用下，逐渐风化并转变为速效钾的过程。钾的固定是指土壤有效钾转变为缓效钾的过程，主要是采用晶格固定方式，即钾被吸收到胶粒的晶格里，作为胶粒组成的一部分，固定牢固而释放困难，对植物是无效的。土壤黏重并经常发生干湿交替，则钾的晶格固定增加。晶格固定的钾只有当晶格破坏时，才能被释放出来。

10.3.3 植物对矿质养分的吸收

10.3.3.1 植物根系对矿质养分的吸收

(1)根系吸收矿质养分的部位

正常生长的陆生植物的各组织和器官都可以从外界吸收养分，但根系是植物吸收矿质元素的主要器官和场所，根系的根毛区是吸收矿质元素的主要部位。植物根系吸收的养分，一般以离子态养分为主，主要有一、二、三价阳离子和阴离子，如 K^+、NH_4^+、Ca^{2+}、Mg^{2+}、Cu^{2+}、NO_3^-、$H_2PO_4^-$、SO_4^{2-}、MnO_4^{2-}。分子态养分主要是一些小分子的有机化合物，如尿素、氨基酸、磷酸、生长素等。大部分有机态养分需经微生物分解转化为离子态后才能被植物吸收利用。

(2)根系吸收矿质养分的过程

根系吸收矿质养分，首先，是土壤中的矿质元素向根表面转移。主要有两种机制：一是根对土壤养分的主动截获，即根直接从所接触的土壤中获取养分而不通过土壤中的运输，主要决定于根系容积(或根表面积)大小和土壤中有效养分的浓度；二是在植物生长与代谢活动(如蒸腾、吸收等)的影响下，土壤养分向根表迁移，是植物根系获取养分的主要途径。迁移有两种方式：扩散与质流。扩散是由于土壤溶液中的养分存在浓度差，导致土体中养分向根系移动并到达根系的表面。质流是随着植物对土壤水分的吸收，形成了从土体到根系表面的水流，溶解在土壤水分中的养分也随之到达根系的表面。其次，土壤溶液中多数以离子形式存在的矿质元素先被吸附在根组织表面。接着，吸附在根组织表面的矿质元素经质外体或共质体两种途径进入根组织维管束的木质部导管。最后，进入木质部导管的矿质元素随木质部汁液在蒸腾拉力和根压的共同作用下上运至植物体的地上部分。

10.3.3.2 植物地上部分对矿质养分的吸收

(1)根外营养的概念

植物除了根系以外，地上部分(茎、叶片和幼果等器官)也可以吸收少量矿质元素，这种方式称为根外营养。地上部分吸收矿物质的主要器官是叶片，所以又称为叶片营养或叶面营养。园林植物栽培中，将一些化学肥料或微量元素的稀释液(速效性肥料)喷洒在植物叶片上，经叶片气孔被植株吸收利用的一种施肥方法，称为根外施肥或叶面施肥。

(2)根外营养的特点

叶片对矿质养分的吸收和运转速率比根快，使植物能迅速和及时地得到所需的矿质养分。通常，植物生理机能越旺盛，叶片吸收矿质养分的能力越强。对于植物生长的特殊阶段，或在一些特殊环境条件下，根外施肥具有不可替代的作用。如植物生长期出现某些微量元素缺乏症或发生病虫害，植株长势衰弱而急需恢复时，可应用根外追肥以迅速满足植株生长发育的需要。例如，发生黄化病的花卉，喷施0.2%~0.5%硫酸亚铁溶液，每隔7~10d喷1次，连续喷3次后，叶片即可逐渐由黄转绿，黄化现象会有显著好转。在园林绿化移栽的前期，由于根部受损严重，吸收能力较差，为了保持树体营养的平衡，常常以根外施肥为主要施肥方式。生产中，常选用速效性肥料用水配成一定浓度的肥液，用喷雾器喷在叶片上；或在树木栽植后对其进行打孔输液，以促进树木的生长发育，使叶片快速展开，并进行光合作用制造营养物质，促进其成活。大树吊针液一般为多种营养元素进行复配而成的制剂。

综上所述，与根部施肥相比，根外施肥具有用量少、见效快，不易被土壤固定或淋失以及不受根系吸收功能的影响等特点。但是，根外追肥只能起补充和调节作用，生产上常采用根外追肥的方式作为根部施肥的有效补充方式，其不能完全代替土壤施肥。同时，使用时要严格掌握施肥浓度，才能取得最佳效益。

(3)根外吸收矿质养分的过程

植物地上部位吸收矿质元素，主要是通过叶片的气孔或茎表面的皮孔进入植物体内，也可通过植株体表的角质层进入植物体内，最后到达茎、叶中的韧皮部。

10.3.3.3 影响植物吸收矿质养分的因素

(1)植物自身内在因素

根系生长状况是影响根系吸收矿质养分的主要因素之一，根系的吸收面积直接决定植物的吸收能力。园林生产中，通过促进枝叶生长进而促进根系生长；通过适量施用氮肥可增加根重50%，根吸收面积增加20%；适量施加磷、钾肥可促进根的分枝；根系修剪可使植物在断根处根系生长加速，活性增强，根冠比加大等。此外，植物种类不同，植物地上部位的叶表面积也影响矿质养分的吸收。通常叶表面积越大，对溶质的吸收越多；幼嫩叶片比成长叶片吸收迅速快；对成长叶，叶背比叶面易于吸收。因此，生产上应“看树施肥”，根据植物种类、生长状况、不同发育阶段合理施用肥料。

(2)土壤环境条件

①土壤温度　在一定温度范围内，随土壤温度的升高，植物吸收养分的速率加快，温度过高或过低都不利于养分的吸收。一般植物吸收养分最适温度范围为6~38℃。温度过低时，根吸收困难。温度过高(超过40℃)时，根部代谢受影响，吸收速率下降。

②土壤通气状况　直接影响根系的呼吸作用，进而影响根系组织的生理状况和植物对养分的吸收。土壤通气良好，根际含氧量高，根系呼吸作用加强，促进根部对离子的吸收；反之，吸收效果不好。

③土壤养分浓度　植物吸收养分的速度随着养分浓度的变化而改变。当外界溶液浓度较低时，根部吸收离子的速率随着溶液浓度的增高而增加，然后稳定在一定速率，如果继

续提高养分浓度，养分吸收速率会出现“迅速增加→缓慢增加→趋于稳定”的现象。一旦矿质元素(溶质)浓度过高，造成水势过低，细胞失水后造成生理干旱，严重时会引起根部组织乃至整个植株失水而出现“烧苗”现象。

④土壤酸碱度　土壤溶液的 pH 对植物矿质营养的吸收有以下几个方面的影响：一是影响根表面的带电荷状况。土壤酸性条件下，有利于根系对阴离子的吸收；反之，碱性条件下，有利于根系对阳离子的吸收。二是影响矿质离子的有效性。一般情况下，大量元素的有效 pH 范围在微酸性至碱性。三是影响土壤微生物的活动。在酸性环境中，根瘤菌会死亡，固氮菌失去固氮能力；在碱性环境中，一些有害的细菌如反硝化细菌发育良好，使土壤氮素等减少，这些变化对氮素营养都不利。

因此，合理施肥还应“看土施肥”，应根据土壤温度、土壤通气状况、土壤养分浓度、土壤酸碱度合理施用肥料。

(3)大气环境条件

根外施肥的效果还与矿质养分在叶面上的停留时间有关。通常，溶液在叶面上的时间越长，叶片吸收矿质养分的数量就越多。凡是影响液体蒸发的外界环境，如气温、风速及大气湿度等，都会影响叶片对营养元素的吸收量。因此，合理施肥还应“看天施肥”，应选择晴朗、无风、温度适宜时施肥。根外追肥的时间以选择早晨或傍晚较为理想(阴天例外)，溶液质量分数在 2.0%以下，以免“烧苗”。

10.3.4 矿质元素在植物体内的运输和分配

矿质元素在植物体内的运输，包括矿物质在植物体内向上、向下的运输。根部吸收的矿质元素，只有少部分为根的生长发育和代谢活动所利用，其余大部分运输到植物的地上部分。叶片吸收的矿物质同样也是只有一部分为叶的生长发育和代谢活动所利用，其余部分运输到植物体其他部位，并会重新分配和再度利用。

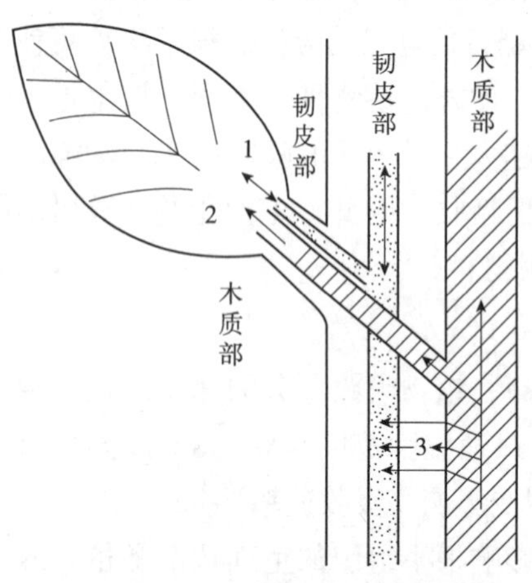

图 10-7　植物茎内养分向叶及向下的长距离运输以及由木质部向韧皮部转移(关继东等，2013)

1. 韧皮部　2. 木质部　3. 转移细胞

10.3.4.1 矿质元素运输的形式和途径

植物根吸收的矿质元素以无机离子状态和同化为有机物质两种形式向地上部运输。矿质元素以离子形式或其他形式进入导管后，随根压流或蒸腾流沿木质部导管向上运输，这是矿质元素在植物体内纵向长距离运输的主要途径。矿质元素也可以随浓度差而扩散。

根吸收的矿质元素在运输过程中，还可以从木质部的木射线横向运输到韧皮部，并沿韧皮部向上或向下运输。叶片吸收的矿质离子则主要通过韧皮部向下运输，特别是在植物的特殊生长发育阶段，如多年生植物在秋、冬季叶片脱落前，叶片中的矿质元素大量向根部和茎运输。由于韧皮部和木质部之间存在横向运输，所以叶片吸收的矿质元素向上运输是通过韧皮部和木质部进行(图 10-7)。

10.3.4.2 矿质元素在植物体内的分配和再利用

矿质元素在地上部分各处的分布，因离子在植物体内是否参与循环而异。

一些元素(如 N、P 和 Mg)在植物体内大多数分布于生长点、嫩叶、花、果实和正在发育的种子等生长、代谢旺盛的部位，当器官衰老或代谢发生改变时，这些元素被释放出来，参与植物体内离子循环，称为可再利用元素。所以，当植物缺乏这些元素时，病症首先发生在老叶部位。

另一些元素(如 S、Ca、Fe、Mn、B、Zn 和 Mo 等)在细胞中以难溶解的稳定化合物状态存在，特别是 Ca、Fe 和 Mn，被植物地上部分吸收后即被固定而不能移动，不能参与体内离子循环，称为非再利用元素。这些元素往往集中分布于较老的叶片或其他衰老的器官中，当植物缺乏这些元素时，病症首先出现在幼嫩的茎尖或幼叶等部位。

生产中，植物出现营养元素缺素症时，可以首先找出症状出现的部位，其次观察症状出现部位的形态变化进行综合诊断。如植物缺铁时，铁为非再利用元素，新生组织先出现症状，叶片不易枯死，但出现脉间失绿，发展至整片叶片淡黄或发白(表 10-5)。此外，还可以结合根外喷施和化学诊断的方法加以判断。

表 10-5 植物缺素症检索表

1. 症状在老组织上先出现(氮、磷、钾、镁、锌的缺乏)
    2. 不易出现斑点(氮、磷)
        3. 新叶淡绿，老叶黄化枯焦，生长衰弱 ………… 缺氮
        3. 茎叶暗绿或呈紫红色，生育期推迟 ………… 缺磷
    2. 容易出现斑点(钾、锌、镁)
        3. 叶尖及边缘先枯焦，斑点症状随生育期而加重，早衰 ………… 缺钾
        3. 叶小，斑点可能在主脉两侧先出现，生育期推迟 ………… 缺锌
        3. 脉间明显失绿，有多种色泽斑点或斑块，但不易出现组织坏死 ………… 缺镁
1. 症状在幼嫩组织上先出现(钙、硼、铁、硫、锰、铜、钼的缺乏)
    2. 顶芽易枯死(钙、硼)
        3. 茎、叶软弱，发黄枯焦，早衰 ………… 缺钙
        3. 茎、叶柄变粗、变脆、易开裂，开花结果不正常，生育期延长 ………… 缺硼
    2. 顶芽不易枯死(硫、锰、铜、铁、钼)
        3. 新叶黄化，失绿均一，生育期延迟 ………… 缺硫
        3. 脉间失绿，出现斑点，组织易坏死 ………… 缺锰
        3. 脉间失绿，发展至整片叶淡黄或发白 ………… 缺铁
        3. 幼叶萎蔫，出现白色斑点，果穗发育不正常 ………… 缺铜
        3. 叶片生长畸形，斑点散布在整片叶上 ………… 缺钼

10.4 施肥原理及方法

施肥是调节土壤矿质养分状况，增强土壤肥力，促进园林植物健康生长，提高园林植物观赏价值的重要技术措施。要对园林植物科学合理施肥，就必须依据施肥基本原理，根据土壤条件、肥料特性、气候条件及园林植物的需肥规律等因素，科学地确定施肥的种类、数量、配比、时间和方式、方法，以求达到最佳效果。

10.4.1 植物的需肥规律

(1)不同植物所需营养的差异性

通常，以茎、叶为栽培目的的园林植物，如观叶花卉，应多施N肥；以花、果、种子为栽培目的的植物，如观花花卉、观果植物，宜多施P施和K肥；以地下根、茎为栽培目的的植物，如球根类花卉，则应多施K肥。

(2)植物营养的阶段性

同一植物在整个生长周期中，要经历不同的生育阶段。不同生长发育阶段对营养元素的种类、数量、比例等有不同的需求，即植物营养的阶段性。一般情况下，植物生长初期吸收养分少；营养生长与生殖生长并进时期，吸收养分逐渐增多；到植物生长后期，吸收养分又趋于减少。

(3)植物营养的关键时期

在植物生长发育的过程中，对其影响较大的有两个关键时期，即养分临界期和最大效率期。

①养分临界期　在植物生命周期中对缺乏某种矿质养分最敏感的时期，称为养分临界期。这个时期对某种养分要求的绝对数量虽不多，但极为迫切，作用也极为显著。若营养缺乏或过多，对植物生长发育会造成损失，且造成的损失是很难纠正和弥补的。不同植物种类和外界条件下，养分临界期出现的时间不同。如大多数植物的磷素临界期都在幼苗期，氮素临界期是在营养生长转向生殖生长的时期。在临界期前施用相应肥料，是施肥的关键。

②营养最大效率期　在植物生长的某个时期，对某种养分需求的绝对数量和相对数量都最多，而且吸收速度最大，所吸收的某种养分发挥的增产潜力也最大的时期，称为植物营养最大效率期。一般以种子和果实为收获对象的植物，营养最大效率期出现在生殖生长阶段，此时是施肥的最佳时期。

(4)植物营养的连续性

植物营养虽有其阶段性和关键时期，但也不可忽视植物吸收养分的连续性。任何一种植物，除了养分临界期和营养最大效率期外，在各个生育阶段中适当供给养分仍是必需的。不注意植物吸收养分的连续性，植物的生长和产量也会受到影响。因此，生产中应施足基肥，重视种肥和适时追肥，才能为植物创造良好的营养条件。

10.4.2 施肥的基本原理

矿质营养是植物生长发育的重要生态因子，因此，它也遵从生态因子对植物作用的基本规律，这些规律是指导植物施肥的理论依据。

(1)养分归还律

每次收获植物时，都会从土壤中带走大量养分，如果不正确归还土壤养分，地力将逐年下降。根据养分归还律，要恢复地力，就必须通过施肥归还植物从土壤中取走的全部养分。但是不同种类植物从土壤中吸收的养分种类和数量不同，因此，施肥应本着缺什么则补什么、缺多少则补多少的原则。

(2)最小养分律

植物生长发育需要吸收各种养分，营养元素之间同等重要且不可替代。但是，植物产量和品质往往受土壤中相对含量最小的营养元素所控制。在一定限度内，植物产量随着这个养分相对含量的增加而提高和改善。

根据最小养分律，施肥时必须首先补充限制植物生长发育和产量的土壤中相对含量最少的那种养分，否则即使其他养分增加再多，也难以使植物更好地生长发育和提高产量。但是，最小养分不是固定不变的，会随条件而发生变化。植物在生长发育的不同阶段，最小养分有所不同(图10-8)。解决了某种最小养分之后，另外某种养分可能变为最小养分。

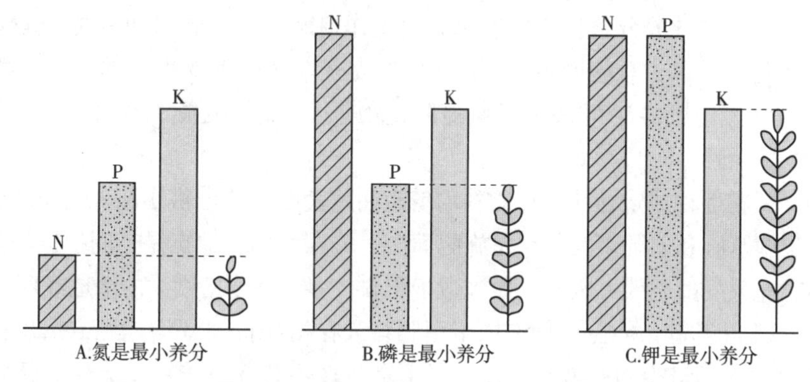

图10-8 最小养分随条件而变化的示意(关继东等，2013)

(3)报酬递减律

报酬递减律是从一定土地上所得到的报酬随着向该土地投入的劳动和资本的增多而有所增加，但随着投入的增加，每单位劳动量或资本量的报酬却在逐渐减少。可以理解为，在土壤生产力水平较低时，施肥量与植物产量的关系往往呈正相关，但随着施肥量的递增，植物增产幅度开始逐渐减少。根据报酬递减律，生产上不要盲目加大施肥量。

(4)因子综合作用律

植物的生长发育是受到全部因子(如水分、养分、光照、温度、空气、品种以及栽培技术等)综合作用影响的，只有在外界条件保证植物正常生长发育的前提下，才能充分发挥肥效。其中，必然有一个起主导作用的限制因子，产量也在一定程度上受该种限制因子的制约。因此，施肥时不仅要考虑肥料本身因素，还要兼顾土壤、水分、温度、光照等因素的状况。

10.4.3 施肥的方式

生产中，按施肥时间的不同，园林植物施肥一般有基肥、种肥、追肥3种方式。

(1)基肥

基肥常称为底肥，是在苗圃整地、播种、移植前施入土壤中的肥料。可以供给植物整个生长期中所需要的养分，培养地力、改良土壤。一般情况下，基肥应以有机肥为主，无机肥为辅；长效肥为主，速效肥为辅；氮、磷、钾(或多元素)肥配合施用为主，根据土壤的缺素情况，个别补充为辅。堆肥、家畜粪等是最常用的基肥。化学肥料的磷肥和钾肥通常也作基肥施用。施肥方法一般采用撒施。

(2)种肥

种肥是在播种或移植时施用的肥料。施用种肥的主要目的是：满足植物临界营养期对养分的需要，尤其在植物生长初期(根系吸收养分能力较弱)。一般情况下，种肥以速效肥为主，迟效肥为辅；以酸性或中性肥为主，碱性肥为辅；有机肥则以腐熟好的肥料为主，未腐熟的肥料不宜施用。施用方法可采用沟施、拌种、浸种等。

(3)追肥

追肥是指在植物生长期间为补充和调节植物各生长发育阶段对营养元素的需要而施用的肥料。施用追肥的主要目的是：补充基肥和种肥的不足。一般情况下，追肥以速效化肥为主，腐熟良好和速效养分含量高的有机肥也可作追肥。无机肥料和人粪尿是最常用的追肥。一般追肥施用量以占总施肥量的40%~50%为宜。其中植物生长的旺盛时期追肥应占总施肥量的50%。施肥方法可采用土壤追肥(撒施、沟施、穴施、环施、浇灌、滴灌)和根外追肥(叶面喷肥)。

①撒施　是在播种或定植前，把肥料均匀撒在地表面，结合耕作施入土中的方法。撒施的方法可用于施基肥和追肥。其优点是施肥面广，分布均匀；缺点是行间、株间与根部用量都一样，不能充分发挥肥效。因此，撒施适于肥料较多、植物密度大的绿地或草坪采用。

②沟施　又叫条施，是在播种沟内施用肥料或在植物行间开沟施肥，然后再覆土。其优点是施肥集中，用量少而肥效高；缺点是下茬生产不整齐，施用不方便。行状树木开沟深度一般为10~30cm，条播苗木及行状栽植的花卉追肥开沟深度为5~10cm。

③穴施　是在种子和植株附近挖穴施入肥料。其优点是肥效集中，用量少；缺点是费工，适于需肥量较大的植物。对于城市有地面铺装或草坪地段的树木，可用手工土钻或机动螺旋钻打洞施肥。施后加土封洞，对于铺装路面可填碎石后盖砖。

④环施　是在植株冠外沿根群分布地带，挖一或两条沟，施入肥料，灌水后覆土填平，一般用于树木。树木施肥范围应该是吸收根的位置，多集中在树冠外缘的2/3处，只有少部分吸收根分布在树干中心的1/3处。

⑤浇灌　是将肥料按比例溶解在水中，灌入苗床行间沟、穴内后盖土，或将肥料随灌溉施入土壤中。浇灌常适用于盆花施肥，施用时要注意掌握安全浓度，防止“烧苗”。

⑥滴灌　是在一定压力下，将肥料溶液注入滴灌系统，经各级管道以点滴的形式施入土壤的一种施肥方式。优点主要有：节水且灌水均匀；节肥，肥水同供，肥效快，肥料利用率可提高10%~15%；适用性广，各类土壤都较适合；设施栽培中，减少病虫害，增产增收；节省劳力，提高工效。缺点有：滴头易堵塞，露天易引起盐分表聚，根系易密集地表，抗倒性较差。

⑦叶面喷肥　是将速效化肥配制成低浓度的稀薄肥液，喷洒在茎、叶上供其吸收的方法，是根外追肥的主要方法，适于各类花木。使用时应注意，药剂浓度不宜过大以防叶面被烧伤。一般每隔5~7d喷一次，连续3~4次后停施一次，以后再连续喷施。施肥时间可在清晨，喷后要保持叶面1h左右湿润。

10.4.4　合理施肥

合理施肥是减少养分损失，提高肥料利用率，提高经济效益和土壤肥力的一项生产技术措施，其内涵包括有机肥料和无机肥料的配合、各种营养元素肥料的适宜配比、肥料品种的正确选择、经济的施肥量、适宜的施肥时间和施肥方法等。合理施肥应注意以下原则。

(1)因植物施肥

不同的植物种类、不同的生育阶段，对土壤养分或肥料的种类、数量及比例都有不同的要求，其差异可能表现在空间(吸收空间，即根系分布深度)、时间(吸收养分的季节性)、数量、形态(如铵态氮和硝态氮)等诸多方面。因此，要根据植物的营养特性决定施肥的深浅、季节、施肥量以及肥料的种类和元素配比等。如喜肥植物应多施肥，而耐贫瘠植物则忌大水大肥；观叶植物可适当多施氮肥，而观花植物可适当多施磷、钾肥。

(2)因土施肥

施肥时应考虑土壤的质地、结构、pH、养分状况等特点。例如，一般土壤以有机肥料和氮肥为主，但南方红壤、砖红壤类土壤上应多施磷肥；黏质土壤上一次追施化肥量可稍大，砂质土壤追肥则以少量多次、少施勤施为好；北方的土壤一般不需要施钾肥，而砂土却往往缺钾。

(3)配合施用肥料

注意肥料的配合施用，使有机肥与化肥配合施用，相互取长补短，缓急相济，促进肥效的协调发挥；氮、磷、钾肥配合施用，使营养比例协调；基肥、种肥与追肥配合施用，既能持续地为植物整个生长发育期提供养分，又能及时满足植物营养临界期和强度营养期对养分的迫切需求，协调植物营养生长与生殖生长之间的关系。

(4)施肥方法得当

合理施肥应该依据不同肥料本身的性质及成分，选择恰当的施肥方法。例如，有机肥的肥效平缓且持久，故多作基肥，施用量宜大些；速效肥的肥效迅速，故多作追肥，施用量须严格限制。速效氮肥不易被土壤固定，可采用撒施、条施、穴施、浇灌等方法；速效磷肥易被土壤固定，多采用条施、穴施等集中施用的方法。液氨、氨水、碳铵等易挥发的碱性肥料宜深施，且不能施在碱性土壤上。微量元素用量少，且在土壤中易被固定，因此多用于叶面喷施、种肥或蘸根等。

(5)施肥时机准确

施肥前应关注天气变化，尤其是温度和降雨，其对施肥影响最大，不仅影响植物吸收养分的能力，而且对土壤中有机质的分解和矿质的转化、养分移动以及土壤微生物的活动都有很大影响。例如，夏季大雨使硝态氮大量淋失，雨后应补施速效氮肥；在湿润年份氮素化肥一般效果良好，而干旱年份施用磷、钾肥却能表现出一定效果；根外追肥最好在清晨、傍晚或阴天进行，雨前或雨天则无效。

10.5 施肥在园林生产中的应用

凡是施入土壤中或施于植物地上部分，能直接或间接供给植物养分，或改良土壤性状的物质，都可称为肥料。按性质，肥料可分为有机肥料、无机肥料和微生物肥料。

10.5.1 有机肥料

有机肥料是指富含大量有机物的肥料。大部分就地取材，利用天然柴草、动植物残体、人粪尿、牲畜粪尿、河泥、垃圾、泥炭等作原料，经人工堆积或加工制成，因此，又称为农家肥料。

10.5.1.1 有机肥料的特点

有机肥料养分全面，含植物生长发育所需的氮、磷、钾等13种矿质养料及二氧化碳营养，属于完全肥料；肥效稳定且供肥持久，属于迟效性肥料；具有保肥作用和缓冲作用；同时还能改良土壤的物理性质，改善土壤的结构性，防止土壤板结。生产实践证明，施用有机肥还可以显著提高植物产量，而且越是瘠薄的土壤，施用有机肥增产效果越明显。

10.5.1.2 有机肥料的腐熟

对植物施用有机肥，尤其是对生长周期短的花木使用有机肥作追肥，最好施经过腐熟的肥料。原因是：a. 有机肥料的养分形态大多数是迟效性的，要经过微生物分解的腐熟过程，才能释放出能被植物吸收的养分；b. 含碳多的有机肥料(如堆肥)，腐熟后由硬变软，质地由不均匀变得均匀，便于施用；c. 有机肥料在腐熟过程中产生高温，能杀死其中的病菌、虫卵及杂草种子；d. 未经腐熟的有机肥料施入土中，在腐熟发酵过程中会与花木幼苗争夺水分、养分，还会因局部产生高温、氨气等而烧死花木幼苗。有机肥料达到腐熟的形态特征是“黑、烂、臭”，即肥料颜色呈暗绿色或黑色，组织破碎，肥料放出氨臭味。

10.5.1.3 有机肥料的分类及使用

目前主要是根据有机肥料的来源、特性与积制方法来分类，主要有以下几类。

(1)粪尿类

粪尿类包括人粪尿、人粪稀(化粪池中的人粪尿和水的混合物)、牲畜粪尿。其含有丰富的有机质及有机酸。如脂肪、蛋白质及其分解物，其中含有大量的氮、磷、钾、钙、镁、硫、铁等园林植物需要的营养元素。

①人粪尿　是一种偏氮的完全肥料。除含多量氮素外，还含有少量易溶性磷素和钾素以及各种微量元素。人粪尿碳氮比(C/N)小，施入土壤中易被微生物分解，肥效快而显著。因此，宜作苗木、花卉的追肥，兑水施用。

②人粪稀　是指贮藏在城市楼房附近的化粪池中的人粪尿。它是人粪尿和水的混合物，是以氮为主的完全肥料，含氮量比磷、钾量高。

③牲畜粪尿　是富含有机质和多种营养成分的完全肥料。不同牲畜粪的养分含量各有不同，氮、磷、钾的含量以羊粪最多，猪粪、马粪次之，牛粪最少。另外，不同牲畜粪质粗细和含水量多少也不同。牛粪含水量多，通气性差，分解缓慢，发酵时温度低，肥效迟缓，为冷性肥料。猪粪发热近似牛粪，但质地细，碳氮比(C/N)小，容易腐熟。另外，猪粪、猪尿中的钾素为水溶性，适合某些花木，如桂花等。马粪纤维素含量高，质地粗，疏松多孔，水分含量少，为热性肥料。马尿尿素含量较高，分解容易，肥效快。马粪多作温

床酿热材料。在制造堆肥时加入适量马粪，可促进堆肥的腐熟。羊粪粪质细腻，养分浓厚，也属热性肥料，但发热量比马粪低。羊尿中氮、钾含量比其他畜尿高，氮以尿素态氮为主，容易分解。

④厩肥　是牲畜粪尿与垫圈褥草或土混合积制的肥料，又称为圈肥、栏粪。不同厩肥含有不同的养分。在对缺乏有机质的砂质土壤进行改良时，除育针叶苗土壤外，均可直接施用新鲜厩肥。一般情况下，在整地时施入半腐熟厩肥作基肥。苗圃施厩肥时，先将厩肥均匀撒布在地表，然后翻埋入土壤中。大量施用厩肥，既可以提高苗木的合格率，又可改良土壤。

(2)堆沤肥类

堆沤肥是利用植物残落物如秸秆、树叶、杂草、植物性垃圾以及其他废弃物为主要原料，加入人粪尿或牲畜粪尿进行堆积或用水沤制而成的。包括堆肥、沤肥、秸秆直接还田以及沼气肥等。此类肥料在堆沤和贮存过程中应注意管理，如用土压实、封顶、加盖等，防止氨的挥发。堆肥、沤肥都是含有机质和各种营养元素的完全肥料，肥效缓慢而持久，一般用作基肥。长期施用堆肥、沤肥可起改良土壤的作用。苗圃中施堆肥、沤肥的用量通常为750~1500kg/亩*。

(3)绿肥类

绿肥类指把正在生长的绿色植物直接翻入土中或是割下来运往另一地块当作肥料翻入土中形成的肥。绿肥产量大，有机质丰富，含有15%~25%的有机质和0.3%~0.6%的氮素，能增加土壤养分，提高土壤肥力，改良土壤性质，固定氮素，防风固沙。

绿肥植物多为豆科植物，也有少数十字花科、禾本科等植物。按其来源不同，分为天然绿肥(各种野生绿肥植物、杂草、树木幼嫩枝叶等)和栽培绿肥；按其生长季节不同，分为夏季绿肥(猪屎豆、田菁、木豆等)和冬季绿肥(如紫云英等)；按能否起固氮作用，分为豆科绿肥(如紫穗槐等)和非豆科绿肥(如燕麦草、四方藤等)。

一些豆科植物的根上具有根瘤，它是豆科植物与根瘤细菌的共生结构。根瘤菌在从根皮层细胞中吸取其生活所需要的水分和养料时，把空气中游离的氮转变成可以被植物吸收的含氮化合物，这种现象称为固氮作用。有根瘤菌伴生的植物，一部分含氮化合物可以从植物的根分泌到土壤中，一些根瘤也可以自根上脱落或随根留在土壤中，可以增加土壤的肥力。

(4)泥肥、腐殖酸肥

河、塘、沟、湖中肥沃的淤泥统称泥肥，由风雨带来的地表细土、污物、枯枝落叶等形成。利用含腐殖质丰富的草炭、褐煤、风化煤等作为主要原料加碱、酸制成的各种腐殖酸碱盐称为腐殖酸肥。

(5)饼肥类

饼肥是油料作物籽实榨油后剩下的残渣，是园林上常用肥料。饼肥养分种类多、含氮

---

* 1亩≈667m^2。

量高、肥效持久，是优质的有机肥料，特别适合花卉植物的施肥，是常备的有机肥种类。包括各种饼肥(如豆饼、菜籽饼、芝麻饼、花生饼等)及糟渣肥(如芝麻酱渣)。饼肥作追肥要经过发酵腐熟，发酵的方式是将粉碎后的饼肥加入适量的人粪尿、污水或堆肥混合，再加入一定的水分，使其达到充分湿润，然后堆腐10~15d后施用。有些农产品加工中产生的各种糟渣，含有不同数量的养分，有的可直接作肥料。如花卉业常用的芝麻酱渣，就是含各种养分的完全肥料，其含氮量6.59%，含磷量3.30%，含钾1.30%，具有很高的肥效。

(6)杂肥类

花卉常用杂肥有：骨粉、蹄角、鸡毛、鱼粕、禽肥、矾肥水等。

能提供给园林植物养分的肥料，种类很多，可以因地制宜，就地取材，广开肥源。在众多有机杂肥中，虽然有的含氮量高，如兽蹄、兽角、鸡毛、干血等，有的含磷量高，如骨粉、鱼肠等，但它们绝大多数既含氮、磷、钾，又含有微量元素，是一种完全肥料。

10.5.2 无机肥料

无机肥料通常又称化学肥料，简称化肥，是以矿物、空气、水等为原料，经化学及机械加工制成的肥料。化肥除酰胺态化合物外，大部分属于无机化合物。无机肥料具有成分比较单纯、养分含量高、肥效快、体积小、施用和贮运方便等特点。按所含养分的不同，可分为以下几类：单质肥料(无机氮肥、无机磷肥、无机钾肥)、微量元素肥料和复合肥料。

10.5.2.1 无机氮肥

无机氮肥包括铵态氮肥、硝态氮肥和酰胺态氮肥3种类型。

(1)铵态氮肥

铵态氮肥主要包括碳酸氢铵、硫酸铵、氯化铵、氨水等。其共同特点是：易溶于水，形成铵离子，是速效养分，易被植物吸收，不易流失；遇石灰、草木灰等碱性物质分解，造成氨气的挥发；土壤通气良好时可通过硝化作用转化为硝态氮而使氮素流失。

(2)硝态氮肥

硝态氮肥主要包括硝酸铵、硝酸钠、硝酸钾、硝酸钙等。其共同特点是：易溶于水，形成硝酸根离子，是速效养分，吸湿性强；硝酸根离子不能被土壤胶体吸附而移动性强；在一定条件下，可经反硝化作用转化为分子态氮等而丧失肥效；大多数易燃、易爆，在储运过程中要注意安全。

(3)酰胺态氮肥

酰胺态氮肥是指氮素以酰胺基存在或分解过程中产生酰胺基的氮肥，主要包括尿素和石灰氮肥料。能在水中溶解，不形成离子，在土壤中转化为铵后才能被植物吸收。

常用氮肥的种类、性质及施用见表10-6所列。

表 10-6 常用氮肥的种类、性质及施用

肥料名称	化学成分	含氮量	性质和特点	在土壤中的转化	施用要点
碳酸氢铵	NH_4HCO_3	17%~18%	白色结晶，易溶于水，化学碱性，生理中性，氨味强烈，易溶解，易挥发	NH_4^+ 被植物吸收和土壤吸附。HCO_3^- 为植物碳素营养，无副作用	适应多种植物和土壤，作基肥深施(6cm以下)，作追肥，不宜作种肥
硫酸铵	$(NH_4)_2SO_4$	20%~22%	白色结晶，易溶于水，生理酸性	NH_4^+ 被土壤吸附保持有效性。SO_4^{2-} 强烈酸化土壤，使用时配合施用有机肥和石灰	作基肥、追肥和种肥。干施量0.02~0.04kg/m^2，液肥0.4g/L
氯化铵	NH_4Cl	24%~25%	白色结晶，易溶于水，生理酸性。NH_4^+ 被土壤吸附，Cl^- 酸化土壤，抑制反硝化作用	盐碱地和忌氯作物禁用	作基肥、追肥，不宜作种肥
液氨	NH_3	82%	无色液体，化学碱性，具强烈辛辣臭味。有毒液化气体，要注意安全	NH_4^+ 被土壤吸附，无副成分，抑制硝化作用	基肥深施(12cm左右)。干施量75~150kg/hm^2
氨水	$NH_3 \cdot H_2O$	12%~17%	无色液体，易挥发，具刺激臭味，强烈腐蚀性	NH_4^+ 被土壤吸附，无副成分，可短期内提高土壤碱性	深施(7~10cm)后覆土，加水稀释
硝酸铵	NH_4NO_3	33%~35%	白色结晶，易吸湿结块，生理中性，助燃易爆	NH_4^+ 可被土壤吸附，NO_3^- 易被淋失	作追肥，不宜作基肥、种肥，沟施、穴施后覆土。施用量，干施0.02kg/m^2，液肥0.1kg/L
硝酸钙	$Ca(NO_3)_2$	13%~15%	白色结晶，吸湿性强，生理碱性	易淋洗，能增加土壤pH	宜作追肥，不宜在水田施用
尿素	$CO(NH_2)_2$	45%~46%	白色结晶，有一定的吸湿性	有机质丰富，水分、温度适宜时转化快，以温度影响最大，转化 NH_4^+ 被土壤吸附，植物可吸收尿素分子	适宜各种植物和土壤，宜作基肥、追肥和种肥，特别适合根外追肥

10.5.2.2 无机磷肥

磷在植物体中的含量不及氮和钾多，是肥料三要素之一。无机磷肥是天然磷矿石、磷灰土经过机械磨碎或配制、热制加工而成的各种磷酸盐。根据其溶解度分为水溶性磷肥、弱酸溶性磷肥、难溶性磷肥三大类。水溶性磷肥包括过磷酸钙和重过磷酸钙；弱酸溶性磷肥包括钙镁磷肥、钢渣磷肥、沉渣磷肥、脱氟磷肥；难溶性磷肥包括磷矿粉。

其中，水溶性磷肥中的过磷酸钙、弱酸溶性磷肥中的钙镁磷肥、难溶性磷肥中的磷矿粉最为常见，但以过磷酸钙的施用最为普遍。常用磷肥的种类、性质及施用见表 10-7 所列。

表 10-7 常用磷肥的种类、性质和施用

肥料名称	化学成分	含磷(P_2O_5)量	性质和特点	在土壤中的转化	施用要点
过磷酸钙	$Ca(H_2PO_4)_2 \cdot H_2O$、$CaSO_4 \cdot H_2O$	12%~16%	灰白色粉末，具吸湿性，含水溶性磷，含硫酸钙和游离酸等杂质	水溶性磷在土壤中易被化学固定和土壤吸附，也易被植物吸收	集中施用、分层施用、与有机肥配合施用，可作根外追肥，其浓度果树为1%~2%。干施为0.2~0.3kg/m^2
重过磷酸钙	$Ca(H_2PO_4)_2 \cdot H_2O$	40%~52%	深灰色粉末，易溶于水，化学酸性，腐蚀性和吸湿性较大	水溶性磷在土壤中易被化学固定和土壤吸附，也易被植物吸收	用量比过磷酸钙减半，其余同上
钙镁磷肥	$Ca_3(PO_4)_2$、$CaSiO_3$、$MgSiO_3$	14%~16%	灰白、灰绿色粉末，不吸湿结块，化学碱性、无腐蚀性	在石灰性土壤上肥效低于酸性土壤，可降低土壤酸度	与有机肥混合堆沤后施用，作基肥、追肥，深施、早施，用于蘸根
钢渣磷肥	$Ca_4P_2O_4 \cdot CaSiO_3$、$5CaO \cdot P_2O_5 \cdot SiO_2$	7%~17%	黑褐色粉末，化学碱性，吸湿性小	土壤酸性效果好	宜作基肥，不宜作追肥和种肥，与有机肥混合堆沤后施用
磷矿粉	含有 F、Cl、Mn、Sr 等	全磷含量 10%~25%	灰褐色粉末，化学中性至微碱性，迟效，不吸湿，有光泽	在酸性土壤上有效磷逐年释放	作基肥，深施，树木利用强，2~3 年内每年施 1 次，施用量 50~100kg

10.5.2.3 无机钾肥

无机钾肥是以钾为主要养分的肥料。主要钾肥种类有氯化钾、硫酸钾、草木灰、钾石盐、钾镁盐、硝酸钾等。钾肥大都能溶于水，肥效较快，并能被土壤吸附，不易流失。土壤中的钾比氮、磷含量丰富，施用较少，在水土流失的地区和喜钾树木，应施用钾肥。钾肥施用适量时，能使作物茎秆长得坚韧，防止倒伏，促进开花结实，增强抗旱、抗寒、抗病虫害能力。常用钾肥的种类、性质及施用见表 10-8 所列。

生产中，钾肥以硫酸钾(K_2SO_4)和草木灰最为普遍。硫酸钾施入土壤后 K^+被植物吸收或被土壤吸附，而 SO_4^{2-} 与 Ca^{2+}生成硫酸钙($CaSO_4$)。因此，大量施硫酸钾，要注意防止土壤板结，可增施有机肥料，改善土壤结构。施用量干施为 0.02kg/m^2，液肥 0.2g/L。草木灰是植物残体燃烧后所剩余的灰分，其成分复杂，含有植物体内各种灰分元素，如钾、钙、镁、硫、铁、硅以及各种微量元素。其中以钾、钙数量为最多，其次是磷，常称农家钾肥。作基肥用量 750~1500kg/hm^2，作追肥用量 750kg/hm^2 左右，可配制 10%~20%的水浸液叶面喷洒。

表 10-8　常用钾肥的种类、性质和施用

肥料名称	化学成分	含钾量	性质和特点	与其他肥料混合的条件	施用要点
氯化钾	KCl、NaCl	50%~60%	白色或粉红色结晶，易溶于水，植物易吸收利用，吸湿性弱，生理酸性肥料	可与一切肥料混合	适于各种植物，但对烟草等忌氯作物不宜施用；宜作基肥或深施，集中施用。与磷矿粉混合施用能提高磷的利用率
硫酸钾	K_2SO_4	48%~52%	白色或淡黄色结晶，易溶于水，植物易吸收利用，不吸湿结块，生理酸性肥料	适当与石灰或磷矿粉混合，可降低酸度	适于一切土壤，宜作基肥深施，作追肥应早施和穴施到根系附近。对忌氯作物施用效果比氯化钾好
草木灰	K_2CO_3、K_2SO_4、K_2SiO_3 等	5%~10%	主要成分能溶于水，碱性反应，还含有磷及各种微量元素	不能与人粪尿、铵态氮肥混用	适用于各种土壤和植物，宜作基肥、追肥，特别适宜作种肥
钾盐	KCl、NaCl(<35%)	30%~40%	晶体，颗粒大小不一，吸湿性小，易结块	同氯化钾	适用于一切土壤，在酸性土壤上最好配施石灰，适于对氯不敏感的植物，适于喜钠植物
钾镁盐	$KCl \cdot MgSO_4 \cdot 3H_2O$、NaCl 等	33%	又称卤渣，是制盐工业的副产品。易溶于水，呈中性反应，吸湿性很强，易潮解	与有机肥料堆沤后使用效果好	宜作基肥，不宜作种肥。在酸性土和砂性土中施用效果好。对忌氯植物及含盐分高的土壤不宜施用

10.5.2.4　微量元素肥料

微量元素是指土壤和植物中含量很低的元素。一般植物从土壤中吸收的微量元素，如硼、钼、锌、锰、铁、铜等元素，只占植物干重的万分之几或百万分之几。用含这些元素的化合物作为肥料，称为微量元素肥料。微量元素肥料在施用时应注意适量、均衡的原则。微量元素肥料的种类、性质和施用见表 10-9 所列。

10.5.2.5　复合(混)肥料

复合(混)肥料是指同时含有氮、磷、钾三要素或只含其中任何两种元素的化学肥料。其中，通过化合(化学)作用形成的含有两种或两种以上养分元素的肥料，称为复合肥料(复合肥)，如氮磷二元复合肥。通过几种单质肥料或单质肥料与复合肥料混合，经二次加

工制造而成的肥料，称为复混肥料，如多数三元复混肥料、多元复混肥料。复合(混)肥料的有效成分一般用N-P_2O_5-K_2O的相应百分数来表示。在三元复合肥料中常添加某些微量元素，制成多元复合肥料，如20-20-15-3表示含N 20%、含P_2O_5 20%、含K_2O 15%、含B 3%的多元复合肥料。复合(混)肥料中，几种营养元素含量总和称为复合(混)肥料的养分总量。

表10-9　主要微量元素肥料的种类、性质和施用

肥料种类	肥料名称	主要成分	含量及主要性质	施用技术
硼肥	硼酸	$H_3B_4O_3$	B含量17.5%。白色结晶或粉末，溶于水	基肥、追肥施用量7.5kg/hm^2，根外追肥浓度为0.1%~0.25%
	硼砂	$NaB_4O_7 \cdot 10H_2O$	B含量11.3%。白色结晶或粉末，溶于水	
钼肥	钼酸铵	$(NH_4)_6Mn_7O_2 \cdot 4H_2O$	Mo含量50%~54%。青白色晶体或粉末，溶于水	根外追肥浓度为0.01%~0.05%
锌肥	硫酸锌	$ZnSO_4 \cdot 7H_2O$	Zn含量24%。白色或淡橘红色结晶，易溶于水，不吸湿	根外追肥浓度为0.05%~0.2%
	氧化锌	ZnO	Zn含量70%~80%。白色粉末，难溶于水	
锰肥	硫酸锰	$MnSO_4 \cdot 3H_2O$	Mn含量26%~28%。粉红色结晶，易溶于水	作基肥、种肥，基肥15~60kg/hm^2，根外追肥0.05%~0.1%
铁肥	硫酸亚铁	$FeSO_4 \cdot 7H_2O$	Fe含量19%。淡绿色晶体，溶于水	根外追肥0.2%~1%，连续2~3次
铜肥	硫酸铜	$CuSO_4 \cdot 5H_2O$	Cu含量25.5%。蓝色结晶，溶于水	基肥15~30kg/hm^2，3~5年施1次，根外追肥浓度0.02%~0.4%

复合(混)肥料的种类很多，且养分含量高，副成分少，成本较低，物理性状好(表10-10)。但在施用复合肥料时，应注意以下施用原则与技术。

①复合(混)肥料与单质肥料配合施用　复合肥料养分固定，如果某种植物在生长过程中需某种元素过多，可加施单质肥料补充。

②依复合(混)肥料特点选择适宜的施肥方法　以含铵为主的复合肥要深施盖土以减少损失；对磷、钾养分多的复合肥，应集中施到根系附近，避免养分固定，以便吸收。

③依土、依植物选择适宜的复合(混)肥料　复合(混)肥中的氮、磷、钾等养分比例要与土壤、植物需肥相适应。如缺磷的土壤先用氨化过磷酸钙，豆科植物选用磷钾复合肥等。

表 10-10 常见复合(混)肥料的成分、性质和施用要点

肥料类型	肥料名称	化学式	养分含量(%) $N-P_2O_5-K_2O$	性 状	施用要点
氮磷二元复合肥料	硝酸磷肥	$NH_4H_2PO_4$+ NH_4NO_3	(13~26)-(12~20)-0	吸湿性强，遇碱易分解，易结块	适于旱地，作基肥、追肥，作基肥时应集中深施
	磷酸铵	$NH_4H_2PO_4$+ $(NH_4)_2HPO_4$	(14~18)-(46~50)-0	有一定吸湿性，遇潮湿空气能分解，引起氨挥发	适用于各种土壤和作物，可作基肥、种肥和追肥。一般以基肥为主，使用时避免直接接触种子，同时注意配施氮肥
	氨化过磷酸钙	$(NH_4)_2SO_4$+ $CaHPO_4$	(2~3)-(13~15)-0	吸湿性小，性质稳定	施法同普钙，应配合施用氨肥
	偏磷酸铵	NH_4PO_3	16-73-0	稍有吸湿，不结块，弱酸溶性	作基肥、追肥，根外喷施应配合施用氮肥及有机肥
	尿素磷铵	$CO(NH_2)_2$+ $(NH_4)_2HPO_4$	29-29-0、34-17-0、25-35-0	多为灰白色，氮、磷均为水溶性	适用于多种植物和各种土壤
	聚磷酸铵	$(NH_4)_2H_2P_2O_7$+ $(NH_4)_3HP_2O_7$	(12~18)-60-0	国外生产中多为液体	适用于喜磷植物及缺磷土壤
	液体磷铵	$(NH_4)_2HPO_4$+ $(NH_4)_2HPO_4$	(6~8)-(18~24)-0	淡黄色乳状液体，易溶于水，微酸性	作基肥为主，忌与碱性物质混合施用
磷钾二元复合肥料	磷酸二氢钾	KH_2PO_4	0-52-34	白色结晶，吸湿性小，易溶于水	适合各种土壤和作物，可作基肥、种肥或生长后期追肥，常用 0.1%~0.2%溶液喷施或 0.2%溶液浸种
氮钾二元复合肥料	硝酸钾	KNO_3	13-0-45	吸湿性小，易溶于水，不结块	宜于旱地作基肥、根外追肥，适于忌氯喜钾作物。施用量：干施 0.02kg/m^2，液肥 0.38g/L
	氮钾肥	$(NH_4)_2SO_4$+K_2SO_4	14-0-(11~16)	吸湿性小，易溶于水，淡褐色颗粒，有吸湿性	可作基肥、种肥、追肥。施用量：干施 0.02kg/m^2，液肥 0.3g/L
氮磷钾三元复混肥料	硝磷钾肥	NH_4NO_3+$NH_4H_2PO_4$+ KNO_3	10-10-10	淡褐色颗粒，有一定吸湿性，磷素中 30%~50%为水溶性	可作基肥和早期追肥，多用于烟草
	铵磷钾肥	$(NH_4)_2SO_4$+K_2SO_4+ $NH_4H_2PO_4$	12-24-12、10-20-15、10-30-10	物理性状良好，易溶于水	可作基肥及早期追肥，主要用于忌氯作物，施用时配合单质氮、钾肥

值得注意的是，配制复混肥料时应遵循以下原则：a. 肥料混合后不会产生不良的物理性状；b. 肥料中养分不受损失；c. 肥料在运输和机施过程中不发生分离；d. 有利于提高肥效和工效。

10.5.3 微生物肥料

微生物肥料也称为菌肥，利用土壤中有益微生物制作而成，如固氮菌肥料(可以固定空气中的氮素)、磷细菌肥料(促进难溶性磷矿物转化为可溶性磷化合物)、钾细菌肥料、抗生菌肥料等。施用后可以扩大和加强植物根际有益微生物的活动，促进植物对养分的吸收，改善营养条件，还可以抑制有害微生物活动，增加植物抗逆性等。但是，微生物肥料是一种辅助性肥料，与一定的化肥和有机肥配合施用效果较好。

自主学习资源

1. 园林废弃物堆肥对绿地土壤的改良研究. 李桥. 南京：南京农业大学，2009.

2. 土壤肥料的科学施用及推广研究. 段良敏. 农业与技术，2020，40(9)：55-56.

3. 常规农作物施肥存在的问题以及措施. 王贵彬，程旭，王琦. 科技经济导刊，2016(18)：104.

4. 环割与环剥对苹果幼树树体营养的影响. 孙益林，李宁宁，刘鲁玉，等. 中国果树，2014(1)：17-21.

5. 适宜作根外追肥的化肥种类及应用浓度. 刘丽君. 河北农业，2012(4)：42-43.

6. 土壤化学营养元素研究. 曹石榴. 农村经济与科技，2019(21)：32-33.

7. 植物缺素症的诊断与防治. 李志涛，李宏，冯国杰，等. 现代农业科技，2013(10)：34-35.

8. 土壤肥力评价方法研究. 宋苏苏. 咸阳：西北农林科技大学，2011.

9. 中国土壤肥力演变. 徐明岗. 北京：中国农业科学技术出版社，2015.

10. 有机物料还田对砂质农田土壤理化性状和作物产量的影响. 赵影星，陈源泉，王琳，等. 中国农学会耕作制度分会2018年度学术年会论文摘要集，2018.

拓展提高

无土栽培营养液的配方与应用

无土栽培是一种不用天然土壤而将植物直接栽培在一定装置的营养液中，或者是栽培在充满非活性固体基质(草炭或森林腐叶土、蛭石等)和一定营养液的栽培床上，使其根系能直接接触营养液的一种新型栽培方法。与传统的生产形式相比，无土栽培可实现高产、早熟、优质、低耗，同时能避免土壤连作障碍，充分利用空间和土地。此外，无土栽培简化了栽培程序，便于操作管理，有利于实现栽培自动化、规模化、工厂化和现代化。

无土栽培中，水培最为常见，是指植物根系直接与营养液接触，不用基质的栽培方法。营养液是无土栽培的关键，营养液中含有植物生长发育必需的10多种营养元素，包括大量元素和微量元素(表10-11)。这些元素以盐离子的形式存在，通过根系被植物吸收。植物生长需要营养液具有适宜的 pH 和 EC 值。营养液的 pH 直接影响植物根系细胞质对矿质元素的透过性，同时也影响盐分的溶解度，从而影响营养液总浓度，间接影响根系吸收。通常，无土栽培的营养液在弱酸范围内(pH 5.8~6.2)生长最适宜。当 pH>7 时，Fe、Mn、Cu、Zn 等易产生沉淀；pH<5 时，营养液具有腐蚀性，有些元素溶出，植物中毒，根尖发黄、坏死，叶片失绿。营养液 pH 的测定可采用 pH 试纸或电导仪。电导仪还可直接测定营养液的 EC 值。

营养液的管理是整个无土栽培过程中的关键技术。如果管理不当，就会直接影响植物的生长发育。在栽培过程中，营养液水分蒸发、根系吸收后残留的非营养成分、中和生理酸(碱)性所产生的盐分、使用硬水所带入的盐分等造成营养液浓度过高，盐分积累，使植物发生盐害。

表 10-11　日本园试营养液通用配方

无机盐类	化学式	化合物用量(mg/L)	元素含量(mg/L)	
硝酸钙	$Ca(NO_3)_2 \cdot 4H_2O$	945	N 112	Ca 160
硝酸钾	KNO_3	809	N 112	K 312
磷酸二氢铵	$NH_4H_2PO_4$	153	N 18.7	P 41
硫酸镁	$MgSO_4 \cdot 7H_2O$	493	Mg 48	S 64
螯合铁	Fe-EDTA	25	Fe 2.8	
硫酸锰	$MnSO_4 \cdot 4H_2O$	2.13	Mn 0.5	
硼酸	H_3BO_3	2.86	B 0.5	
硫酸锌	$ZnSO_4 \cdot 7H_2O$	0.22	Zn 0.05	
硫酸铜	$CuSO_4 \cdot 5H_2O$	0.08	Cu 0.02	
钼酸铵	$(NH_4)_2MoO_4$	0.02	Mo 0.01	

课后习题

一、填空题

1. 从坚硬的岩石变为疏松而具有肥力的土壤，可概括为________和________两个过程。
2. 土壤中有机质含量是评价土壤________高低的主要依据。
3. 土壤水分主要包括吸湿水、________、________、重力水和地下水。其中，________很容易被植物吸收利用。
4. 土壤有机质发生复杂变化，转化过程主要包括________和________。
5. 任何土壤都是由________、________、________三相物质组成的。
6. 土壤固相部分包括________、________和________。
7. 土壤区别于其他自然物质的本质特征是________。
8. ________结构是最优良的土壤结构类型。

9. 湿土质量为35.9g，烘干72h后，质量变成20.6g，土壤含水量为________。

10. 土壤孔隙根据其大小和性能可分为________、________和________3种类型，其中，________保水最有效。

11. 植物体的干物质包括有机物质和________，有机物质占干物质重的________。

12. 植物吸收矿质元素的主要器官是________，主要部位是________。

13. 土壤养分消耗的主要途径是植物体消耗、________、________以及土壤微生物的不良活动。

14. 土壤养分到达根表有两种机制，一是根对土壤养分的________，二是土壤养分向根表的迁移，即采用________和扩散的方式。通过________，矿质元素离子被吸附在根组织细胞的表面上。

15. 无机氮肥包括铵态氮、________和________。

16. 土壤养分主要来自土壤中的________、________以及施入的肥料。

17. 养分在土壤中的存在形态一般有________态、________态和________态。

18. 土壤中无机含氮化合物主要有________和________。

二、判断题

1. 土壤起到支撑作用，为植物在土壤中生根发芽、根系在土壤中伸展和穿插提供机械支撑。(　　)

2. 土壤对高浓度养分和密集微生物起到缓冲作用。(　　)

3. 土壤空气和大气在组成和数量上存在一定的差异。(　　)

4. 土壤有机质含量占土壤固相部分重量的1%~20%，平均不足5%。(　　)

5. 土壤有机质是植物生长所需营养的主要来源。(　　)

6. 腐殖质疏松多孔，且是一种两性胶体，具有很强的蓄水性。所以土壤中的有机质可以提高土壤的蓄水保肥能力。(　　)

7. 毛管水是土壤中最重要的水。(　　)

8. 土壤耕作应本着宁湿勿干的原则操作。(　　)

9. 土壤水分类型有重力水、毛管水、吸湿水3种。(　　)

三、单项选择题

1. 土壤能够生长植物是因为土壤具有(　　)。

A. 酸碱性　　B. 缓冲性　　C. 肥力　　D. 保肥性

2. 一般土壤有机质占固体部分的(　　)。

A. 5%以下　　B. 1%以下　　C. 20%左右　　D. 95%以上

3. 耕作层的厚度一般为(　　)。

A. 0~10cm　　B. 0~20cm　　C. 0~30cm　　D. 0~40cm

4. 取少许土壤，放入试管中，用试管夹夹住试管，在酒精灯上加热，过一会儿后试管壁上出现了水珠，这说明(　　)。

A. 土壤中有空气　　B. 土壤中有有机物

C. 土壤中有生物　　D. 土壤中有水分

5. 下列属于土壤生物的是(　　)。

A. 砂土、落叶　　B. 石块、细菌土

C. 蚯蚓、真菌　　D. 水、空气、沙

6. 测定某土壤水分含量时，土壤湿重为20.1g，在105~110℃下烘干后的重量为17.4g。该土壤的含水量为(　　)。

A. 15.0%　　B. 15.5%　　C. 13.4%　　D. 16.5%

7. 对植物无效的土壤水分类型为(　　)。

A. 毛管上升水　　B. 膜状水　　C. 毛管悬着水　　D. 吸湿水

8. 被称为蒜瓣土的土壤结构类型是(　　)。

A. 核状结构　　B. 团粒结构　　C. 块状结构　　D. 柱状结构

9. 植物的根在土壤中的分布，与哪些因素有关？(　　)

①土壤结构　②土壤肥力　③光照强度　④水分状况　⑤通气状况

A. ①②③　　B. ①②④⑤　　C. ②③④⑤　　D. ①②③④⑤

10. 把某植物种植在砂质盐碱地，发现植物因发生“烧苗”而死亡，其原因是(　　)。

A. 植物因吸收过多的无机盐而死亡　　B. 植物细胞失水过多死亡

C. 温度过高导致植物死亡　　D. 植物细胞呼吸作用强度过大导致死亡

11. 植物能从土壤中吸收水分，这是因为土壤中溶液的浓度(　　)。

A. 低于根毛细胞液浓度　　B. 高于根毛细胞液浓度

C. 等于根毛细胞液浓度　　D. 以上都不是

12. 土壤氮素含量一般为(　　)。

A. 0.04%~0.25%　　B. 0.1%~3%　　C. 0.03%~0.3%　　D. 0.05%~5%

13. 最适于根外追肥的肥料是(　　)。

A. 碳酸氢铵　　B. 尿素　　C. 硝酸铵　　D. 氨水

14. 生产上常作为温床的发热材料施用的是(　　)。

A. 马粪　　B. 牛粪　　C. 猪粪　　D. 羊粪

15. 下列哪种为植物的大量元素？(　　)

A. 碳　　B. 铁　　C. 硼　　D. 钙

16. 下列叙述不属于土壤酸化原因的是(　　)。

A. 矿物风化过程中产生无机酸或大量二氧化碳

B. 土壤中强酸弱碱盐的水解

C. 无机肥料残留的酸根

D. 过度使用尿素

17. 某地区试用碳酸水浇灌某些植物，这样做不能起到的作用是(　　)。

A. 改良碱性土壤　　B. 改良酸性土壤

C. 促进植物的光合作用　　D. 提高农作物产量

18. 在植物生长发育的不同阶段，其吸收水分的数量(　　)。

A. 基本保持不变　　B. 经常变化

C. 与土壤质地有关　　　　　　　　　　D. 与有机质含量有关

19. 植物叶片的光合作用对根系吸收养分有很大影响，但主要影响(　　)。

A. 养分的被动吸收

B. 养分的主动吸收

C. 对主动吸收和被动吸收的影响几乎相同

D. 先影响被动吸收，后影响主动吸收

20. 在石灰性土壤上，铵态氮肥利用率低的原因主要是(　　)。

A. 硝酸根的淋失　　　　　　　　　　B. 铵的固定

C. 铵态氮转化为有机形态的氮　　　　D. 氨的挥发

21. 难溶性磷肥的肥效主要取决于(　　)。

A. 植物吸收磷的能力　　　　　　　　B. 土壤酸碱反应

C. 肥料颗粒的大小　　　　　　　　　D. 耕作栽培措施

22. 一般堆肥调整 C/N 至(　　)，以使其分解速度快，腐殖质形成较多。

A. (80~100)：1　　　　　　　　　　B. (40~50)：1

C. (25~30)：1　　　　　　　　　　D. (15~20)：1

23. 必需营养元素是指(　　)。

A. 在植物体内含量较高而且非常重要的营养元素

B. 在植物体内所起作用完全不能被其他营养元素所替代的营养元素

C. 能够使某些特有缺素症消失的一类营养元素

D. 植物经常吸收利用的营养元素

24. 当其他环境条件适合时，植物产量总是受到土壤中(　　)的制约。

A. 绝对含量最低的养分元素　　　　　B. 相对含量最低的养分元素

C. 绝对和相对含量都最低的养分元素　D. 总养分含量

25. 以下属于热性肥料的是(　　)。

A. 猪粪　　　　B. 牛粪　　　　C. 马粪　　　　D. 3 种都是

26. 砂土的肥力特征是(　　)。

A. 发小苗，不发老苗　　　　　　　　B. 发老苗

C. 既发小苗，又发老苗　　　　　　　D. 不发小苗，发老苗

四、问答题

1. 谈谈根外营养的矿质吸收原理、影响因素及在生产上应用。

2. 矿质元素在植物体内是如何运输和分配的?

3. 试述土壤结构与肥力关系。

4. 试述合理施肥的基本原则和植物的需肥规律。

5. 试述土壤有机质的矿质化过程和腐殖化过程。

6. 试述砂土、黏土和壤土 3 类不同质地土壤的肥力特点及反映在生产性能上的特点。

7. 为什么无机肥料和有机肥要配合使用?

单元11 园林植物生长与生态因子调控

学习目标

(1) 了解小气候的组成及植物小气候效应。
(2) 了解园林绿地土壤及设施环境土壤的特点及管理。
(3) 掌握园林植物设施栽培内环境因子的调控措施。
(4) 掌握园林植物露地栽培生态因子的调控措施。

同一地区的不同绿地由于下垫面辐射性质的不同、热辐射不同、人的活动强度不同，就会形成不同的气候区域，如公园、湿地、庭园、农田等。在不同的气候区域内，植物的生长发育受不同生态因子的影响。同时，植物会通过自身的形态特征及光合作用、蒸腾作用等代谢过程与周围的气候要素产生作用，并有利于周围环境的改善。生产中，园林植物受园林绿地小气候和园林设施小气候等的影响，通过理解不同生态因子的特点，综合调控各个生态因子，可使园林植物生长和发育处于最佳环境条件下，提高园林生产效益。

11.1 园林绿地小气候调控及土壤管理

11.1.1 小气候及其效应

小气候又称微气候，是由人类、生物的活动或者下垫面的性质不同而形成的小范围的气候。小气候形成的主要原因是受下垫面材质的影响，不同材质的下垫面其辐射热不同，而底层大气的热量主要是受下垫面的辐射热影响，所以就会产生局部的湿度、温度与光照等变化，并且这些变化会随着时间、垂直高度等而进行变化，其受下垫面的影响一般越靠近地面，变化越剧烈。如离地面2m高处的气温日较差为10℃时，地面的气温日较差将超过20℃。同样，小气候的变化还与天气状况密不可分，晴天温度变化会很剧烈，而阴天则会减弱或消失。

由于人类和动物的活动、植物的分布均靠近地面，所以受到小气候的影响往往较大。与此同时，小气候会随着人类活动而进行定向的转变，如栽植绿化植物、灌溉排水、土壤耕作、搭设风障或微地形处理等都会改变小范围内的气候条件。

11.1.1.1 小气候的组成

小气候主要包括热辐射、空气湿度、风速及风向、降水、土壤温度等环境因子。这些因子的形成主要受热辐射的影响，同时也受人类生活、城市建设、生产等的影响。

11.1.1.2 植物小气候效应

植物在生长过程中通过光合作用、蒸腾作用等生理过程及植物的高度、树冠形态、树冠厚度、叶面积指数等物理因素会与园林绿地中的气候要素(包括太阳辐射、温度、湿度、风速、风向等)发生作用，并产生有利于提升环境舒适度的影响，从而形成植物小气候效应。

植物小气候效应可分为物理效应和化学效应。植物小气候效应是通过“场效应”来影响周围环境中的温度、湿度和风等因子，其中植被是场源，影响到的周围环境区域是效应场。在白天，植物浓密的树冠可以起到很好的遮挡效果，太阳辐射在穿过树冠时可以被有效地减弱，植物的叶片会吸收一部分太阳辐射，致使地面接收到的短波辐射减少进而降低地表温度。夜间地面辐射到大气中的红外线又被树冠拦截，使得地面降温速度变缓。植物体进行的光合作用可以吸收空气中的 CO_2，释放 O_2，增加空气中的含氧量；而叶片的蒸腾作用将植物体内的水分散失到大气中，不仅增加了空气湿度，还降低了周围环境的温度。两者的强弱会直接影响其降温增湿的效果，而光合作用和蒸腾作用又与树种类型、群落结构有着密切的联系。

植物小气候效应在空间上的影响范围与绿地结构有密切联系。据测定，城市绿地场效应的有效范围是 20m；乔木的效果要强于草坪，绿地中乔木、灌木和草本的影响范围在水平距离上依次为 14m、12m 和 8m，在垂直距离上依次为 7.5m、3.5m 和 2.5m。

11.1.2 园林绿地小气候

11.1.2.1 园林绿地小气候的特点

植物群落的冠层特征(叶面积指数、冠层盖度和天空可视因子)对群落内的微气候因子具有重要的调节作用。

(1)光照

群落叶面积指数和冠层盖度越大，群落内的光照强度越小，则群落内的气温越低。一般在夏季，植物群落遮光率为可达 70%以上。

(2)温度

夏季，不同下垫面对周围气温影响较大，尤其是午后，这种差异最为明显，城市路面的气温最高，其次是草坪和水体，林地的气温最低；而到了晚上，不同下垫面之间的气温差异较小，此时路面的气温仍然最高，而草坪的气温变得最低。

(3)湿度

在夏季，不同下垫面的湿度变化与温度变化相反。不管白天还是晚上，公园内不同下垫面的湿度均高于公园外城市环境的湿度，形成“公园湿岛”。但是，午后公园内路面和草坪的气温有可能比附近城市环境的气温更高，从而形成不舒适的热环境。在午后，林地的面积比率对公园局地小气候起着主导作用，而到了晚上，草坪的面积比率对公园局地小气候有着决定性的作用。因此，城市公园绿地比周围城市环境拥有更低的空气温度和更高的相对湿度。夏季，树木群落可显著降低空气温度和光照强度，提高相对湿度。

11.1.2.2 园林绿地小气候调控

(1)温度的调控

土壤温度是土壤肥力的影响因素之一，直接影响着土壤水分、空气的运动和变化，影响着植物的生命活动，包括种子的发芽、根系的伸展、苗木的生长等。同时，也影响土壤微生物的活动，养分的转化，以及植物对养分、水分的吸收。一般，春天应提高土壤耕作层(0~20cm)温度，有利于种子萌发和促进幼苗根系生长；夏季要求土温适当；秋、冬季要求保持土温，有利于延长根系的生长时间，便于幼苗和秋播种子的安全越冬。

①合理耕作　合理耕作常采用的措施有耕翻松土、镇压和垄作。耕翻松土可以通气、调节水汽和保肥保墒，从而达到保温的作用。秋季镇压可以使土壤孔隙度减小，使土壤热容量、导热率增大，土壤下层的热量能够上传。垄作可以增大土壤的受光面积，提高土壤温度。春季中耕除草可以增加土壤的孔隙度，使土壤表层的导热率降低，表层土升温快，还可防止下层土温升高。

②地面覆盖　地面覆盖对土壤温度的调控作用较大，常采用的方法有塑料薄膜覆盖、秸秆覆盖、有机肥覆盖和地面铺沙。植物生长季节地面用塑料薄膜覆盖，可以使土壤不受日光直射，减少土壤吸热量，使土温不至于升降过快。在北方地区秋、冬季利用作物秸秆覆盖，可以抵御冷风袭击，减少土壤水分蒸发，防止土壤热容量降低。有机肥覆盖，可用马粪、羊粪作温床发热材料，利用其分解放热提高土温。此外，有机肥可使土色变深，提高土壤发热能力。铺沙除了有保温作用，还有保水效应，可防止土壤盐碱化，土壤的温、湿度条件可以得到改善，利于植物光合作用的加强，促进根系的生长，促使生育期提前。

③灌溉及排水　水的热容量和导热率都较大，在寒冷季节(上冻前的初冬)灌溉可以提高地温，防止冻害的袭击。夏季灌水可以增加土壤热容量，同时也加速地面蒸发，因而能降低土壤温度。但如果土壤中的含水量过大，土壤温度不易提高，特别是在北方的春季不利于植物的返青。采用排水措施，降低土壤含水量，可以减少土壤热容量和导热率，可达到提高土壤温度的目的。

因此，在园林花木栽培中，南方冬季寒冷时进行冬灌能减少或预防冻害；北方在深秋灌冻水，可以提高植物的抗寒能力。而在土壤解冻前的早春进行灌溉，可以促进土壤中的冰融化，增加根系周围的温度，起到增温的效果。同时，也能提高植物的吸水能力，有效地减少植物生理干旱现象的发生。

(2)光照的调控

利用光对园林植物的生态效应和园林植物对光的生态适应性不同，选择适当的措施，调整光与园林植物的关系，可提高园林植物的栽培质量和增强其观赏性，达到更好的园林绿化效果。

①合理配置　合理配置就是根据园林植物的生态类型等合理规划园林植物的种类和密度。

要根据环境条件，科学选择和搭配植物种类，做到乔、灌、草结合，增加园林绿化群落的层次。只有了解植物是喜光还是耐阴种类，才能根据环境的光照特点进行合理种植，做到植物与环境的和谐统一。例如，在城市高大建筑物的阳面应以种植喜光植物为主，在其背面则以耐阴植物为主。在较窄的东西走向的楼群之间，其道路两侧的树木配置不能一味追求对称，南侧树木应选择耐阴种类，北侧树木应选择喜光树种，否则会造成一侧树木生长不良。

此外，还要通过调节种植密度，使园林植物群体得到合理发展，达到最适的光合面积、最高的光能利用率。若种植过密，一方面，下层叶片受光减少，光合作用减弱；另一方面，通风不良，造成冠层内 CO_2 浓度过低而影响光合作用。密度过大时还易使植株细弱造成倒伏，加重病虫危害。若种植过稀，虽然个体发育良好，但群体叶面积不足，光能利用率低。

②整形修剪　在园林栽植中，植物经整形修剪，除去枯枝、病虫枝、密生枝，可改善树冠的通风透光条件，提高植物对光能的利用率，使植株生长健壮，病虫害减少，同时树冠外形美观，绿化效果增强。例如，对于碧桃、蜡梅等喜光树种，在园林养护管理上进行合理修剪整枝，改善其通风透光条件，可加强树体的生理活动机能，使枝叶生长健壮，花芽分化良好，花繁色艳，以充分满足人们的观赏需求。

③遮阴处理　在园林植物育苗过程中，适当遮阴可以减少光照强度，减少水分的蒸发，促进苗木生长。同时通过遮盖，防止了可能的阳光直射，起到降温作用，避免了高温对苗木的伤害。

采用白天遮光、夜间照明的方法，可使夜间开花的植物在白天开放。如昙花，本应在夜间开花，从绽蕾到怒放至凋谢一般只有 3~4h。为了使昙花白天开放，可采用昼夜颠倒的方法改变其花期，即在花蕾形成后，在白天进行遮光，夜间用日光灯进行人工照明，同时保持适宜的温度，经过 4~6d 处理，即可在白天(8：00~10：00)开花，至傍晚(17：00)左右凋谢，花期大大延长。

(3)水分的调控

园林栽培中水分的调控至关重要。园林栽培中水分的调控，主要通过叶面喷水和地面灌水进行空气湿度和土壤湿度的调节。应依据园林植物在一年中各个物候期的需水特点、气候特点和土壤含水量进行适时、适量灌溉。一般北方地区早春干旱少雨多风，应及时灌溉；夏季植物会消耗大量的水分和养分，应结合植物生长阶段特点充分灌溉；秋季植物生长逐渐缓慢，应适当控制灌水；冬季可在土壤冻结前适当灌溉，提高土温。常见的灌溉方式有单株灌溉、漫灌、沟灌和喷灌。此外，还可以通过深耕改土、增施有机肥料、形成良好的土壤结构来提高土壤透水性和通气性，通过合理灌溉、及时排水、覆盖苗木以降低土温，减少蒸发。

11.1.3　园林绿地土壤

园林绿地土壤是指城市绿地植被覆盖下的土壤，又指园林绿化部门或绿化经营者的经营活动所涉及的土壤。

11.1.3.1　园林绿地土壤的分类

园林绿地土壤根据其应用范围和性质不同，主要有填充土、农田土和自然土壤 3 种类型。

(1)填充土

填充土是城市各种建筑工程积累的建筑垃圾与原地土壤母质的混合物，城市绿地土壤大多属于这种土壤，没有明显的剖面结构，层次紊乱。

(2)农田土

农田土是在人类活动和自然因素的综合作用下形成的耕作土壤，如苗圃、花圃及部分城市绿地生产苗木、花木的土壤。农田土的剖面从上至下依次为耕作层(A)、犁底层(P)、心土层(B)、底土层(C)4个层次(图11-1)。耕作层的厚度为20cm左右，由于每年施肥、灌水和耕作，植物根系分布集中，腐殖质含量较下层多，颜色较深，疏松，有效养分多，温度变化大，此层为熟土。犁底层的厚度为6~8cm，受到机具、耕畜的压力和降水、灌溉的冲蚀，易形成片状或板状结构，土体紧实，通透性差，不利于根系下扎，也有碍于上、下层的水分、气体和热量的交换。心土层的厚度为20~30cm，该层比较紧实，根系少，通透性差，土温变化小，物质转化与移动慢，起保水、保肥作用，也是植物生长后期起供水、供肥作用的重要层次。底土层的厚度在60cm以下，不受施肥、耕作的影响，十分紧实，根系极少。心土层和底土层为生土。农田土由于带土起苗，枝条、树干、根系全部出圃，有机物质不能归还给土壤，因此土壤肥力逐年下降。

(3)自然土壤

自然土壤主要包括森林土壤和草地土壤，如郊区的自然保护区和风景旅游区的土壤，在自然植被等的影响下，土壤剖面发育层次明显，从上到下依次为凋落物层(O/A_0)、腐殖质层(A/A_1)、淋溶层(E/A_2)、淀积层(B)、母质层(C)、母岩层(D)(图11-2)。凋落物层由每年大量的枯枝落叶积聚而成，下部已有少量分解。腐殖质层腐殖质含量高，土色较深，结构良好，疏松多孔，养分丰富。淋溶层受雨水的淋洗，可溶性盐与微细土粒移入下部土层或土体，因而其有机质含量低，颜色浅，此层为熟土。淀积层是承受淋溶层淋溶下来的物质的层次，土层紧实，通透性差，养料丰富，且保水、保肥。淀积层和母质层为生土。母质层是没有受到成土作用的土壤母质，母质是形成土壤的物质基础，是土壤的"骨架"，是土壤中植物所需矿质养分的最初来源。母岩层是没有风化的岩石。

层次代号	层次名称
A	耕作层
P	犁底层
B	心土层
C	底土层

图11-1 农田土的剖面示意

土壤名称	传统代号	国际代号
植物凋落物草毡层	A_0	O
腐殖质层	A_1	A
淋溶层	A_2	E
淀积层	B	B
母质层	C	C
母岩层	D	R

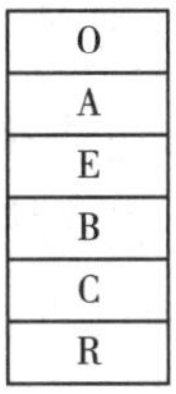

图11-2 自然土壤的剖面示意

11.1.3.2 园林绿地土壤的特点

(1)土壤层次紊乱

城市绿地土壤缺少自然表土层，而且层次紊乱。频繁的建筑活动和其他施工活动，使大部分城市绿地土壤的原土层被强烈搅动。土壤被挖出后，上层的熟化土壤和下层的生土或僵土(母质或地质沉积物)无规律地混合。同时各种建筑垃圾和生活垃圾也常混入其中。

(2)土壤贫瘠

城市绿地植物的凋落物常被当作垃圾清除运走，使土壤和植物间的养分循环被切断，降低了土壤有机质的含量。此外，由于强烈的人为搅动，富含有机质的表土在城市绿地土壤中大都不复存在，取而代之的往往是混杂的底土或生土，其中的有机质和养分含量一般都很低。这样年复一年就更加使绿地土壤的有机质和养分趋于枯竭。

(3)土壤物理性状差

由于底土混入、机械压实和行人践踏等原因，城市绿地土壤大都结构体遭受破坏，表层容重偏高，孔隙度降低，渗水、透气和扎根性能不好，有的树干周围铺装面积过大，仅留下很小的树盘，影响了地上与地下的气体交换，使植物生长环境恶化。过多的侵入体既影响绿地植物根系生长，也影响土壤保水性能，使土壤的持水量减少，旱季易于发生干燥失水。夏季，铺装地面和裸露地面温度过高，也限制了植物根系生长。

(4)土壤中 pH 偏高

侵入绿地土壤中的石灰渣增加了土壤的钙盐含量，北方冬季使用的融雪剂也增加了土壤的含盐量，以及长期用矿化度很高的地下水灌溉等，都会导致城市绿地土壤的 pH 偏高。

(5)土壤外来侵入体多

土壤侵入体是以机械作用侵入土壤中的外来物体。无论是房屋、道路或地下设施完工后余下的空地，还是新建、改建的大型公共绿地，原来的土壤都被翻动，土体中填充进建筑渣料和垃圾，或是混入生土、僵土，使土壤成分异常复杂。土壤中砖瓦、石砾、煤灰渣、玻璃、塑料、石灰、水泥、沥青混凝土等各种侵入体一般都很多，且在土体中分布无规律。

(6)市政管道等地下设施多

城市大量地下构筑物如上下水管道、煤气管道、供暖设施、电缆、光纤等，对土壤性质有正、反两方面的影响。一方面，地下管道等构筑物可以适当疏松土壤，增加通透性，而且可以提高土壤温度，对植物的生长有一定益处。另一方面，由于各种管道等切断了植物根系的垂直分布范围，也切断了下层水分的向上运输，往往导致植物生长不良，另外，管道泄漏等会直接伤害树木根系甚至导致死亡。

(7)土壤污染

土壤污染一般直接来自工厂的废气、废水和废渣，以及生活垃圾、农药、化肥等，这些物质进入土体后，会造成土壤污染，影响园林植物生长和发育。城市绿地土壤污染也可间接通过大气污染、水体污染导致。

11.1.3.3 园林绿地土壤的管理

(1)园林绿地土壤的日常管理

①保持土壤疏松　为禁止游人及车辆直接进入林地或草坪，可在绿地外围设置铁栏杆、篱笆或绿篱等防护措施，避免行人和车辆对城市绿地的踩踏和压实；在广场、公园、

街道、庭院的树木附近的地面和人行道等地，可用上宽下窄的倒梯形水泥砖或圆形铁格栅等铺装地面；在人行道两侧的植树带，可用草或其他植被代替沥青、石灰等铺装，以利于土壤透气和水分下渗，增加地下贮水量；对于公园绿地中重点保护的古树名木，可采取强化措施如埋条法、透气井法等改善地下通气条件。

②归还植物凋落物　在微生物的作用下，归还土壤的植物凋落物经过矿质化和腐殖化作用，增加了土壤中的矿质养分和有机质含量，改变了土壤的结构性，提高土壤保水、保肥性能，同时，也改善了土壤的通气透水性能。但应注意，为防止病虫害对植物的侵染，最好将凋落物制成高温堆肥，杀死病菌、虫卵后再施入土壤中。

③加强水湿地的排水　通过水湿地排水，可提高土壤的通气性，提高土温，促进土壤养分的转化，并消除在还原条件下产生的大量还原性有毒物质，从而有利于植物的生长发育。对于景观效果要求不高的绿地，可直接挖明沟排水或筑高台堆土，建成起伏地形以抬高植物根系的分布层。对于景观效果要求较高的绿地，则应挖暗井或盲沟排水。当然，栽植适宜的湿生树种或花卉，或挖池清淤改为人工水面，种植水生植物等措施能直接减少工时的消耗，也能达到较好的绿化效果。

④合理处理城市垃圾　城市垃圾除有机物(动植物残体、粪便、污泥)通过适当处理能进行合理利用外，还有大量有害物质，特别是生活垃圾，是苍蝇、寄生虫滋生和病菌繁殖的场所，若不经处理直接混入土壤，就会污染地下水和土壤。因此，应合理处理城市垃圾，使其充分分解、熟化，以利于植物生长发育并保护环境。

⑤防止融雪剂的危害　在北方城市地区，冬季常使用融雪剂来消除路面上的积雪和结冰。进入土壤的融雪剂会使土壤受到严重污染，从而导致园林植物受害。融雪剂的过量使用会造成土壤高度盐化(可溶性钠增加)，提高了土壤溶液的渗透压，从而引起植物的生理干旱，是导致园林植物死亡的直接原因。由于 Na^+ 和 Cl^- 的竞争，植物对钾、磷和其他营养元素的吸收减少，从而影响植物的营养状况。此外，过量的 Cl^- 进入植物体内，会降低植物体内酶的活性，影响植物的代谢过程，引起植物代谢紊乱。

阔叶树受害后一般表现为叶片变小，叶缘和叶片有枯斑，呈棕色，受害严重时干枯脱落。有的树木表现为多次萌发新梢及开花，有的表现为芽枯死，甚至整个枝条或全株死亡。针叶树常表现为针叶枯黄，严重时全枝或全株死亡。因此，应该严格规范融雪剂的使用数量、范围和时间，合理施用，避免施撒不均或过量现象的发生。禁止含有融雪剂的残雪堆积在树坑中和进入绿化带。春季对绿地可进行浇水洗盐，以减轻表土盐分的积累。此外，改善行道树土壤的通气性和水分供应以及增施硝态氮、磷、钾、锰和硼等肥料，都有利于淋溶和减少植物对氯化钠的吸收而减轻危害。

(2)土壤质地的改良

①增施有机肥料　增施有机肥可以提高土壤有机质含量。有机质的黏结力和黏着力比砂粒大，但是比黏粒小，可以克服砂土过砂、黏土过黏的缺点，进而起到改良土壤质地的作用。另外，有机质还能促进土壤结构的形成，使黏土疏松，增加砂土的保肥性。

常用泥炭、粗有机物料(木屑、粉碎树皮、稻壳、粗质泥炭等)以及重施有机肥等措施改良黏重土壤。施用腐熟的细质有机肥或富含腐殖质和养分的细质低位泥炭，可增加砂土有机胶体和养分含量，提高保水保湿性能。

②掺沙、掺黏，客土调剂　砂土可掺入黏土(河泥、塘泥或淤泥)，黏土可掺入砂土(或沙子或河沙，河沙直径0.5~0.1mm为佳)进而混合，从而达到改良土壤质地的作用。如黏土的改良，通常将砂质材料平铺于土壤表面，然后在土壤水分状况适宜的条件下多次耕(翻)、耙，使之均匀混入原土壤中。对于待建的草坪、树坛、林地等长期不动的土壤，可一次性施入，树穴挖好后将原土与沙以适当比例混匀，然后栽植、填穴。对于苗圃、花圃等可分次逐年改良。砂土改良方法类似。

③翻淤压沙、翻沙压淤　砂、黏相间的土壤，可以先把表土翻到一边，然后把下层土翻上来，使上、下层的土壤混合，达到改良土壤质地的目的。

④种植绿肥　长期施用绿肥能积累一定量的土壤有机质，改善土壤的物理性状，增加土壤供肥保水能力和土壤微生物数量，提高土壤酶活性。对于生产性绿地的砂质土壤，还可以休闲生草或种植、翻压绿肥，皆能显著提高有机质含量和改善土壤结构，从而在很大程度上克服砂性。

(3)土壤结构的改良

①种植绿肥　长期施用绿肥能促进水稳性团粒结构数量增加，改良土壤结构。最常见的绿肥为豆科植物(紫云英、苕子、豌豆、豇豆、紫穗槐等)，其生长健壮，根系发达，对下层土壤具有强大的切割、挤压作用，并且具有固氮作用，富积深层土壤养分。

②合理施用化肥，多施用有机肥　化肥是园林生产中最常用的一种速效性肥料，其种类多、见效快、使用方便，但是一旦使用方式不科学，长期过度、过量使用，会使土壤理化性质变差，造成土壤板结，土壤结构性不良，甚至造成土壤污染。施用有机肥料，不仅可以改善单施化肥导致的土壤板结现象，还可增加有机胶结剂，使“土肥相融”，对促使水稳性团粒的形成具有重要意义。因此，生产中应根据土壤特点及植物生长不同阶段，合理使用化肥，将有机肥和化肥结合使用。

③合理耕作　要适时深耕翻，加厚活土层，提高土壤蓄水保肥能力。在土壤宜耕期内耕作，不能过湿或过干，否则会形成大土块。耕地深度，一般年份25cm左右，深耕年份30~33cm，每3~4年进行一次深耕，以打破犁底层，增加活土层。对于土层较浅的地块，可逐年增加耕层深度。

④合理灌溉　灌溉方式对土壤结构的影响很大。大水浸灌对土壤结构破坏最明显，易造成土壤板结，而喷灌、滴灌和沟灌效果较好，使水稳性团粒长期免受破坏。另外，可充分利用干湿交替与冻融交替，采用晒垡、冻垡，既可促使土块散碎，又有利于胶体的凝聚和脱水，从而改善土壤结构。

⑤施用土壤改良剂　土壤改良剂是指可以改善土壤物理性状，促进植物对养分的吸收，而本身不提供植物养分的一种物料。其作用原理是黏结很多小的土壤颗粒形成大的并且水稳定的聚集体。主要施在一些缺水严重、没有结构且质地较粗的旱地和砂土地，而对于质地黏重且为大块状结构的土壤没有明显作用。

施用改良剂后，土壤中各级水稳性团粒明显增加，容重降低，总孔隙度增加，空气孔隙度增加极为明显，能提高土壤贮水率和渗透率，减少水分蒸发，改善土壤物理性质，效果可以维持 2~3 年之久。但人工土壤改良剂成本高、用量少，目前适用于盆栽花卉土壤及现代设施栽培土壤。

(4) 土壤酸碱度的改良

①酸性土壤的改良　生产上，改良酸性土壤通常施用生石灰（CaO）和石灰粉（$CaCO_3$），一般是结合绿地建植或育苗前的耕作和整地作业，均匀混入整个根层深度的土壤或树穴。石灰在土壤中移动性较差，且中和酸性较慢，即使在温暖、湿润的季节，潮湿土壤仍需几个星期甚至几个月时间才能使石灰充分作用。

此外，还可以施加绿肥，增加土壤中有机质含量，达到改善土壤酸性的效果。施用碱性、生理碱性肥料(碳酸氢铵、氨水、钙镁磷肥、磷矿石粉、草木灰)，既能中和活性酸和潜性酸，又利于团粒结构的形成和增加钙素营养，还能减少磷素被活性铁、铝的固定。其中，草木灰既是钾肥，又可中和酸度。需要注意的是，改良与培肥应同时进行。

②碱性土壤的改良　生产上，改良碱性土壤通常施用石膏($CaSO_4$)、黑矾及明矾。石膏以细粒或粉状为好，结合耕作或整地均匀混入要改良的土层。除了施用石膏外，在碱性土壤上还可以施用酸性或生理酸性肥料(如亚硫酸钙、硫酸亚铁、硫酸铵、过磷酸钙、硫黄粉等)，一般在重、中、轻度盐碱土上，施用硫酸亚铁的参考用量分别为 1kg/m^3、0. 51kg/m^3 和 0. 251kg/m^3。施加酸性工业废料(磷石膏等)等也可以降低碱性，盐碱地上施用磷石膏后，可促进土壤耕层脱盐，降低土壤碱化度。

此外，还需要采取灌溉、排水、植树造林、种植绿肥以及土壤耕作相结合的措施，才能从根本上改变碱性危害。

③中性和石灰性土壤的人工酸化　在中性或石灰性土壤上栽植喜酸性花卉(如杜鹃花、山茶等)，需对土壤进行酸化。一般露地花卉可用硫黄粉或硫酸亚铁使土壤变酸，用量为 5g/m^2 硫黄粉或 150g/m^2 硫酸亚铁，可使土壤 pH 降低 0. 5~1 个单位。但对黏重土壤来说，用量上可增加 1/3，硫黄粉作用慢，但无副作用。盆栽花卉可浇灌 1∶50 硫酸铝水溶液或 1∶80 硫酸亚铁水溶液，生长季中每两周浇一次或每个月浇一次。另外，对小型花池、花坛及盆花，采用酸性的泥炭、松针土及南方酸性山泥等配制培养基也可满足酸性基质的要求。

11. 2　园林设施小气候调控及土壤管理

11. 2. 1　园林设施小气候

园林植物设施栽培是指在露地不适于植物生长的季节或地区，利用温室、大棚以及机械化设备、设施进行园林植物生产的一种栽培方式，也可称为保护地栽培。通过设施栽培可加快园林植物种苗的繁育速度，调控花期，根据需要有计划地进行优质、高产、高效的规模化生产。常见的栽培设施有连栋塑料温室、玻璃温室、塑料大棚、小拱棚、荫棚、冷床和温床等。

11. 2. 1. 1　园林设施内环境特点

(1) 光照

园林设施内的光照条件与室外露地不同。园林设施内的光照条件会受到建筑方位、设施结构、透光屋面的大小和形状、覆盖物材质、洁净状况等的影响。一般情况下，由于室外的光照必须通过设施的覆盖物才能进入内部，而同时覆盖物会吸收、反射一部分光照，所以到达设施内部的光照强度要弱于自然光照。此外，在冬季或阴雨天气，有时覆盖物内部会出现小水珠；或者覆盖物由于常年不清洗，长时间积累尘土及材料老化，都会大大降低其透光率。设施透光率的高低可以直接影响植物的生长并直接决定着种植的植物品种。一般情况下，连栋塑料温室的透光率在50%~60%，玻璃温室的透光率在60%~70%，日光温室可达到70%以上。

不同种类的园林植物设施其内部接受光照时数不同。如塑料大棚和大型的温室无外覆盖、全面透光，所以光照时数与露地基本相同；而带有单侧屋面的温室在冬季会用草帘、棉被等进行覆盖保温，所以接受的光照时数要短于露地；北方地区常用的小拱棚或阳畦，由于覆盖物的存在，也会产生光照时数不足的现象。

园林植物设施内部的光质也会发生改变，这与设施覆盖物的材质密不可分。如玻璃对紫外线的透射能力很低，但可全部吸收大于8μm的红外线。而露地栽培时，植物直接吸收太阳辐射，光质不会发生改变。

园林植物设施内部的光照分布不均匀，如单屋面温室三面有墙体的支撑，均不透光，且会对周围环境造成遮挡，只有南向在透明物的覆盖下，才会有比较好的光照条件。因此，设施内部的植物的生长与发育也往往不一致。

(2)温度

除了加温温室外，园林植物设施内部温度的主要来源是太阳辐射。白天在阳光的照射下，所有设施都会吸收太阳辐射升高温度。即便是加温温室，一般情况下，也只是在夜间或光线较弱时进行补充加温。

园林植物设施内部的最高温度与最低温度出现的时间与露地基本一致。而温度的日较差相比露地却要大很多，特别是一些体积较小的设施更加明显。如露地温差为10℃时，大棚内的温差达到30℃左右，而一些小拱棚内的温差能达到约40℃。因此，有时为了便于植物的生长和发育，会采用加温温室，人为地提高设施内部温度，减小温差。园林设施在白天接受了太阳辐射，气温及地温均升高，到14:00左右出现日最高温度，之后随着光照强度减弱，太阳辐射量减少，温度逐渐下降。到了夜间，白天土壤吸收的热量将向周围环境中释放直至日出前后。在阴天、晴朗微风的夜间，园林设施内部还会经常出现逆温现象，由于温室大棚表面的散热性很强，白天吸收了太阳辐射的地面及植物体在夜间会向外释放热量，尤其是在晴朗无风的夜晚更加明显，进而导致温室内部的气温低于室外。逆温现象一般多发生在10月至翌年3月，易出现在凌晨。此外，阳光照射不均匀、室外的风向、室内外温差及设施的内部结构等，会造成园林植物设施内部的气温分布不均匀，尤其在垂直方向温差能达到4~6℃甚至更大。

(3)湿度

园林设施内部的空气湿度主要取决于土壤的蒸发和植物的蒸腾。设施内部的植物生长旺盛、叶面积大，旺盛的蒸腾作用就会释放出大量的水汽。又由于设施是密闭的环境，故设施内部的空气湿度要远远高于露地。因此，园林设施环境的湿度条件的显著特征就是高湿。设施内空气湿度的大小还与设施的大小有着密切的联系。一般较高大的园林设施的空气湿度小，但是局部的湿度差大；相对矮小的园林设施内部空气湿度大，局部湿度差小；一天中，矮小的设施的湿度变化值要大于高大的设施。

园林设施内部的土壤湿度主要来源于灌溉、土壤蒸发、土壤毛管水上升及植物的蒸腾作用。一般情况下，在中小型塑料大棚内，土壤蒸发和植物蒸腾的水汽会凝结在塑料薄膜上形成小水滴，随着坡度的变化，小水滴逐渐流向大棚的两侧，进而就会导致大棚两侧的土壤湿润、中部的土壤干燥，造成局部的湿度差和温差，因此，在大棚中部要注意多浇水。较宽的温室大棚，其中部干燥的面积也较大。

(4)空气

设施内部的空气组成会受设施类型、设施面积大小、空间分布、通风状况以及植物的种类、生长阶段和栽培措施等的影响。

设施中 CO_2 的主要来源有空气、植物的呼吸作用、有机物的分解、微生物活动及煤炭等燃料的燃烧。在夜间，设施内的 CO_2 浓度要高于露地；在白天，植物在有光照时会进行旺盛的光合作用，会消耗大量的 CO_2，释放出 O_2，则设施内部的 CO_2 浓度要低于露地。

园林设施是一个比较密闭的环境，空气不能对流，因此容易积累有害气体。如设施内部用炭火加温，就会产生 CO、SO_2 等有毒气体；有机肥腐熟过程中会产生氨气；尿素使用过量且没有及时覆土，在剧烈光照的照射下也会释放出氨气。待这些有毒气体积累到一定程度时，就会对植物产生危害。此外，土壤中 CO_2 含量过高时，就会影响根系的呼吸作用，进而影响到植物根系的吸收、贮藏和疏导等功能。因此，在园林植物设施栽培中，为了防止设施内部有毒气体的产生和积累，要注意通风换气、合理施肥、科学加温等。

11.2.1.2 园林设施小气候调控

针对以上易出现的问题，在进行园林设施生产实践时，建议采用以下方法：a. 适地适树。针对园林设施的环境特点，选取适宜的植物品种，如耐弱光、耐低温、耐水湿等专用品种。b. 科学施肥，合理灌溉。降低土壤中盐分含量。c. 定期消毒。园林植物设施中易贮藏有毒物质，所以要定期对设施进行消毒处理，可采用阳光消毒、水旱轮作消毒或高温密闭消毒等措施，定期进行消除。

(1)光照的调控

充足的、均匀的光照条件有利于植物的生长与发育。因此，在设施栽培时，应尽量保证充足、均匀的光照环境，适当的时候可以进行人工补光。

①改善设施结构　设施建造初期就要考虑到坡度问题，特别是有屋面的温室，要合理设计后屋面角、前屋面与地面交角及后坡长度等，要在保证透光率的前提下起到保温的效果，还要防风雪的袭击，保证排水通畅；屋面的形状尽量选用拱圆形，选用透明材质采光效果会更好；骨架材料在保证强度的前提下要尽量选用细材，减少遮挡；覆盖材料也要选用透光率较高的材质，塑料薄膜大棚应选用防雾滴、耐老化的优质薄膜。

②改进管理措施　要做好设施的清洁工作，特别是覆盖物的外表面要经常进行清理以

保证其透光率，内表面也可通过通风处理防止水滴凝结。要适当增加光照时间，在防寒保温的前提下，尽早地去掉不透明的保温覆盖物。设施内部栽培植物时，要注意合理密植，防止植物间的互相遮挡；植物栽植方向以南北行向为好，这样可以充分利用光照；单屋面的温室栽培床要注意南低北高，防止遮挡；还可以在单屋面温室的北向放置反光板，使得光照范围增加。

③人为遮光与补光　在夏季，由于光照强度大，设施内部温度过高，影响植物生长与发育时，可以进行适当的遮光处理。据统计，设施遮光20%~40%时，可以降低内部温度2~4℃。一般采用遮阳网、无纺布、竹帘等材料进行覆盖，还可以将玻璃涂白，或者屋面进行流水处理。此外，一些短日照植物只有满足最低连续暗期才能进行花芽分化，因此需通过遮光延长暗期。可用黑布或黑色塑料薄膜在植物顶部和四周覆盖，但应加强通风。在自然光照较弱时，可采用人工补充光照的方法来满足植物生长发育对光照的需要。生产上常采用荧光灯、LED灯、高压灯等光源。有时为了改变植物的开花习性，调节植物的光周期，也会进行补光处理，但补光时间和程度依植物种类而定。明期延长法一般于日出或日落前人工补光，一般为5~6h；暗期中断法一般于半夜辅助灯光1~2h。

(2)温度的调控

①保温措施　设施内的温度在白天比较高，到了夜间会下降得比较快。为了减缓温度下降速度，必须采取有效措施达到保温目的。通常，不加温的温室或单层塑料大棚的保温效果很差，为了提高设施内部的保温能力，一般会对其进行保温覆盖。常见的覆盖材料有聚乙烯薄膜、无纺布、草帘、棉被等，不同材料的保温效果不同，不同设施采用的覆盖方式也不同。应科学揭盖覆盖物。北方地区冬季气候寒冷、温差较大，早晨气温偏低，若过早揭苫，棚内气温会急剧下降，从而影响苗木的正常生长发育。一般情况下，当早晨阳光洒满整个前屋时即可揭苫；下午大约在太阳落山前1h左右盖苫，盖苫后气温会在短时间内回升2~3℃，然后缓慢地下降。此外，还要保持覆盖物的干燥整洁，增加设施的透光度。土壤表面尽量干燥，可以适当进行地面覆盖。

②加温措施　不同的加温方式，其产生的效果也不同。常见的采暖方式有热风采暖、热水采暖、热气采暖、电热采暖、辐射采暖和火炉采暖等，不同的采暖方式所产生的费用及适用对象不同。如大型温室一般采用热水或热气采暖，加热方式较缓和，余热多，但是设备费用一般较高；而小型温室一般采用电热采暖，预热时间短，但保温性差，设备费用较低；而大棚一般采用火炉采暖，用地炉或铁炉烧煤，通过烟道散热的形式进行取暖，这种采暖方式封火后还会有一定的保温性能，烧火需要较多劳力，温度不易控制，但是设备费用低，维护简单。

此外，利用栽培措施可以提高地温。根据苗木的需要，使用高垄或高畦栽培方式，再辅以地膜的使用，来间接增加地温。还可增施有机肥，尤其是热性有机肥，如马粪等，也可以达到增温效果。利用反光幕也可以增温补光，将反光幕挂于温室栽培畦北侧或靠后墙部位，使其与地面保持75°~85°角为宜，这样可增加光照约5000lx，提高温度约2℃。合理浇水也可以调节温度。冬季浇水要做到晴天浇、午前浇，浇小水和温水、暗水。

③降温措施　最简易的降温方式就是通风，但若室外温度过高，就要采取人工降温。

常用的降温方法有：遮光法，通过在设施顶部搭建遮阳网，降低设施内部的温度，在室外一般选用黑色或深色的塑料网，室内可选用灰色或白色的无纺布，也可在设施屋顶表面涂刷白色等。屋面流水法，即通过对屋面进行流水冲刷的方式进行降温，水流可以吸收设施表面的散热，同时水分在蒸发的过程中可以带走一部分热量，若水流较大，还有一定的遮阴作用。蒸发冷却法，原理就是蒸发的过程中会吸热，进而降低周围环境中的温度。如在设施的整个屋顶外设置喷雾，使屋顶保持湿润，进而降低屋面温度；或者在进风口处放置湿润的草帘，另一侧用排风扇抽风，使进入设施内部的空气先经过湿草帘进行降温处理后再进入内部，这样不仅可以增加设施内空气湿度，并且能降低温度。

(3)空气的调控

①空气湿度的管理

除湿措施　除湿的主要目的是防止植物过度沾湿，进而滋生病虫害，同时降低湿度还可以促进植物的蒸腾作用。常见的除湿方法有通风换气、加温、覆盖地膜和控制灌溉等。设施的密闭性易导致高温、高湿的环境条件，通风换气法一般都是采用自然通风，通过打开通风窗、揭薄膜、扒缝等自然流通空气从而降低棚内湿度，但是通风量不容易控制，并且室内的除湿效果也不均匀。加温除湿的效果较好，易控制设施内部的湿度，使空气湿度既能满足植物的正常生长与发育，又能保证植物体表面不会存在凝结水，有效地控制病虫害的发生。地膜覆盖可以减少地面水分蒸发，降低空气湿度。据调查，覆盖地膜后设施内夜间的空气湿度可降低20%，除湿效果极其明显。控制灌溉即控制灌水量和次数，改变灌水方式，以滴灌、微灌、喷灌为主，既能节水增温，又能减少蒸发降低湿度。此外，如果湿度太大，还可采用吸湿材料，在设施内每隔一段距离用容器放置生石灰、碱石棉等吸水降湿。

增湿措施　在夏季高温、干燥的天气下，进行全年生产的大型设施常常会发生空气湿度过低的情况。当设施内部的空气湿度不能满足植物的正常生长与发育时，就需要人为进行加湿处理。常用的方法有喷雾加湿和湿帘加湿。一般可根据设施的大小选择合适的喷雾器或者在设施内顶部安装喷雾系统，喷雾加湿法一般与降温处理法结合进行。湿帘加湿也是在保证降温的前提下，提高设施内湿度。此外，通过增加浇水次数、浇灌量和减少通风等措施，也可增加空气湿度。

②CO_2 的管理　CO_2 含量的高低直接影响光合作用的强弱，故只有合理控制设施内部 CO_2 的含量，才能保证植物优质高产。一般情况下，随着光照的增强，上午设施内部 CO_2 含量会逐渐降低，这时就需要进行及时补充；中午设施内部温度较高，需要通风处理，一般在通风前可停止补充；下午一般不需要补充。

补充 CO_2 的途径一般为有机肥发酵、燃烧天然气、干冰、燃烧煤炭及化学方法等。目前使用最多的就是利用化学反应的方法，如用强酸和碳酸盐进行反应就可产生 CO_2。

③预防有害气体　设施栽培内部由于经常会施用农药，而某些残留时间较长的农药就要避免施用，要尽量选用低毒无公害的药物，并且在施药方法上要注意低量应用；另外还要预防加温温室中地热水的污染，由于一些水中会含有氯化物，长时间会对设施和管道进行腐蚀、磨损进而出现漏水等现象造成污染，因此利用地热水暖加温时要注意避免施用金属管道。此外，对设施还要定期进行通风处理，排除设施内部的有害气体。一般应选择在

清晨进行通风换气，此时设施内部的空气湿度较高，且有害气体最多。同时，在设施选址时也要注意，尽量远离污染源，避免受到污染。

11.2.2 园林设施栽培土壤的管理

11.2.2.1 园林设施栽培土壤的特点

园林设施栽培中，土壤常处于高温、高湿、高蒸发、无雨水淋溶的环境中，同时植物种植茬数多，多年连作和肥水管理不合理等，都极易造成土壤理化性质恶化、土壤连作障碍明显、土传病虫害加重等现象。设施栽培土壤环境具体有以下特性：

(1)土壤养分残留量高，易产生盐渍化

园林设施内自然降水受到阻隔，土壤几乎没有受到自然降水的淋溶作用，因此土壤中积累的盐分不能被淋溶到地下水中。而设施栽培过程中大量施肥，养分累积进程快，土壤有机质矿化率高，养分残留量高。同时，设施内温度高，植物生长旺盛，土壤水分的蒸发和植物蒸腾作用比露地强，根据“盐随水走”的规律，造成土壤表层积聚较多的盐分(图11-1)，易产生次生盐渍化。一些设施生产多在冬、春寒冷季节进行，土壤温度较低，施入的肥料不易分解和被植物吸收，也造成土壤内养分的残留。据调查，使用3~5年的温室表土，氮肥残留量可达200mg/kg以上，严重的达1~2g/kg，达到植物承受盐分危害的浓度上限(2~3g/kg)。

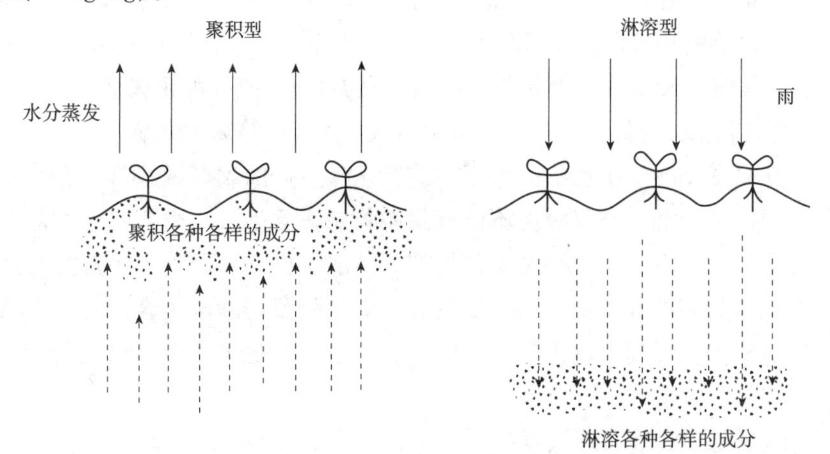

图 11-1 自然土壤与设施土壤的差别(关继东等，2013)

(2)土壤养分不平衡

设施内土壤的有机质、全氮、速效磷含量均高于露地栽培土壤。设施内植物从土壤中吸收的养分量与输入量极不协调，吸入养分以钾最多，氮次之，磷最少，但施肥时偏重氮肥的施入量，磷肥次之。因此，土壤氮肥(N)逐渐增加。设施内土壤全磷的转化率比露地高2倍，对磷(P)的吸附和解吸量也明显高于露地，磷大量富集(可达1000mg/kg以上)，导致钾(K)含量相对不足，N/K失衡，对园林植物的生长发育不利。另外，微量元素肥使用较少，导致设施内土壤大量元素含量偏高，中量元素和微量元素缺乏，造成养分不平衡。

(3)土壤酸化

氮肥施用量过多，残留量大而引起的土壤酸化，会造成土壤 pH 过低而直接危害植物。此外，还抑制 P、Ca、Mg 等元素的吸收。试验表明，连续施用硫铵或氯化铵时，土壤 pH 下降最明显。特别是硝酸盐在土壤中的积累，土壤酸化后，抑制土壤硝化细菌的活动，植物易受亚硝酸气体的毒害。

(4)土壤理化性质变差

为了获得较高的经济效益，设施内栽培的植物种类比较单一，不注意轮作换茬，使土壤中的养分失去平衡。此外，连年种植会导致土壤耕层变浅，土壤板结，团粒结构破坏、含量降低，土壤的理化性质恶化。并且由于长期高温、高湿，有机质转化速度加快，土壤的养分库存数量减少，供氧能力降低，最终使土壤肥力严重下降。

(5)土壤生物环境恶化

由于设施内环境比较温暖湿润，为一些土壤中的病虫害提供了越冬场所，土传病虫害严重，使得一些在露地栽培可以控制的病虫害在设施内难以绝迹。例如，根结线虫在温室土壤内一旦发生很难控制。

11.2.2.2 园林设施栽培土壤的日常管理

(1)合理灌溉

合理灌溉可降低土壤水分蒸发量，有利于防止土壤表层盐分积聚。设施栽培土壤出现次生盐渍化并不是整个土体的盐分含量高，而是土壤表层的盐分含量超出了植物生长的适宜范围，土壤水分的上升运动和通过表层蒸发是使土壤盐分积聚在土壤表层的主要原因。而灌溉的方式和质量是影响土壤水分蒸发的主要因素，漫灌和沟灌都将加速土壤水分的蒸发，易使土壤盐分在表层积聚。滴灌和渗灌是最经济的灌溉方式，同时又可防止土壤下层盐分向表层积聚，对防治土壤次生盐渍化具有很好的作用。

(2)平衡施肥

根据土壤的供肥能力和植物的需肥规律，进行平衡施肥，是减少土壤中盐分积累，防止设施土壤次生盐渍化的有效途径。设施内宜施用秸秆和有机肥。施用秸秆不仅可以防止土壤次生盐渍化，而且还能平衡土壤养分，增加土壤有机质含量，促进土壤微生物活动，降低病原菌的数量，减少病害。有机肥肥效缓慢，腐熟的有机肥不易引起浓度上升，还可改进土壤的理化性状，使其疏松透气，提高含氧量，对植物根系有利。

平衡施肥应以土壤养分状况及植物需肥特性为依据，做到配方施肥。即根据植物营养生理特点、吸肥规律，以及土壤供肥性能及肥料效应，确定有机肥、氮、磷、钾及微量元素肥料的适宜量和比例以及相应的施肥技术，做到对症配方、对症施用。具体包括确定合理的肥料品种和数量、基肥和追肥比例、追肥次数和时期，以及根据肥料特征采用合适的施肥方式。

(3)加强田间管理

设施栽培土壤管理的首要问题是整地。整地一般要在充分施用有机肥的前提下，提早并连续进行翻耕、灌溉、耙地、起垄和镇压等作业，有条件的最好进行秋季深翻。整地时，土壤一定要细碎稀松，表里一致。

(4)改善耕作制度

换土、轮作和无土栽培技术是解决土壤次生盐渍化的有效措施之一，换土劳动强度大，只适合小面积应用。轮作也可以减轻土壤的次生盐渍化程度，还能恢复地力，减少生理病害和传染性病害。当设施内的土壤障碍发生严重或者土传病害严重时，也可考虑无土栽培技术。

(5)改善土壤理化性质

连年种植导致土壤耕层变浅，发生板结，团粒结构被破坏时，可通过土壤改良提高其理化性质。主要方法有：一是植株收获后，深翻土壤，把下层含盐较少的土翻到上层与表土充分混匀；二是适当增施腐熟的有机肥，以增加土壤的有机质含量，增强土壤通透性，改善土壤理化性状。

(6)定期土壤消毒

土壤中有病原菌、害虫等有害生物，正常情况下它们在土壤中保持一定平衡。但园林设施内常进行周年性生产，土壤长期连作，且处于高温、高湿的微环境下，且植物根系分泌物质或病株的残留，也会引起土壤中生物条件的变化，打破了平衡状态，利于土壤中病原菌和害虫的繁殖。可采取一些方法对土壤进行消毒。

①药剂消毒　在设施内，常采用福尔马林、硫黄粉、氯化苦等化学药剂进行密闭消毒。在使用药剂时需提高室内温度，使土壤温度达到15℃以上，10℃以下不易气化，效果较差。可使用土壤消毒剂，将液体药剂直接注入土壤到达一定深度，并使其汽化和扩散。面积较大时需采用动力式消毒机。

②蒸汽消毒　是土壤热处理消毒最有效的方法，一般使用内燃式炉筒烟管式锅炉。在土壤或基质消毒前，需将待消毒的土壤或基质疏松好，用帆布或耐高温的厚塑料布覆盖在待消毒的土壤或基质表面，四周要密封，并将高温蒸汽输送管放置到覆盖物之下。每次消毒的面积与消毒机锅炉的能力有关，要达到较好的消毒效果，每平方米土壤每小时需要50kg的高温蒸汽。消毒深度的不同，消毒的时间也不同。大多数土壤病原菌用60℃蒸汽消毒30min即可被杀死。

③高温闷棚　在高温季节，灌水后关好棚室的门窗，进行高温闷棚杀虫灭菌。

④冷冻法消毒　把不能利用的保护地撤膜后深翻土壤，利用冬季严寒冻死病菌和虫卵。

自主学习资源

1. 土壤重金属污染的生物修复技术及机制．孟越，孙丽娜，马国峰．中国资源综合利用，2018(7)：122-124.

2. 我国盐碱地改良技术综述及展望．周和平，张立新，禹锋，等．现代农业科技，2007(11)：159-161，164.

拓展提高

盐碱地的形成

盐碱地主要由于气候条件、地理条件、地下水、河流和海水影响，以及耕作管理不当等原因造成。盐碱土多在我国东北、西北和华北的干旱、半干旱地区，由于气候干旱，降水量小，地面蒸发强烈，溶解在水中的盐分容易在土壤表层积聚。在地势低洼地区，水溶性盐常随水从高处向低处移动，在低洼地带积聚；同时地下水位又相对较高，矿化度大，容易积盐。沿海地区因海水浸渍，也可形成滨海盐碱土。此外，由于耕作管理的不当，有些地方浇水时大水漫灌或低洼地区只灌不排，也会导致地下水位很快上升而积盐，这个过程称为次生盐渍化。

东北、华北半干旱地区的盐碱土有明显的“脱盐”“返盐”季节。夏季雨水多而集中，大量可溶性盐随水渗到下层或流走，这就是“脱盐”季节；春季地表水分蒸发强烈，地下水中的盐分不断通过土壤中毛管上升而聚集在土壤表层，这是主要的“返盐”季节。这一过程反复进行，土体内可溶性盐分不断增高，超过一定含量后就成为盐渍化土壤或盐土。而西北地区，由于降水量很少，土壤盐分的季节性变化不明显。

盐土土壤溶液中含有的易溶中性盐类如氯化钠、硫酸钠及硝酸钠等几乎呈饱和状态，会使植物细胞的生物膜破坏，吸水受阻，使植物产生生理干旱，影响植物光合作用和呼吸作用，抑制蛋白质合成，使植物代谢紊乱。但植物在长期进化中，为适应环境也产生了一些盐生植物和耐盐植物。

课后习题

一、填空题

1. 城市绿地土壤主要有________、________和自然土壤3种类型。

2. 依据________和________原理，对盐碱地进行合理排灌，可以起到改良目的。

3. 耕作土壤的土壤剖面层次从上至下依次分为________、________、________、________。

二、不定项选择题

1. 下列影响日光温室保温性能的有(　　)。

A. 光照时间　　B. 植物种类　　C. 棚膜种类　　D. 土壤种类

2. 园林植物设施内部补充二氧化碳的途径一般有(　　)。

A. 有机肥的发酵　　B. 燃烧天然气、干冰

C. 燃烧煤炭　　D. 化学方法

3. 城市小气候具有的特点有(　　)。

A. 热岛效应　　B. 风速较小、流动性差

C. 湿度较低　　D. 尘埃多、雾霾多

4. 小气候形成的主要原因有(　　)。

A. 下垫面的影响　　B. 天气状况
C. 人类和动物的活动　　D. 植物的分布
5. 园林植物栽培设施内部常见的除湿方法有(　　)。
A. 通风换气　　B. 加温除湿　　C. 覆盖地膜　　D. 控制灌溉
6. 园林设施内的光照条件与室外露地栽培不同，园林设施内的光照条件会受到很多因素的影响，主要有(　　)。
A. 建筑方位　　B. 设施结构
C. 透光屋面的大小和形状　　D. 覆盖物材质及洁净状况
7. 植物在(　　)无须吸收氮、磷、钾。
A. 成熟期　　B. 生长初期　　C. 壮年期　　D. 种子营养期
8. 对植物生长和农业生产影响最好的土壤质地层次是(　　)。
A. 上砂下黏　　B. 上黏下砂　　C. 砂夹黏　　D. 黏夹砂
9. 土壤耕性改良的措施有(　　)。
A. 增施有机肥　　B. 掌握宜耕期　　C. 改良土壤结构　　D. 轮作换茬
10. 酸性土壤改良的措施有(　　)。
A. 施生石灰　　B. 施石灰粉　　C. 施碱性肥料　　D. 施生理碱性肥料
11. (　　)施肥见效慢，但后劲长，植物生长后期不易脱肥，“发老苗不发小苗”。
A. 轻质土　　B. 重质土　　C. 砂土　　D. 壤土
12. 城市中的树木偏冠与(　　)有直接关系。
A. 温度　　B. 光照　　C. 水　　D. 土壤
13. 多数露地栽培的园林植物在(　　)的条件下，植株生长壮、着花多。
A. 光照充足　　B. 光照较弱　　C. 光照阴暗　　D. 光照强烈

三、判断题

1. 人类活动改变气候主要有3种途径：一是改变大气成分；二是改变下垫面性质；三是向大气释放热量。(　　)
2. 底层大气的热量来源主要是受下垫面的辐射热影响。(　　)
3. 除湿的主要目的是防止植物过度沾湿，进而滋生病虫害。(　　)
4. 即便是不加温的温室或单层塑料大棚，保温效果也不会很差，因此，有时为了提高设施内部的保温能力对其进行保温覆盖，是完全没有必要的。(　　)
5. 园林植物设施内部在自然光照较弱时，可采用人工补充光照的方法来满足植物生长发育的需要。(　　)
6. 园林植物设施内部最简易的降温方式就是通风。(　　)
7. 日常生活中，要做好设施的清洁工作，特别是覆盖物的外表面要经常进行清理，以保证其透光率。(　　)
8. 充足的、均匀的光照条件有利于植物的生长与发育。(　　)
9. 植物主要是通过自身物理形态特征和蒸腾作用来影响一定范围内周边环境的小气候。(　　)

10. 根据季节对植物的日照效应进行分类，包括夏季的遮阴效应和冬季的透光效应。(　　)

11. 叶片的蒸腾作用将植物体内的水分散失到大气中，故只能增加空气湿度，不能降低周围环境的温度。(　　)

12. 太阳辐射是城市小气候的主要动力来源，地球上的天气状况与太阳辐射密切相关。(　　)

13. 设施栽培内部由于经常施用农药，因此某些残留时间较长的农药要避免施用，要尽量选用低毒无公害的药物。(　　)

14. 对园林设施进行降温时，可采用遮光法：在设施顶部搭建遮阳网，一般在室外选用黑色或深色的塑料网即可，室内可选用灰色或白色的无纺布，也可在设施屋顶表面涂刷白漆等。(　　)

15. 在进风口处放置湿润的草帘，另一侧用排风扇抽风，使进入设施内部的空气先经过湿草帘进行降温处理再进入内部，这样不仅可以增加设施内空气湿度，并且能降低温度。(　　)

16. 设施中二氧化碳的主要来源有空气、植物呼吸、有机物的分解、微生物活动及煤炭等燃料的燃烧。(　　)

17. 在夜间，设施内部的 CO_2 浓度要高于露地；在白天，设施内部的 CO_2 浓度要低于露地。(　　)

18. 园林植物设施常见的采暖方式有热风采暖、热水采暖、热气采暖、电热采暖、辐射采暖和火炉采暖等。(　　)

19. 园林植物设施就是利用温室效应原理，增加设施内部的温度。(　　)

20. 生土的有机质和有效态养分含量最为丰富，生物活性最高，质地适中，结构性最好，肥力水平最高。(　　)

21. 设施栽培环境中，土壤的淋溶作用弱，土壤表层容易积聚较多的盐分。(　　)

22. 砂质土疏松多孔，气多水少，热容量小，导热率低，为热性土。(　　)

23. 增施有机肥可促使土壤形成团粒结构，以利于土壤通气。(　　)

四、问答题

1. 土壤有机质对提高土壤肥力有何作用？如何调节土壤有机质状况？
2. 为什么说团粒结构是肥沃土壤的标志之一？如何培育良好的土壤结构？
3. 设施栽培土壤次生盐渍化产生的原因及解决方法有哪些？
4. 城市绿地土壤有何特点？改良措施有哪些？
5. 酸碱土对植物生长发育的影响有哪些？如何改良酸性土和碱性土？

模块3

城市生态系统

学习目的

通过本模块的学习，了解植物种群、群落、生态系统的发生，了解生态系统平衡的原理等生态学知识。从生态学的基础知识出发，结合城市环境与植被特点，将生态学知识运用到城市系统建设与管理中，从而更好地为生态园林、园林城市与生态城市的建设服务。

模块导入

城市生态系统是在破坏自然生态系统的基础上人工建立起来的自然环境与人类社会相结合的生态系统，它具有生态系统的一些基本特征，又与自然生态系统有着本质上的差异。将城市作为一种特殊的生态系统来观察、分析，有利于全面、深入地认识和研究城市生态系统，对园林绿化工作具有十分重要的意义。

单元12 城市生态系统

学习目标

(1) 了解种群的基本特征。
(2) 理解植物群落的动态及分布规律。
(3) 熟悉城市园林植物群落的特点。
(4) 熟悉生态系统的组成和营养结构。
(5) 理解生态平衡原理。
(6) 理解城市生态系统的主要特点及存在的问题。
(7) 能够运用植物群落学与生态系统的基本知识，指导园林植物群落建植、管理和调控。

自然界的生物因子包括植物、动物和微生物，它们之间具有复杂的相互关系，如不同种植物之间的种间关系、同种植物个体间的种内关系，这都是在漫长的进化过程中相互适应的结果。而且，它们很少是以个体形式单独存在的，而常由很多同物种个体组成种群，以种群形式生存和繁衍。种群是构成群落和生态系统的基本成分。依生物类别，种群可以分为动物种群、植物种群和微生物种群等，对于园林生态而言，主要研究的是植物种群。

12.1 种群概念与基本特征

12.1.1 种群概念

自然界中，每一种植物都是由许多个体组成的，这些个体在一定时间内占据着一定的空间，植物种群就是在同一时期内占有一定空间的同一种植物个体的集群。

种群是自然界中物种存在和物种进化的基本单位，也是生物群落、生态系统的基本组成成分，还是生物资源保护、利用和有害生物综合治理的具体对象，如松树种群。

生活在某一特定环境中的种群个体并不是杂乱无章的，而是通过种内个体之间的关系组成一个统一的整体，并以整体与环境发生各种关系。种群不等于个体的简单相加，而是有着自身的特性，如个体有年龄、性别特征，而种群有年龄结构特征。

12.1.2 种群基本特征

种群的基本特征是指各类生物种群在正常的生长发育条件下所具有的共同特征，即种群的共性。自然种群的几个基本特征如下。

(1)空间特征

种群具有一定的分布区域。组成种群的个体在其生活空间中的位置状态或布局称为种群的分布格局或内分布型，大致可分为3类：均匀型、随机型和集群型。

①均匀型(uniform) 种群的个体等距分布或个体之间保持一定的均匀间距。人工栽培植物种群多为均匀型，自然情况下很少有均匀型分布。

②随机型(random) 种群个体的分布完全符合随机性。随机分布并不普遍，只有在生境条件对很多种的作用都差不多或某一主导因子呈随机分布时，才会引起种群的随机分布，或者在条件比较一致的环境里，也会出现随机分布。依靠种子繁殖的植物，在初期散布于新的地区时，也常呈随机分布。

③集群型(clumped) 种群个体的分布极不均匀，常成群、成块或斑块密集分布，各种群的大小、群间的距离、群内个体密度等都不相等，但各种群间大都呈随机分布。

集群分布是最常见的分布格局，在自然条件下种群个体常呈集群分布。形成的原因在于：种间相互作用，如草本植物在树下茂密生长；从母株上散布的种子通常降落在该植株附近，或者植物依靠匍匐茎、根状茎等营养繁殖器官从母株蔓延开来；环境差异造成的结果，如森林空旷处常有喜光草本植物斑块、微地形起伏引起的林下植物斑块等。

在自然群落中的种群，呈随机分布的比较少见，均匀分布的极其罕见，而集群分布的是最常见的。种群的空间格局在一定程度上反映了环境因子对种群个体生存、生长的影响，在园林植物群落配置及植物群落研究中具有重要意义。

(2)数量特征

一个种群所包含的个体数量称为种群数量或种群大小。单位面积或容积除以个体数目来表示种群数量或种群大小，就是种群密度(density)。种群密度是变动的，是种群最基本的特征之一。种群密度在生态学上不是按种的分布区来计算的，而是按种在分布区内最适宜生长的空间计算，可称为生态密度。生态密度的实质是反映种群个体所占有的空间面积，它关系到植物种群对光能与地力的利用率，直接影响种及群落的生产量。

①出生率(natality)和死亡率(mortality) 出生率描述的是种群中个体出生的情况，泛指种群增加新个体的能力。它常分为最大出生率和实际出生率。前者是指种群在理想条件下的出生率；后者是指特定条件下的种群实际出生率，又称生态出生率。同样，死亡率可分为最低死亡率和实际死亡率。前者是在最适宜条件下的死亡率，种群个体都活到生理寿命；而后者是在特定条件下丧失的个体数，称生态死亡率。最大出生率和最低死亡率都是理论上的概念，反映的是种群的潜在能力。在封闭种群中，不存在与外界的个体交换，种群数量的变化仅与出生率和死亡率有关。

种群数量是一个变量，随时间而变化。在适宜的环境条件下，种群数量大，反之则少。其变化主要因出生和死亡以及迁入和迁出而变化，出生和迁入是使种群数量增加的因

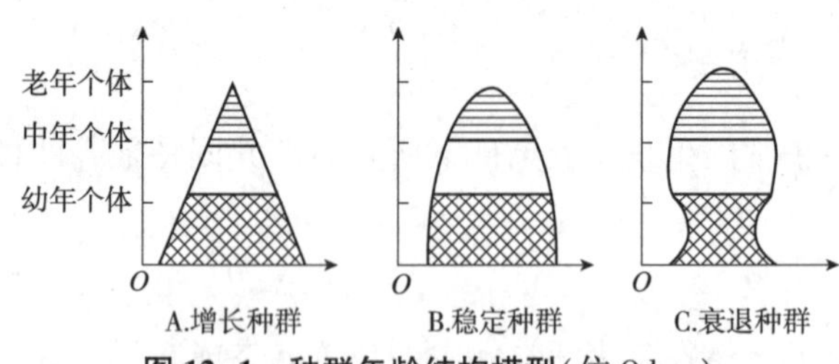

图 12-1 种群年龄结构模型(仿 Odum)

素，死亡和迁出是使种群数量减少的因素。

②年龄组成和性比　种群的年龄组成也称为年龄分布或年龄结构，是指各个年龄级的个体数在种群中的分布情况，是种群的一个重要特征，影响出生率和死亡率。一般而言，如果其他条件一致，种群中具有繁殖能力的成株越多，种群的出生率就越高；种群中老龄植物个体比例越大，种群的死亡率就越高。研究园林植物种群的年龄结构对分析、预测园林植物种群的发展趋势具有重要价值。通常，种群中从幼龄到老龄各年龄级所占比例构成金字塔模式的年龄结构(图 12-1)。其中，增长种群的年龄结构具有很大的年幼个体的百分比、较小的年老个体的百分比，年幼个体除了替代死去的年老个体外仍有剩余，种群可以继续发展。稳定种群的年龄结构中，则各年龄级比例接近，每一个年龄级的个体死亡率接近进入该年龄级的新个体百分比，种群处于相对稳定。衰退种群的年龄结构明显呈倒金字塔形，幼龄个体很少，老龄个体相对较多，种群处于衰退并趋于消失。

种群中雄性个体和雌性个体数目的比例称为性比(sexratio)。它反映一个种群繁殖后代的能力。植物多属于两性花植物，性比对种群数量影响不大。但对雌雄异株植物而言，性比影响到种群的繁殖力以至数量变动。如银杏种群中，需配置一定数量的授粉树，正常的更新需雄性植株和雌性植株保持一定的比例关系。

(3)遗传特征

种群具有一定的基因组成，可视为一个基因库，以区别于其他物种，但基因组成同样是处于变动之中的。不同种群的基因库是不同的，种群的基因频率世代传递，在进化过程中通过改变基因频率来适应环境的不断改变。

12.2 群落种类组成与结构

在自然界，没有一个生物个体能够长期单独存在，不同种生物相互作用、相互联系形成一个整体，即群落。群落(community)也称生物群落(biological community)，是指具有直接或间接关系的多种生物种群的有规律的组合，具有复杂的种间关系。生物群落包括植物群落、动物群落和微生物群落。由于动物、植物各大类群生活方式不同，动物生态学和植物生态学在相当长的时期中处于独立发展状态，在群落组成和结构等方面都有很大区别。其中以植物群落研究最多，群落学中的一些基本原理很多都是在植物群落研究中获得的。

12.2.1 植物群落概念

种群是个体的集合体，群落是种群的集合体。生物群落指生存于特定区域或生境内的各种生物种群的集合体，也可以用来指各种不同大小及自然特征的有生命物体的集合。

植物群落(lant community)可定义为特定空间或特定生境下植物种群有规律的组合，其具有一定的植物种类组成，物种之间及其与环境之间彼此影响、相互作用，具有一定的外貌及结构，执行一定的功能。换言之，在一定的地段上，群居在一起的各种植物种群所构成的一种有规律的集合体，就是植物群落。

植物群落中植物之间存在着极复杂的相互关系。一方面，这种相互关系包括生存空间的竞争，各种植物对光能的竞争，对土壤水分和矿质营养的竞争，植物分泌物的影响，以及植物之间附生、寄生和共生关系等；另一方面，群居在一起的植物在受到周围环境因素影响的同时，又作为一个整体，对周围环境产生一定的作用，如调节气候因子、减弱风沙和污染物的危害等，并在群落内部形成特有的有利于植物生长发育的生态环境。因此，园林植物栽培和造园应从植物群落角度着手，弄清植物群落的结构特征、发育规律以及群落内植物与植物间、植物与其他生物间、植物与环境之间存在的各种相互关系，从而营建符合生态规律的相对稳定的人工植物群落。园林中的花坛、公园绿地、风景林等人工植物群落，就是人类在认识自然的基础上，建立起来的植物群落。

12. 2. 2　植物群落基本特征和分类

植物群落的基本特征：具有一定的种类组成和种间的数量比例；具有一定的结构和外貌；具有一定的生境条件；执行着一定的功能；植物与植物、植物与环境存在着一定的相互关系，植物群落是环境选择的结果；每个植物群落在空间上占有一定的分布区域，在时间上是植被发育过程中的某一阶段。

植物群落的分类：按其形成和发展过程中人类干扰的程度，可分自然植物群落和人工植物群落。一些自然保护区、森林公园的植物群落是自然形成的，属于自然植物群落；而城市中大部分植物群落是人工栽培形成的，属于人工植物群落。

12. 2. 3　植物群落的种类组成及其确定方法

植物群落的种类组成是决定群落性质最重要的因素，也是鉴别不同群落类型的首要特征。群落学研究一般都从分析物种组成开始。

12. 2. 3. 1　调查植物群落种类的方法

为了摸清群落的物种组成，首先要选择样地，即能代表所研究群落基本特征的一定地段或一定空间。所选样地应注意环境条件一致性与群落外貌的一致性，最好处于群落的中心地段，避免处于过渡地段。样地位置确定之后，还要确定样地的大小，因为只能在一定的面积上进行登记。确定样地大小的依据是群落的表现面积。表现面积是在一个最小地段内，对一个特定群落类型能提供足够的环境空间或能保证展现出该群落类型的种类组成和结构等真实特征的群落面积。通常把能包括群落绝大多数种类并表现出群落一般结构特征的最小面积称为群落的表现面积，也叫群落的最小面积。不同的群落类型、不同的环境条件下，群落的表现面积会

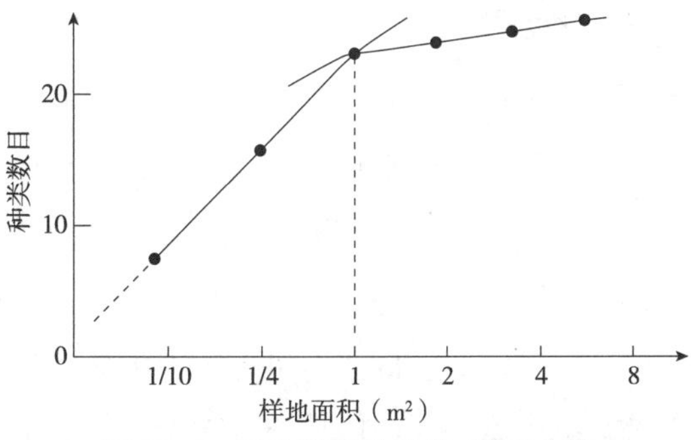

图 12-2　植物群落的种类-面积曲线

有所差别。群落表现面积的调查方法是利用种类-面积曲线法(图 12-2)，即在按一定比例增加取样的同时，记载相应的植物种类、新出现的植物种类并进行植物种类计数，直到随面积增加植物种类数增加极少或不变为止。群落调查的样地大小以不小于群落的表现面积为宜。一般来讲，组成群落的物种越丰富，对其进行研究的最小面积越大。如我国云南西双版纳的热带雨林最小面积约为 2500m^2，亚热带常绿阔叶林约为 1200m^2，寒温带针叶林约为 400m^2，灌丛 25 100m^2，草原 14m^2。

12.2.3.2 植物群落组成划分

从理论上讲，植物群落的组成应当包括群落中所有的植物、动物和微生物的种类，但实际调查中，常因研究对象和目的不同有所侧重。对园林工作者而言，通常注意的是群落中的高等植物成分。根据在群落中的地位及数量特征，可以把植物群落组成划分为以下几种。

(1)优势种和建群种

对群落的结构和群落环境的形成有明显控制作用的物种称为优势种，它们通常是那些个体数量多、投影盖度大、生物量高、体积较大、生活能力强即优势度较大的种。建群种是优势种中的最优者，是群落的建造者，许多情况下优势种就是建群种。如森林群落中乔木层中的优势种即为建群种，是群落中最重要的种。

优势种对整个群落具有控制性影响，如果把群落中的优势种去除，必然导致群落性质和环境的变化，因此不仅要保护那些珍稀濒危植物，而且也要保护那些建群植物和优势植物，它们对生态系统的稳定起着举足轻重的作用。

(2)亚优势种

亚优势种是指个体数量与作用都次于优势种，但在决定群落性质和控制群落环境方面仍起一定作用的植物种。在复层群落中，它通常居于较低的下层，如兴安落叶松林中常混生数量不等的白桦、蒙古栎、樟子松等乔木树种，大针茅草原中的小半灌木冷蒿，这些树种就是亚优势种。

(3)伴生种

伴生种为群落中常见种，它与优势种相伴存在，但在决定群落性质和控制群落环境方面不起主要作用，如兴安落叶松林中常有崖柳、多叶大刺蔷薇、赤杨等伴生。

(4)偶见种

偶见种是那些在群落中出现频率很低的物种，多半数量稀少，如兴安落叶松林中偶尔可以见到红皮云杉等。偶见种可能是偶然地由人们带入或随着某种条件的改变而侵入群落中，也可能是衰退群落中的残遗种，如阔叶林中的针叶树。有些偶见种的出现具有生态指示意义，有的还可以作为地方性特征种来看待。

12.2.4 群落的物种多样性

物种多样性是生物多样性的 3 个层次(遗传多样性、物种多样性和生态系统多样性)之一。物种多样性是指地球上生物有机体的多样性，强调的是物种的变异性。它有两种含义：其一是指一个群落或生境中物种数目的多寡，即种的丰富度；其二是指一个群落或生境中全部物种个体数目的分配状况及种的均匀度。物种多样性代表着物种演化的空间范围和对特定环境的生态适应性，是进化过程的主要产物，所以物种多样性是最适合研究生物多样性的层次。

一般而言，物种多样性具有随纬度增高而逐渐降低的趋势，并随海拔升高而逐渐降低。例如，在云南南部热带森林里，0.25hm^2样地面积中，主要高等植物达 130 种左右，而东北落叶松林同样大小面积则不过 30~40 种。

物种多样性能影响植物群落对有害生物的自然控制力。多种植物构成的群落对有害生物的侵害有更强的抵抗力。如混交林内植物与其他生物类群比较复杂，各种生物间形成复杂的生物网，相互制约，增强了生物类群的自控能力。通过调查发现，纯林中马尾松毛虫天敌只有 10 余种，而马尾松与阔叶混交林中多达几十种。因此，在园林生产上，可以通过合理配置植物种类和保护天敌增加物种多样性，来有效地控制园林病虫害发生。

12.2.5 植物群落的外貌与季相

12.2.5.1 植物群落的外貌

植物群落的外貌是指植物群落的外部形态或表象，也是区分不同群落类型的主要标志。陆地群落常根据其外貌特征区分为森林群落、草原群落和荒漠群落等，森林群落又根据外貌特征的不同分为针叶林、落叶阔叶林、常绿阔叶林和热带雨林等。

群落的外貌是群落与环境长期适应的反映。植物群落的外貌主要取决于群落占优势的植物的生活型、层片结构及叶性质。

不同的群落具有不同的生活型谱，因而具有不同的外貌。如湿热地区的森林以高位芽占绝对优势，高寒群落则以地面芽占优势，而在干旱的草原和荒漠，1 年生植物占有相当大的比例。

层片是植物群落内同一生活型植物的组合。有时当一个层片季相变化时，甚至能影响到另一层片的出现和消失。如北方的落叶阔叶林，早春由于乔木层片的树木尚未长叶，林内透光度大，出现一个春季开花的草本层片；入夏乔木长叶，林冠遮阴，草本层片则逐渐消失。这种随季节出现的层片称为季节层片。

叶性质主要指叶片面积（叶级）、叶质（质地）和叶型（单叶或复叶）等。不同群落具有不同的叶性质，因此具有不同的外貌表现。

12.2.5.2 植物群落的季相

群落的外貌常常随着时间的推移而发生周期性的变化。随着气候季节性交替，群落呈现不同外貌的现象，这就是群落的季相，它是植物群落适应环境条件的一种表现形式。

群落季相变化的主要标志是群落主要层的物候变化。一般温带地区四季分明，群落的季相最显著。春季各种植物开始发芽、抽叶、开花；入夏后炎热多雨，植物进入生长旺季，枝叶茂密，整个群落呈现出浓绿色；秋季许多树种在落叶以前由浓绿逐渐变黄、变红，群落外貌鲜艳夺目；冬季是落叶和休眠期，群落的外貌呈现出一片光秃和灰色。常绿针叶林的季相变化远不如落叶针叶林明显，主要表现为春季雄花序的开放和秋后地被物的枯黄。常绿阔叶林特别是热带雨林的季相变化更小，终年以绿色为主。温带地区的园林植物群落，如果采用针阔混交，并合理配置花、叶有季相的植物，也能够呈现四季常绿、三季有花的景观。如在一些园林建设中，就常在大面积的草坪上种植稀疏的林木，构成疏林草地景观，这样既有开阔的视野，又有比较丰富的层次结构，色彩变化较丰富。

12.2.6 植物群落的结构

12.2.6.1 植物群落的垂直结构

植物群落的垂直结构也就是群落的成层现象，是植物群落与环境条件相互适应的一种形式。一般植物群落所处的环境条件越丰富，群落层次越多，垂直结构越复杂；反之，群落的层次越少，垂直结构越简单。陆生植物群落如森林群落从上往下依次可划分为乔木层、灌木层、草本层和地被层等层次。群落的垂直结构是自然选择的结果，成层现象使植物能最大限度利用光能并有效地利用群落中的空间，显著提高植物利用环境资源的能力。

在多层结构的植物群落中，各层次在群落中的地位和作用是不同的。在多数情况下，与大气候相适应并在很大程度上决定群落内特殊环境的层次是主要层，这层往往是最高层。其余的为次要层，它们的生存与主要层的环境有着直接的关系。例如，如果森林的乔木层遭到破坏，那么整个群落结构就会发生质的变化；相反，如果次要层受到破坏，整个群落虽然受到影响，但并不会引起群落发生质的变化。

陆生植物群落不仅地上部分有分层现象，地面以下的植物根系分布同样有分层现象。通常乔木的根系最深，其次是灌木，草本再次之，苔藓、地衣等地面层植物的根系最浅。

植物群落特别是森林群落的分层现象与光照强度密切相关，一个群落中的光照强度，总是随着高度的下降而逐渐减弱，这是部分光被上层的植株吸收或反射的结果。形成林冠最上层的树木能够接受全光照，上层树冠的枝叶可以吸收和散射50%以上的光能。在乔木下层的灌木层，只能利用全光照的10%左右，而草本层仅利用了全光照的1%~5%，用以维持自身的生长。最下为得到极微弱光照的苔藓地被层。由此可见，森林的垂直结构包含了一种适应光照强度梯度的生活型梯度(图 12-3)。

群落垂直结构的形成是植物之间、植物与环境之间在群落形成过程中相互作用的结果。显然，成层现象使群落在特定的外界环境中最大限度地利用了空间和资源。即成层现象是群落中各生物间为充分利用营养空间而形成的一种垂直上的分层结构。

12.2.6.2 植物群落的水平结构

群落水平结构指群落在水平方向的配置状况或水平格局。自然植物群落的水平结构表现为随机分布、集群分布、均匀分布 3 种类型。在多数情况下，群落内的各物种常常形成片状或斑块状镶嵌分布，每一个斑块就是一个小群落。

镶嵌性(mosaicism)是植物群落内部水平方向上的不均匀配置现象。在自然界中，一个

图 12-3　森林的分层现象（徐凤翔，1982）

群落中的植物种类的分布是不均匀的。如森林群落中，林下阴暗的地点有一些植物种类会形成小型的组合，而林下较明亮的地点则是另外一些种类形成的组合。在草原群落中也有相似的现象。群落内部这样一些小型的植物组合被称为小群落。小群落只是整个群落的一部分。多个这样的小群落的组合结构就是镶嵌。

植物种的繁殖特点、环境因子的不均匀性和种间的相互作用是导致群落镶嵌性的主要原因。需要指出的是，小群落是一个群落内部水平结构分化的最小部分，构成镶嵌性的每个小群落都含有整个大群落的一切层，这是小群落与层片的本质区别。

12.3　城市园林植物群落

城市化过程对植物群落的影响起决定作用的因素是城市的人类活动。一方面，将植被生存空间改造成建筑区，使植物群落受到人为干扰以及城市环境污染等不利因素影响，从而处于动荡状态；另一方面，在城市里构建了各类城市植物群落。例如，在用地紧张的情况下绿地最先消失，而在新辟的公共场所或道路两旁，树木和花卉又被人工栽植上，但其组合却是因人的喜好而定。

12.3.1　城市园林植物群落的类型

城市园林植物群落实际上是自然植物群落与人工植物群落相结合或完全是人工植物群落。园林植物群落的类型有如下几种：类似森林群落的公园群落、植物园群落、各种防护林；类似草本植被群落的各种绿化带、草坪等；类似沼泽和水生植被群落的湿地群落等。

各种园林植物群落存在的地段，即所有的园林植物种植地块和园林种植占大部分的用地，称为园林绿地。作为城市中唯一具有自净功能的组成部分，城市绿地系统在改善环境质量、维护城市生态平衡、美化城市景观等方面起着十分重要的作用。

12.3.2　城市园林植物群落的空间结构

12.3.2.1　城市园林植物群落的垂直结构

城市园林植物群落的垂直结构主要表现为以下几种配置状况。

①单层结构　仅由一个层次构成，草本或木本，如草坪、行道树等。

②灌草结构　由草本和灌木两个层次构成，如道路中间的绿化带配置。

③乔草结构　由乔木和草本两个层次构成，如简单的绿地配置。

④乔灌结构　由乔木和灌木两个层次构成，如小型休闲森林等的配置。

⑤乔灌草结构　由乔木、灌木、草本3个层次构成，如公园、植物园、树木园中的某些配置。

⑥多层结构　除乔木、灌木、草本以外，还包括各种附生、寄生、藤本等植物配置，如复杂的森林或一些特殊营造的植物群落等。

12.3.2.2　城市园林植物群落的水平结构

城市园林植物群落的水平结构主要表现为以下3种类型。

(1)自然式结构

园林植物在平面上的分布没有表现出明显的规律性，各种植物的种类、类型及其各自的数量分布都没有固定的形式，常表现为随机分布、集群分布、均匀分布和镶嵌式分布4种类型。虽然自然式结构表面上参差不齐，没有一定规律，但本质上是植物与自然完美统一的过程。

(2)规则式结构

园林植物在平面上的分布具有明显的外部形状，或有规律地排列。如圆形、方形、菱形、折线形等规则的几何形状，对称式、均匀式等规律性排列，以及具某种特殊意义的图形(如地图)的外部轮廓等。

(3)混合式结构

园林植物群落在水平上的分布既有自然式结构的内容，又有规则式结构的内容，二者有机地结合。

12.3.3　城市园林植物群落的特点

城市园林植物群落由于受人为活动的影响，所处的自然环境相对恶劣，不仅其生境特化，而且群落的组成、结构、变化方式等与自然植物群落都有很大差异。

(1)生境特化

人类生产和生活极大地改变了城市内及近郊的环境，因而也改变了植物的生境，较为突出的是：铺装地表，改变了其下的土壤结构和理化性质及微生物组成，而热岛效应、空气污染改变了光、温度、水和风等气候条件，使城市植物群落处于完全不同于自然群落的环境中。

(2)结构分化且单一化

城市园林植物群落结构分化明显，并日趋单一化。往往是单纯的草本、灌木或乔木相互孤立地种植，或乔木+草本、灌木+草本、乔木+草本的简单配置，缺少复层混交。一方面，城市园林植物群落的种类组成显著低于自然植物群落，特别是灌木、草本和藤本植物；另一方面，人类引进的伴生植物的比例明显增多，外来种占原植物群落的比例越来越大。

(3)格局的园林化

城市园林植物群落在人类的规划和管理下，大多是园林化格局。乔、灌、草、藤本等各类植物的配置，以及森林、树丛、绿篱、草坪和花坛等的布局，都是人类精心设计和栽植管理下而形成的。

(4)演替受人为干预

城市园林植物群落的发展动态，无论是形成、更新还是演替，都是在人为干预下进行的。

12.3.4 植物群落对城市生态环境的改善和调节作用

在群落中，植物进行光合作用、呼吸作用、蒸腾作用等生理活动，再加上植物的覆盖和阻挡等作用，群落内形成特有的内部环境，并通过与外界环境进行着大量的水、热、能量及气体交换，对其周围环境产生影响。

12.3.4.1 植物群落对光照的影响

照射在植物群落上的太阳辐射可分为3个部分：一部分被植物群落反射，一部分被吸收，剩余部分则穿透植物群落而到达地表。与城市空旷地相比，群落内的光照具有强度减弱、光质改变、光照分布不均及日照时间缩短的特点。

不同植物群落射入群落内的光照强度的强弱，取决于群落植物构成的具体状况，如针阔混交林中，致密的上层树冠反射10%，吸收79%，射入群落内的光约占入射光的11%；而松散的松树林射入群落内的光约占总入射量的30%。

12.3.4.2 植物群落对温度的影响

植物群落能影响城市气温的季节变化和昼夜变化。在夏季和白天，由于植物吸收、反射太阳辐射使到达地面的太阳辐射减少、植物蒸腾消耗大量热量、群落内湿度大等原因，群落内增温较慢，温度相对裸地要低一些，因此园林植物群落可以降低城市温度，减弱热岛效应。冬季或夜晚，由于植物的覆盖，阻挡了群落内空气的对流和热量的散失，群落内的温度高于裸地，因此群落内温度的年较差和日较差都比裸地小。

12.3.4.3 植物群落对水分的影响

植物群落对水分的影响主要体现在增加水量和改善水质两个方面。

发育良好的植物群落内，土壤质地疏松多孔，有很好的透水性能和蓄水性能。城市中的园林植物群落可加大城市自然土壤的面积，增加城市对自然降水的保持作用，不致使太多的自然降水直接通过排水系统被排走，因此可以增加城市中的水资源总量。

就植物群落周围的小环境来说，植物群落对降水有一定的截留作用，被截留的大量水分直接蒸散到大气中，再加上植物群落的蒸腾作用也释放出大量水汽，使群落内部及其附近环境的空气湿度大大增加。

植物群落对城市水质的改善作用，首先表现在植物的富集作用可以吸收水体中的污染物并积累在体内；其次表现在植物具有代谢解毒能力，有些污染物进入植物体后，可以被植物体分解掉或转化为毒性小或无毒的物质，从而使其毒性大大降低。

12.3.4.4 植物群落对风的影响

城市园林植物群落对风的影响主要是靠影响近地表的空气流动来体现的。城市园林植物群落可以在一定程度上减弱风力，降低风速，特别是城市森林可成为风的强大障碍，能把风分散成不同方向的小股气流。

一般来讲，城市园林植物群落的面积越大，群落层次越多，结构越复杂，则改善环境的作用越明显，对周围小气候的影响越大。据研究，城市园林植物群落改良气候能使人产生可感效果的最小规模是 0.51hm^2，因此，城市应该多营造一些相对复杂的园林植物群落，并使其广泛、均匀分布，这样对营造舒适的城市环境有很大的作用。

12.4 生态系统和生态平衡

在自然界中，生物的生存与周围环境发生着密切的关系。“生态系统(ecosystem)”一词是由英国植物生态学家 A. G. Tansley 在 1935 年首先提出的，强调的是有机体与环境不可分割的观点，把生物及非生物的环境看成是互相影响、彼此依存的统一体。生物从环境中获得必需的能量和物质以塑造自身，同时排出一定物质以改造环境。

所谓生态系统，是指在一定空间和时间范围内，生物和非生物成分通过能量流动、物质循环和信息传递而相互作用、相互依存所构成的具有一定结构和功能的生态复合体。即生态系统包括有生命的成分和无生命的成分。在自然界，只要在一定的空间内存在生物和非生物两种成分，且两种成分能互相作用达到某种功能上的稳定性，即便是暂时的，这个整体也可以视为一个生态系统。地球上有无数个大大小小的生态系统，大到整个海洋，整个陆地，小到一片森林、一块草地、一个池塘甚至一滴含藻类的水，都可以看成是生态系统。地球上最大的生态系统是生物圈。除了自然生态系统外，还有很多人工生态系统，如农田、果园等。

应该指出的是，不论是自然系统还是人工系统，都具有以下共同特征：

①生态系统是生态学研究的最高层次　在生态学研究中，研究层次宏观方向由低到高依次为个体有机体、种群、群落、生态系统，微观方向由低到高依次为原子核、原子、分子、个体有机体。

②生态系统内部具有一定的自我调节能力　通常来说，生态系统的结构越复杂，种的数目越多，自我调节能力就越强。但生态系统的自我调节能力是有限的，超过了这个限度，原系统将不复存在。

③生态系统具有物质循环、能量流动、信息传递三大功能　其中，物质循环是双向的，能量流动是单向的，传递的信息包括物理的、化学的和行为的信息等，它们构成了信息网。

④生态系统的营养级通常不超过 6 个　这是由于系统的生产者所固定的最大能量值和这些能量在流动过程中会以各种形式从原系统中损失掉造成的。

⑤生态系统是一个动态系统　任何一个生态系统的形成，都要经历一个由简单到复杂，不断发展、演变的过程。

12.4.1 生态系统的组成

生态系统的成分可分为两大类，即非生物环境和生物成分，其内部构成要素多种多样，但为了方便研究和分析，通常把这两大类分为4个基本组成成分，即生物成分根据其功能分为生产者、消费者、分解者，以及非生物环境即无机环境。

(1) 生产者

生产者指可以利用无机物制造有机物的自养生物，包括所有的绿色植物和利用化学能的细菌，主要指绿色植物，其是生态系统中最积极和最稳定的因素，是生态系统的核心，也是生态系统所需一切能量的基础。

(2) 消费者

消费者是指直接或间接利用绿色植物等有机物作为食物来源的异养生物，由各级动物和寄生性生物组成，它们以其他生物为食，自己不能生产食物，只能间接从植物获得能量。按其营养方式的不同又可将其分为3类：

①食草动物　直接以植物体为营养的动物，如食草性昆虫和食草性哺乳动物。食草动物可称为初级消费者或一级消费者。

②食肉动物　以食草动物为营养的动物。这类食肉动物可统称为次级消费者或二级消费者。

③大型食肉动物或顶级食肉动物　以食肉动物为主要食物的动物，这类消费者通常是生物群落中体型较大、性情凶猛的种类，如老虎、狮子、鲨鱼等，它们可进一步分为三级消费者、四级消费者。

消费者在生态系统中起着重要的作用，不仅对初级生产物起着加工再生产的作用，而且许多消费者对其他生物种群数量起着调控作用。

(3) 分解者

分解者又称为还原者，属于异养生物。主要指细菌、真菌和某些营腐生生活的原生动物和小型土壤动物，在生态系统的物质和能量流动中具有重要的意义。它们能把动、植物尸体的复杂有机物逐步分解为简单化合物或者无机元素，并回归到环境中，供生产者再利用。如果没有分解者，生态系统的物质循环将会停止。

(4) 非生物环境

非生物环境是生态系统中生物赖以生存的物质和能量的源泉，也是生物活动的场所，主要包括光、热量、水、空气、土壤、岩石等。也可以概括为驱动整个生态系统运转的能源和热量等气候因子、生物生长的基质和媒介、生物生长代谢的材料3个方面。

园林生态环境是园林生物群落存在的基础，园林生物群落是园林生态系统的核心，园林生态环境与园林生物群落相互联系、相互作用，共同构成园林生态系统。

12.4.2　生态系统的类型

由于气候、土壤、动植物区系不同，地球表面的生态系统也多种多样，目前尚无统一和完整的分类原则，常见的划分方法有以下几种。

(1) 按照形态特征和环境性质进行划分

按形态特征和环境性质划分，生态系统可分为水域生态系统和陆地生态系统两大类。水域生态系统根据水体的理化性质又可分为淡水生态系统和海洋生态系统；陆地生态系统根据植被类型和地貌又可分为森林、草原、荒漠、冻原等类型。

(2)按照人类对生态系统的干预程度进行划分

按人类对生态系统的影响程度划分，生态系统可分为自然生态系统、半自然生态系统和人工生态系统3类。

①自然生态系统　是未受到或仅受到轻度人类影响的生态系统。该类生态系统在一定空间和时间范围内，可依靠自我调节能力维持系统稳定，如原始森林、荒漠、冻原海洋等生态系统。

②半自然生态系统　在自然生态系统的基础上，通过人工调节管理，使其更好地为人类服务或满足人类一定需要的生态系统，如人工草场、农业生态系统等。它是介于自生态系统和人工生态系统之间的生态系统，又称为人工驯化生态系统。

③人工生态系统　是在自然生态系统的基础上，按人类的需求，完全由人类设计、建立起来并受人类活动强烈干预的生态系统，如城市、温室大棚等。

(3)按照构成生态系统的主要生物进行划分

生态系统还可按照主要生物成分分为植物生态系统、动物生态系统、微生物生态系统和人类生态系统等。

12.4.3　生态系统的功能

自然界中生命的存在完全依赖于生态系统的能量流动和物质循环，而二者的顺利进行和发展都要在信息传递的基础上才能完成。生态系统具有能量流动、物质循环和信息传递三大基本功能。

(1)生态系统的能量流动

生物有机体进行代谢、生长和繁殖都需要能量，一切生物所需要的能源归根到底都来自太阳能。太阳能通过植物的光合作用进入生态系统，植物将简单的无机物(二氧化碳和水)转变成复杂的有机物(如葡萄糖)的同时，将太阳能转化为贮存于有机物分子中的化学能。这种化学能以食物的形式沿着生态系统的食物链的各个环节(即各个营养级中)依次流动。在流动过程中，有一部分能量要被生物的呼吸作用消耗掉，这种消耗是以热能形式散失的；还有一部分能量则作为不能被利用的废物浪费掉。因此，各个营养级中的生物所能利用的能量是逐级减少的。可见，生态系统中的能量流动是单方向的，是不能一成不变地被反复循环利用的。生态系统中的能量流动沿着营养级的逐级上升而能量越来越少，这就造成前一个营养级的能量只够满足后一个营养级少数生物的需要。一般来说，每一级生物的能量仅有10%左右转移到下一级生物。

(2)生态系统的物质循环

生物有机体由40多种化学元素组成，它们均来自生态环境，被生产者利用而进入生物有机体内，构成生态系统中的生物个体和生物群落，并经由消费者、分解者再返回到生态环境中去，依此在生物圈内运转不息。其中，碳、氢、氧、氮、磷、硫是构成生命有机体的主要物质，约占原生质成分的97%，也是自然界中的主要元素。因此，这些物质的循环构成了生态系统基本的物质循环。目前研究较多的是水、碳、氮、氧、磷以及其他营养元素等最基本的物质循环。

(3)生态系统的信息传递

生态系统中的各个组成成分相互联系成为一个统一体，它们之间的联系除了能量流动和物质循环之外，还有一种非常重要的联系，那就是信息传递。生态系统的信息传递在调节生物群落与其生活环境之间、生物群落内各种群生物之间的关系上有重要意义。通过它可以把同一物种之间以及不同物种之间的“意愿”传达给对方，从而在客观上达到自己的目的。生态系统的信息包括营养信息、化学信息、物理信息和行为信息。

12.4.4 生态平衡的原理

生态系统平衡简称生态平衡，指生态系统在一定时间内结构与功能的相对稳定状态，其物质和能量的输入、输出接近相等，在外来干扰下能通过自我调控(或人为控制)恢复到原初稳定状态。

生态平衡是一种动态的相对平衡，维护生态平衡不只是保持其原初稳定状态。生态系统可以在人为有益的影响下建立新的平衡，达到更合理的结构、更优的功能和更高的生态效益。如建立自然保护区、把沙漠改造成绿洲。生态系统之所以能够保持一定的平衡状态，关键在于其具有自动调节的能力。

生态平衡是非常复杂的生态现象。判断一个生态系统是否平衡，可以着重从以下几个方面来进行衡量：

①生态系统中物质和能量的输入、输出相对稳定　当一个生态系统的物质循环和能量流动在长时间内保持稳态，就可以认为该生态系统是平衡的。

②在生态系统整体上，生产者、消费者、分解者构成完整的营养结构，生物的种类和数量相对稳定　生态平衡是群落内各物种之间相互作用的结果，物种数量趋于稳定的生态系统比物种数量波动的生态系统更加平衡。生态系统的平衡随着群落组分数量的增多而更加稳定，即多样性增加稳定性。

③生态系统之间协调，包括生物个体、种群乃至群落不同水平与环境的协调统一　也就是说，生态平衡就是生物与其环境之间的协调稳定状态。

12.4.5 生态失调的原因及对策

生态系统本身具有自动调节恢复的能力。生态系统的组成成分越多样，能量流动和物质循环的途径越复杂，这种调节能力就越强；反之，组成成分越单调，结构越简单，则调节能力就越小。然而，生态系统的自我调控能力是有限的，一旦外界因素的干扰超过生态系统的自我调节能力，生态平衡就会遭到破坏。当外来干扰超越了生态系统的自我调节能力而不能恢复到原初状态的现象，称为生态失调，也可以称为生态平衡的破坏。目前人们经常谈到的森林减少、沙漠扩大、草原退化、水土流失、气候恶化、自然灾害频繁、人口膨胀等都是生态平衡失调的表现。破坏生态平衡的因素有两个方面：

(1)人为因素

人为因素是造成生态失调的主要因素，主要指对资源的不合理开发利用造成的生态破坏，以及工、农业生产所带来的环境污染等。人为引起的生态平衡破坏主要有 3 种情况：

①生物种类成分的改变　在生态系统中引进一个新物种或某个主要成分的突然消失，可能给整个生态系统造成巨大的影响。

②森林和环境的破坏　如盲目开荒、滥砍森林、草原超载等。森林和植被是初级生产的承担者，森林、植被的破坏，不仅减少了固定太阳辐射的总能量，也将引起异养生物的大量死亡。

③环境破坏　如生产和生活产生大量的废气、废水、垃圾等造成环境污染，会使生态系统失调，生态平衡遭到破坏。

(2) 自然因素

自然因素主要指自然界发生的异常变化，或自然界本身就存在的对人类或生物有害的因素。如火山爆发、水旱灾害、地震、台风、流行病等自然灾害都会使生态平衡遭到破坏。这些自然因素对生态系统的破坏是严重的，甚至可使其彻底毁灭，并具有突发性的特点。

生态失调最终给人类带来不良的影响，失调越严重，人类的损失也就越大。生产中，应以生态学原理为依据，保护生态系统，预防生态失调。首先，自觉地调和人与自然的矛盾，以协调代替对立，实行利用和保护兼顾的策略。其原则是：收获量要小于净生产量；保护生态系统自身的调节机制；用养结合；实施生物能源的多级利用。其次，积极提高生态系统的抗干扰能力，建设高产、稳产的人工生态系统。最后，注意政府的干预和政策的调节。

12.5　城市园林生态系统

12.5.1　城市园林生态系统的概念

城市生态系统是人与自然、社会和经济等环境之间的相互影响和作用的复合生态系统，在人为调控和干预，以及与周围自然生态系统的紧密联系下，其结构和功能得以协调，进而保证其稳定性。城市生态系统主要以人为本，城市建设和规划都是在人类参与下进行。城市园林生态系统是以人与自然和谐为核心，利用生态学原理，研究植物群落与环境之间的关系，以及植物群落的组成、发展、特性及其相互作用，最终形成的有规律的人工生态系统。

12.5.2　城市园林生态系统的平衡

城市园林生态系统的平衡是指在自然发展或人工调控下，系统内各成分的结构和功能处于协调的动态平衡。主要表现为以下 3 种形式：

(1) 相对稳定状态

生态系统中各种园林植物和动物在数量和比例上保持相对稳定。生产者在生长过程中保持着系统的稳定。如植物园、风景区、树木园等较复杂的园林生态系统就属于这种类型。

(2) 动态稳定状态

生态系统内的生物数量随着环境的变化、人为的干扰或消费者的改变呈现上下波动。而系统会自我调节使之处于稳定状态。大多数粗放管理的简单园林绿地属于这种类型。

(3)"非平衡"的稳定状态

在一些结构简单、功能较小的园林绿地中，物质的输出与输入往往是不平衡的。要维持其平衡，必须由人类进行强烈干预，如草坪，需要人们进行及时的修剪管理才能维持其景观。

12.5.3 城市园林生态系统的失调

园林生态系统如果遭受过度的干扰或自然因素的侵袭，自身的调控能力下降，最后就会导致生态失调。造成城市园林生态系统失调的因素很多，主要包括以下两个方面：

(1)自然因素

地震、水灾、泥石流、干旱、病虫害等都会破坏生态平衡。这些因素往往是偶然的，持续时间短，一般通过人类的精细管理进行补偿，系统的平衡仍可继续。

(2)人为因素

人类是城市园林生态系统的建设者和决策者，城市建设中建筑物所占面积越来越大，导致园林植物资源越来越少，同时，盲目地引种可能造成生物入侵，这都对城市园林生态系统造成了威胁。此外，人类的恶意破坏、随意扔垃圾、捕获昆虫等行为会直接破坏园林生态系统。

12.5.4 城市园林生态系统的调控

我国植物资源极其丰富，新品种的选育及新物种的引进可增加园林植物种类，保证其较高的适应性及景观价值，同时也可以维持园林植物群落的稳定性。为了促进城市园林生态系统的平衡发展，可以对其周围的环境进行适当的调控，如整地、施肥、灌溉、人工降雨等。此外，可在一定的环境条件下进行适当的植物生态配置，形成稳定高效的植物群落。最后，还要大力宣传，提高公民的生态意识，使其真正意识到园林生态系统的重要性，才能主动参与到园林生态环境的建设中去，真正维持园林生态系统的平衡。

12.6 生态园林城市的建设

生态园林城市是在继承和发展传统园林经验的基础上，结合现代城市的发展特点，以可持续发展为建设目标，遵循生态学原理，以植物造景为主，利用不同植物种类在空间、时间和营养生态位上的差异来配置植物，建立多层次、多结构、多功能的景观，同时植物群体与环境协调，最终形成乔灌草结合、层次丰富、配置合理的复合植物生态群落，达到人与自然、生态美与艺术美的和谐统一。

12.6.1 生态园林城市的特征

生态园林城市与传统城市相比，具有以下特征：

(1)生态性

生态园林城市在加强园林绿化的基础上，更注重其生态性。这是由营造植物多样性到营造生物多样性的过程。它应用生态学与系统学原理来规划、建设城市，对城市性质、功能、发展目标定位准确，具有改善环境生态效应的功能，从而维护生态平衡，提高城市环境的舒适度。

(2)观赏性

生态园林城市包含生态园林，现代生态园林在强调生态效益的同时，也以美学理论做指导，营造绿色的自然美、生态美。这样的美与园林、园艺相结合，与建筑及其功能相映衬，会给人们以全新的感觉与享受。因此，生态园林城市具有独特的观赏性。

(3)持续性

生态园林城市是以可持续发展思想为指导的，它兼顾不同时间、空间，合理配置资源，公平地满足现代与后代在发展和环境方面的需要，不因眼前的利益而用掠夺的方式促进城市暂时的繁荣。因此，能够保证其发展的健康、持续、协调。

(4)整体性

生态园林城市不是单单追求环境优美或自身的繁荣，而是兼顾社会、经济和环境三者的整体效益，在整体协调的新秩序下寻求发展。生态园林城市建设不仅重视经济发展与生态环境协调，更注重人类生活质量的提高。

(5)区域性

城乡之间是相互联系、相互制约的，只有平衡协调发展的区域才有可能发展成平衡协调的生态城市。因此，生态园林城市是在区域平衡基础之上发展起来的，表现出明显的区域特征。

(6)和谐性

生态园林城市的和谐性，不仅反映在人与自然的关系上，更重要的是反映在人与人的关系上。生态园林城市不是一个用自然绿色点缀而僵死的人居环境，而是营造满足人类自身进化需求、文化气息浓郁、富有生机与活力的生态环境。文化是生态园林城市最重要的功能，文化个性和文化魅力是生态园林城市的灵魂。这种基于文化而产生的和谐性是生态园林城市的核心。

12.6.2 生态园林城市的建设原则

生态园林城市建设中，各类植物被因地制宜地配置在一个群落中，通过植物种群间的相互协调，充分利用资源(阳光、土地、养分等)，构成的一个和谐有序的、稳定的群落。因此，植物的合理配置与应用，直接影响生态园林城市的可持续发展。园林景观生态设计，从狭义层面来说，是以景观生态学的原理和方法设计景观，注重空间格局和空间过程之间的相互关系；而从广义层面上，指的是运用生态学原理和方法，对某一范围内的景观进行规划，注重的是对景观的生态设计。生态园林城市的具体构建原则有以下几点：

(1)生态性原则

依据生态学中生物多样性导致群落稳定性的原理，要使生态园林城市稳定，维持城市的生态平衡和可持续发展，就必须保证物种的多样性。物种的多样性不仅能反映群落中物种的丰富程度，也能反映群落的动态特点、稳定性水平以及自然环境条件与群落之间的相互关系。系统越复杂，各个种群对群落中总体时空、资源的利用就越趋向于互补而非竞争，因此这个群落也就更加稳定。在城市中，由于人为干扰和环境变化比较频繁，物种多样性可使园林植物群落具有更加完善的适应调整能力，这也是景观功能多样化的基础。

植物是生态园林城市绿化的骨干材料，应合理选择和培育具有城市地方特色的绿化树种。在选择所使用的植物种类时，应优先考虑长势良好的乡土树种(原产于当地或经过长期的驯化证明适合当地气候条件，具有较强的适应性、抗性的树种)为骨干物种，配合引入优良的、易于本地栽培的新品种或外来驯化品种，丰富群落景观的构成。此外，植物配置还要重视植物群落的多层次性，形成乔木、灌木、草本相结合，群落层次分明，物种丰富，艺术感染力强的群落结构，创造出一个生态稳定、宜居的城市环境。构建不同生态功能的植物群落，不仅可以有效发挥植物群落的景观效果和生态效果，而且丰富的物种种类形成了丰富多彩的景观，满足了人们不同的审美需求。

(2) 因地制宜原则

城市生态园林建设是以绿化植物为主体的生态系统建设。生态园林城市建设应根据当地独有的自然环境，注意适地适树、适景适树，切忌千篇一律的生态园林城市建设模式。适地适树指植物的特性要与立地条件(即种植地的气候特征、土壤理化性质、光照强度以及湿度等情况)相适应。园林植物的特性包括植株生态学特征(物候期、适应性)和植物学特征(株高、花色等)。

生态园林城市建设打破了传统城市园林建设的小范围的概念，它包括能起到调节生态环境作用的所有生物群落。除了城区，近、远郊区也都包含在系统之内。生态景观产生的诸如净化空气、美化环境、调节气候、保持水土等综合功能都应具有公共性，即其生态效益可以满足不同人群的需求，具有广泛的应用价值。

(3) 艺术性原则

观赏性是园林景观的基本功能之一。生态园林城市建设中，植物的使用不是简单的堆积，而是在仿照自然的基础上结合人类自身的条件，利用现代城市绿地系统规划、园林景观设计，结合植物配置原则，建立一个适合现代人类生活的宜居环境。生态园林城市注重城市空间、人、自然等城市构成要素之间的相互联系与配合，进而达到和谐统一，让使用者享受柔和、平静、舒适和愉悦的美感。景观生态的设计应强调艺术的表达和再现。通过科学的配置，建成人工植物群落，提高景观作品的美学价值和社会公益效益，突出其社会保健功能，为城市建设一个高层次的，集文化、休养、游览功能于一身的生态环境。

构建生态园林城市时，首先应明确园林绿化要表达的主题，根据主题选择适当的树种。确定一种或几种特定的乔木、灌木、花卉，进而形成一种独特的风格，继续延伸并扩大其内涵，最终形成一种文化与精神特征。如香山红叶、月季园等，都是以突出的植物主题形成独特的风格。另外，在规划布局中，还应考虑植株的整体一致性或高低错落性，从而呈现不同的景观效果。

12.6.3 生态园林城市的建设步骤

12.6.3.1 园林环境的生态调查

生态调查是建设生态园林城市的前提，一般需对园林环境中的地形与土壤、小气候、人工设施状况等因子展开调查，避免限制园林植物生存或园林景观成景的因素，科学地对园林环境进行预建设，进而保证园林生态系统的健康建设。

12.6.3.2 园林植物种类的选择与群落的设计

根据因地制宜的原则，选择合适的植物进行栽植，在此基础上适当增加引种植物。同时还要保证各植物之间的相互关系，避免出现颉颃现象。植物群落的设计要保证合理性和舒适性，既要保证与当地环境条件相适宜，又要满足功能的需求。如在居住区范围内，群落的设计应考虑到建筑密度大、人群多、面积小、土质差等特点，进而选择易生长、树冠大、耐旱耐湿、无毒无刺的乡土树种。

12.6.3.3 种植与养护

园林植物的种植方法最常见的是大树移植、苗木栽植及播种。大树移植能够很快成景，及时满足人们的观赏需求。但是这种种植方法成本高、风险大、技术要求高。苗木栽植是应用最广泛的种植方法，苗木的抗性较强、生长速度快。直接播种操作简单、成本低，但是生长期较长，难以迅速形成景观。

植物养护也是必不可少的一个环节，包括及时浇水、适时修剪、病虫害防治等。

自主学习资源

1. 园林植物生长发育与环境. 关继东，朱志民. 北京：科学出版社，2014.
2. 园林生态学. 冷平生. 北京：中国农业出版社，2010.
3. 植物生长与环境. 邹良栋. 北京：高等教育出版社，2012.

拓展提高

什么是生态位？

生态位(ecologieal niche)又称小生境，是一个物种所处的环境以及其本身生活习性的总称。每个物种都有其独特的生态位。生态位包括该物种觅食的地点、食物的种类和大小，还有其每日的和季节性的生物节律。

生态位接近的两个物种不能够长期共存，因此能够长期生活在一起的物种必然伴随生态位的分化。

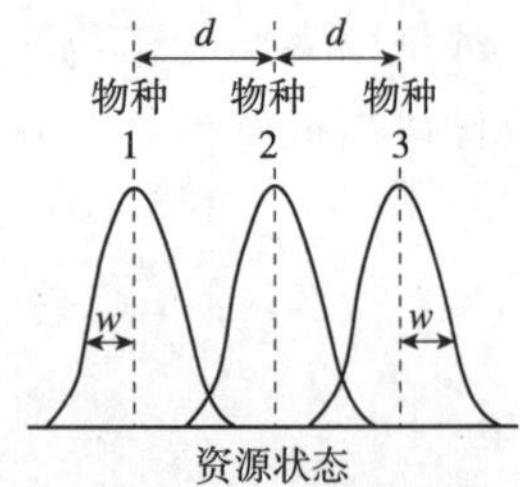

A.各物种生态位窄，相互重叠少

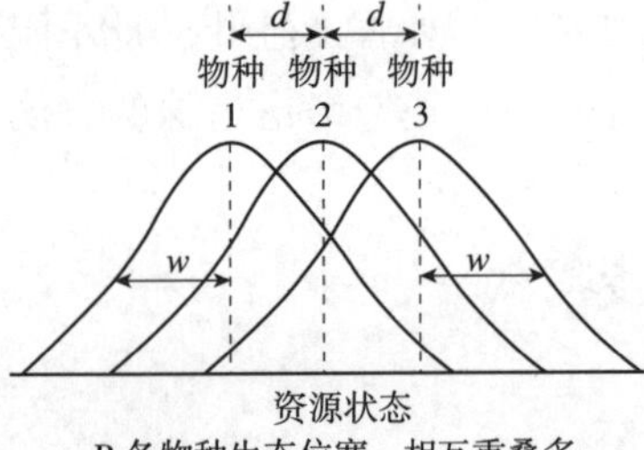

B.各物种生态位宽，相互重叠多

图 12-4 3 个共存物种的资源利用曲线(Begon，1986)

不同物种的生态位宽度不同。生态位宽度是指生物所能利用的各种资源的总和。图 12-4 为 3 个共存物种的资源利用曲线，即图 12-4 中的曲线分别表示 3 个物种的生态位。d 为平均分离度，即相邻两个物种在生态位最适点之间的距离；w 为变异度，即每一物种散布在最适点周围的宽度，用以表明种内的变异。d/w 值可用来描述相似性的极限。$d/w>1$ 时(图 12-4A)，种内竞争强度大于种间竞争强度，3 个物种可以共存；$d/w<1$ 时(图 12-4B)，种间竞争强度大于种内竞争强度，3 个物种不能共存。比较它们的资源利用曲线，就能分析生态位的重叠和分离状况，探讨竞争与进化的关系。如果物种的资源利用曲线完全分开，那么还有某些未被利用的资源。生态位越接近，重叠越多，种间竞争也就越激烈，按竞争排斥原理，将导致其中一个物种灭亡或生态位分离。总之，种内竞争促使两个物种生态位接近；种间竞争又促使两个竞争物种生态位分开。

两个物种的资源利用曲线不可能完全分开。分开只有在密度很低的情况下才会出现，而那时种间竞争几乎不存在。

明确这个概念，对正确认识物种在自然选择进化过程中的作用以及在运用生态位理论指导人工群落建立，特别是在园林植物的配置等方面都具有十分重要的意义。如在引种工作中，新引进的物种应与本地物种的生态位有一定差异($d/w>1$)，否则将发生激烈竞争而将新引进物种排挤掉。新引进物种的数量往往处于劣势，所以在竞争中容易失利，从生态位角度可以考虑以下几个方面：引入大量个体，以取得竞争胜利；引入适合当地“空生态位”的物种；引入种和当地物种之间生态位重叠极限符合 $d/w>1$ 的规律。

课后习题

一、单项选择题

1. 一个种群内不同年龄阶段的个体数量，幼年最多，老年最少，中年居中，这个种群的年龄结构型为(　　)。

A. 稳定型　　B. 增长型　　C. 衰退型　　D. 混合型

2. 种群平衡是指(　　)。

A. 种群的出生率和死亡率均为零

B. 种群数量在较长时期内维持在几乎同一水平

C. 种群迁入和迁出相等

D. 种群的出生率和死亡率相等

3. 从种群数量变动的角度来看，沿海的“赤潮”现象属于(　　)。

A. 周期性波动　　B. 种群爆发　　C. 不规则波动　　D. 季节性消长

4. 菌根属于(　　)现象。

A. 腐生　　B. 根连生　　C. 共生　　D. 寄生

5. 植物群落内温度的年较差和日较差比(　　)小。

A. 河流　　B. 高山　　C. 海洋　　D. 裸地

6. (　　)占优势是温暖、潮湿气候地区群落的特征，如热带雨林群落。

A. 1 年生植物　　B. 地上芽植物　　C. 地面芽植物　　D. 高位芽植物

7. (　　)占优势的群落，反映了该地区具有较长的严寒季节，如温带针叶林、落叶林群落。

A. 1 年生植物　　B. 地上芽植物　　C. 地面芽植物　　D. 高位芽植物

8.（　）是同一植物对不同环境条件趋异适应的结果，是种内分化定型过程。

A. 层片　　B. 生长型　　C. 生态型　　D. 生活型

9. 对群落的结构和群落环境的形成有明显控制作用的植物种称为（　）。

A. 亚优势种　　B. 伴生种　　C. 偶见种　　D. 优势种

10. 在复层群落中，通常居于下层，个体数量与作用都次于优势种，但在决定群落性质和控制群落环境方面仍起着一定作用的植物种类是（　）。

A. 亚优势种　　B. 伴生种　　C. 偶见种　　D. 优势种

11. 常绿阔叶林的分布区域是（　）。

A. 温带　　B. 热带　　C. 亚热带　　D. 寒温带

二、判断题

1. 种群是自然界中物种存在和物种进化的基本单位。（　）

2. 植物种群是植物个体的简单相加。（　）

3. 一般认为，种群的基本特征包括种群的数量特征、空间分布特征及遗传特征 3 个方面。（　）

4. 群落不是一个简单的植物集合体，而是一个有机整体，某一关键物种的消失常可带来整个群落的崩溃。（　）

5. 群落中种类成分的多少及每种个体的数量不是度量群落多样性的基础。（　）

6. 群落的结构不像有机体那样清晰，而是一种相对松散的结构形式。（　）

7. 1 年生植物占优势是干旱气候的荒漠和草原地区群落的特征，如东北温带草原。（　）

8. 相同的环境条件具有相似的生长型，是趋同适应的结果。（　）

三、问答题

1. 植物种群的基本特征有哪些？

2. 植物群落的基本特征有哪些？

3. 以所在的城市为例，说明城市生态系统存在的问题。

4. 举例说明生态系统的组成。

5. 简述平衡的生态系统的特点及破坏生态平衡的因素。

6. 如何理解生态位的概念？它在园林植物群落建植中有何指导意义？

模块 4

实践教学

学习目的

本模块通过一系列的实践教学安排，加深学生对理论知识的理解和掌握，提高学生实际动手操作的能力及分析问题、解决问题的能力，培养学生的创新精神和探索精神，提高学生的团队合作能力和沟通表达能力，使学生能够在园林植物栽培养护中合理利用所学理论知识，解决园林生产中的实际问题。

模块导入

本模块紧密结合企业生产实践，共设计 11 个实训项目，围绕园林植物栽培养护中的焦点问题提出解决方案，实现理论学习层次的提升。

实训 1　种子结构和幼苗的观察

【实验目的】

掌握各类种子的结构特点，能够区分胚乳和子叶、胚芽和胚根；了解幼苗的形态及类型。

【材料及用具】

放大镜、解剖镜、解剖针、镊子、刀片等；刺槐种子；刺槐种子萌发过程与幼苗类型浸制标本。

【方法及步骤】

(1)取刺槐等豆科植物的种子，可观察到在与果皮连接处具有明显的种脐。剥开种皮可看到两片黄白色的肥大子叶(它们是贮藏养料的地方)，然后剥开子叶，可看到子叶和胚连接的地方就是胚轴。在胚轴上端(两片子叶之间)是胚芽，下端是胚根。此类种子内没见到胚乳，这类种子是双子叶无胚乳种子。

(2)取刺槐种子的萌发过程与幼苗类型浸制标本进行观察，可见在种子萌发过程中，胚根首先由种孔突破种皮，发育成主根，并从主根上产生侧根，胚轴的延伸情况因植物种类的不同而不同。

刺槐在种子萌发过程中，胚轴延伸，使子叶伸出土面，形成子叶出土型幼苗。同时，还可见到由胚芽发育生出的真叶，其中初生叶为单叶，次生叶为 3~5 小叶的复叶，反映出了系统发育过程中的异形叶性。

【注意事项】

条件允许时最好连同土壤挖取自然生长的幼苗进行观察。

【作业与思考】

(1)绘制刺槐种子的结构图，并注明各部分的名称。

(2)将种子及幼苗观察内容填入表 1 中。

表 1　种子与幼苗形态观察记录

材料名称	种皮特征	种脐特征	种孔特征	有无胚乳	子叶特征和数目
1					
2					
3					
4					
…					

实训2　生长素溶液的配制及对根、芽生长的不同影响的观察

【实训目的】

掌握生长素溶液的配制方法；了解不同浓度的生长素对根、茎生长的作用。

【材料及用具】

培养皿、移液管、米尺、恒温箱；10mg/L萘乙酸溶液、蒸馏水、滤纸；植物种子。

【方法及步骤】

(1)取干净培养皿7套，依次编号。在1号培养皿内加入10mg/L萘乙酸溶液10mL，在2~7号培养皿内各加蒸馏水9mL。然后从1号培养皿内用移液管吸取1mL的10mg/L萘乙酸溶液放进2号培养皿内混合均匀，即配制成1mg/L萘乙酸溶液。再从2号培养皿内吸取1mL的1mg/L萘乙酸溶液加入3号培养皿内，混合均匀配成0.1mg/L萘乙酸溶液。在4号、5号、6号3个培养皿内如法配制成0.01mg/L、0.001mg/L和0.0001mg/L 6种不同浓度的萘乙酸溶液。最后从6号培养皿中吸取1mL溶液弃掉，使每套培养皿中的溶液都为9mL；7号培养皿中不加萘乙酸溶液，作为对照。

(2)在每套培养皿中各放入洁净的滤纸一张。另选取饱满充实、大小一致的种子140粒，在每个培养皿中各放20粒。然后盖好培养皿，放入30℃恒温箱中培养。

(3)10d后检查各培养皿中幼苗的生长情况，测定不同处理中已发芽的种苗的平均根数、平均根长和平均芽长，将结果计入表2中。

表2　不同浓度萘乙酸对种子根、芽生长的影响

测定项目	1号	2号	3号	4号	5号	6号	7号
萘乙酸溶液浓度(mg/L)	10	1	0.1	0.01	0.001	0.0001	0(对照)
平均根数							
平均芽长(cm)							
平均根长(cm)							

【作业与思考】

(1)编写实验报告。

(2)分析不同浓度生长素对实验结果的影响。

实训3　土壤样品的采集与制备

【实验目的】

为了解土壤资源情况，除在实地进行土壤剖面形态的观察外，还需要采集土壤样品标本或分析样品，以便进行各项理化性质的测定。

【仪器及用具】

土钻、土刀、铁锹、锄头、土袋、土盒、标签、卷尺、环刀、橡皮、研钵、纸袋、木盘、木槌、镊子、广口瓶、土壤筛一套、牛皮纸等。

【内容与方法】

1. 样品分类

(1)根据是否保持土壤的原有结构分类。

①扰动型样品：不要求保持土壤的原有结构，适用于大部分测定项目。

②原状土样品：要求最大限度地保持土壤原有结构，适用于土壤物理性状和某些化学性质的测定。

(2)根据采样点数分类。

①单点样品：每个样品只采一个点，包括扰动型样品和原状土样品，多用于环境方面的研究。

②混合样品：由若干相邻近样点的样品混合而成，只适于采集扰动型样品，常用于农田和田间试验的田块。

2. 土壤采样

(1)采样点的选择。样点应根据地形和土壤的利用方式(草坪、树林)确定，尽量做到具备代表性。确定样点后，在每个样点内进行采样。

(2)取样方法。根据地块的大小取样。取样点控制在10~15点，把各取样点的土混合在一起，成为一个土壤样品。土壤取样方法见图1。

(3)取样深度。草坪土壤调查为0~20cm深的土壤，灌木林或者树林调查为20~40cm深的土壤。为了不破坏植被，可采用土钻取样。

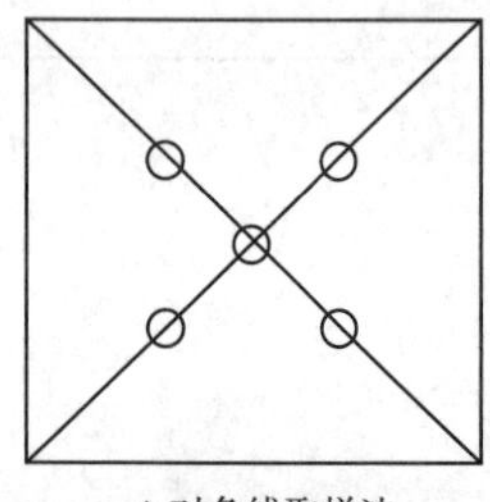

A.对角线取样法

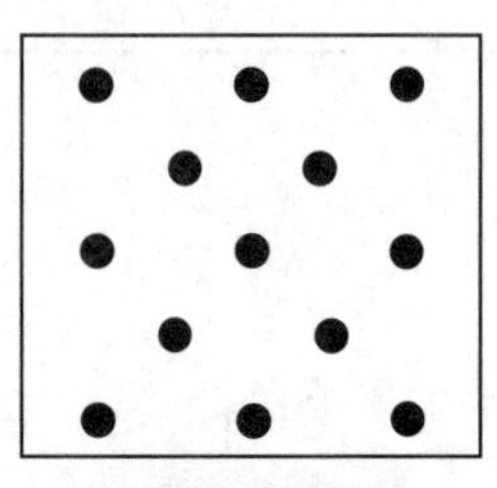

B.棋盘式取样法

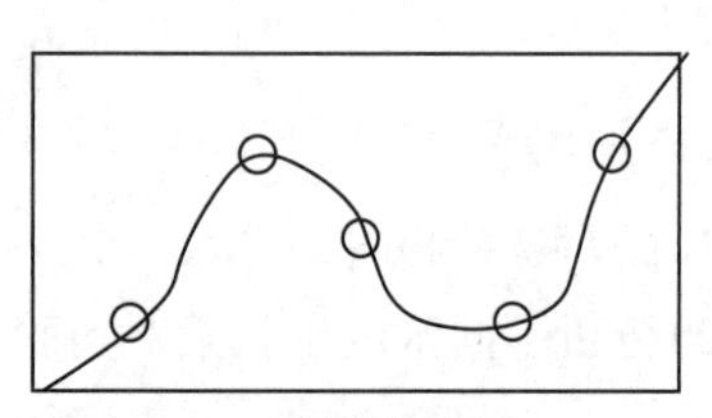

C.蛇形取样法

图1　土壤取样方法

(4)混合土壤样品的取舍。采用蛇形取样法取10~15个点，混合后成为一个土壤样本。但是由于多点取样，土壤的量很大，可采用四分法将土壤减量。具体方法是：将采集的土壤样品弄碎，去除石块、植物大的根系等，充分混合并铺成四方形，划分对角线将其分成4份，取其中对角的两份，弃另外两份。如果所得的土壤样品仍然很多，可重复进行，最后将土壤样品控制在1kg左右。土壤样品袋可以选用干净结实的塑料袋。同时填写好土壤调查表以及做好标签收入土壤中。如果土壤很湿，在外部也要放一个标签，可以用记号笔写在塑料袋上。

(5)土壤样品的保管。将采集回来的土壤样品放在干燥无污染的地方，打开塑料袋口通风干燥。防止标签或字体丢失，防止其他杂物混入。

3. 土样的制备

野外采集的样品，往往含有很多杂质，且土壤颗粒大多集结成块，所以样品必须制备、分离成不同粒级，满足不同分析需要，操作程序如下。

(1)将样品倒在干净的木盘或致密的纸上，铺成一薄层。上盖一张纸以防灰尘落入。然后放入通风良好，没有氨气、水汽的屋内，让其自然风干。待水分适合，用手把土碾碎，尽可能把石砾、植物粗根拣出(如数量多则需称量记录)。

(2)将风干样品铺平，用四分法取500g，用木槌碾碎，过3mm筛，将大于3mm的石块称量求百分含量。

(3)小于1mm的土粒再过毫米筛，待所有非杂质的土壤全部通过。将1~3mm的土粒称量求百分含量。

(4)从小于1mm的土中用牛角匙取5g，用研体研细。待其全部通过0.25mm筛孔，放入袋内，留作测定有机质用。

(5)将小于1mm的土粒充分混匀后，装入塑料袋或250mL的广口瓶中塞紧备用，并写明标签。

【注意事项】

(1)有大量样品时，必须编号设立样品总账，然后放在干燥和避光的地方，按一定的顺序摆放。

(2)样品登记时，需把采样地点、采样人、处理日期等加以记载，以便查阅。

(3)样品需长时间保存时，标签最好用不褪色的黑墨水填写，并在上面涂上薄层石蜡。

【作业与思考】

(1)编写实验报告。

(2)采集一个代表性混合土样有哪些要求？应该注意哪些问题？

实训4 土壤含水量的测定

【实验目的】

了解土壤水分含量的意义；掌握测定土壤含水量的方法。

【仪器及用具】

铝盒、蒸发皿、分析天平、干燥器、电热鼓风干燥箱、坩埚钳、量筒、火柴、小刀、石棉网、胶头滴管、玻璃棒；95%酒精。

【方法及步骤】

1. 风干土样吸湿水的测定(烘干法)

(1)原理。将土样在105℃±2℃条件下烘干至恒重，风干土样的吸湿水从土粒表面蒸发，而不破坏结构水，由烘干前后质量之差，计算出土壤水分含量百分数。

(2)操作步骤(记录表见表3)。

①在分析天平上称取有编号的带盖空铝盒的质量，记为W_1。

②称取风干土样5g左右，均匀平铺在铝盒中，总质量记为W_2。

③将盒盖打开放在盒底，一起放入烘箱中，在105℃±2℃条件下烘8h。

④用坩埚钳取出铝盒及盖，放入干燥器中冷却至室温，称量。再烘2h，冷却，称至恒重(前后两次称量之差不大于3mg)，记为W_3。

(3)结果计算。

$$土壤吸湿水量=\frac{风干土质量-烘干土质量}{烘干土质量}\times 100\% =\frac{W_2-W_3}{W_3-W_1}\times 100\%$$

表3 风干土样吸湿水量测定结果

土壤编号：________________　　测定方法：________________

重复	铝盒号	铝盒重 W_1(g)	铝盒+风干土重 W_2(g)	铝盒+烘干土重 W_3(g)	土壤水分(%)	平均
1						
2						
3						

2. 自然含水量的测定(酒精燃烧法)

(1)原理。利用酒精在土壤中燃烧放出的热量，使土壤水分迅速蒸发干燥。由于高温阶段时间很短，样品中有机质和盐分流失甚微。由燃烧前后质量之差计算出土壤含水量。

(2)操作步骤(记录表见表4)。

①称量干燥的空蒸发皿质量(精确到0.01g)，记为W_1。

②称取10g(精确到0.01g)自然湿土放入蒸发皿中，总质量记为W_2。

③将蒸发皿放在石棉网上，向蒸发皿中加入10mL酒精，使土壤被酒精饱和，点燃酒精。酒精即将燃尽时用玻璃棒搅动，使之受热均匀燃尽。

④冷却至室温后，再加入3~5mL酒精，点燃，进行第二次燃烧。重复2~3次可达恒重。冷却后称量，记为W_3。

(3)结果计算。

$$土壤自然含水量=\frac{湿土质量-干土质量}{干土质量}\times100\%=\frac{W_2-W_3}{W_3-W_1}\times100\%$$

表4　土壤自然含水量测定结果

土壤编号：________________　　测定方法：________________

重复	蒸发皿号	蒸发皿重 W_1(g)	蒸发皿+湿土重 W_2(g)	蒸发皿+干土重 W_3(g)	土壤水分 (%)	平均
1						
2						
3						

3. 野外测定法

眼看、手捏土壤，根据土壤颜色及湿润程度、湿后变形情况，将土壤湿度划分为5级，测定标准见表5所列，测定结果填于表6中。

表5　野外土壤的含水量测定标准

质地	干(干土)	稍润(灰墒)	润(黄墒)	潮(褐墒)	湿(黑墒)
砂土类	无湿的感觉，土块可成单粒，水分含量<5%	稍有凉意，土块一触即散，水分含量为5%~10%	土块发凉，手捏成团。滚动不易散，扔之易碎。水分含量10%~15%	手捏成团，扔之成大块，手中可留下湿痕，土色发褐，水分含量15%~20%	手捏有渍水现象，可勉强成球或条，土色暗黑，水分含量20%~25%
壤土类	无湿的感觉，水分含量5%左右	稍有凉意，呈现半湿半干之灰色，水分含量10%左右	土块发凉，手捏可捏成薄片，扔之易碎，土色发黄，水分含量15%左右	有可塑性，能成球或条，土色发褐，水分含量25%左右	较黏手，可成团，扔之不碎，土色暗黑，水分含量30%
黏土类	无湿的感觉，水分含量5%~10%	稍有凉意，将土块用力捏碎，手指感到痛，水分含量10%~15%	土块发凉，手捏可捏成薄片，水分含量15%~20%	有可塑性，能成球或条，但有裂纹，土色发褐，水分含量25%~30%	黏手，可捏成很好的球和条，无裂缝，土色暗黑，水分含量35%左右

表6 野外测定不同质地土壤的含水量记录

土壤名称	质地	鉴定地墒情与含水量	备注

【注意事项】

(1)酒精燃烧法需要进行3次平行测定，取其算术平均值，保留一位小数，其平行差值不得大于1%。

(2)测定本身的误差取决于所用的天平的精确度和取样的代表性。

(3)称烘干重时，要先把铝盒置于干燥器中30min左右，冷却至室温再称量。

(4)酒精燃烧法测土壤含水量时，一定要重复燃烧3次，至室温后再称量。

(5)酒精为易燃危险品，整个操作过程要注意用火安全。

【作业与思考】

(1)编写实验报告。

(2)土壤含水量受哪些因素影响?

实训5　土壤质地的测定（目测指感法）

【实训目的】

目测指感法是以手对土壤的感觉为主，结合视觉和听觉来确定土壤质地的类型。本法简便易行，熟练后也相当准确，尤其适合野外工作要求。通过实训，掌握目测指感法测定土壤质地的技能。

【材料及用品】

砂土、壤土、黏土等待测土壤样品，水。

【内容与方法】

目测指感法有干测和湿测两种方法，可相互补充，其中以湿测为主，判断标准见表7所列。

表7　卡庆斯基土壤质地分类目测指感法质地判断标准

质地名称	肉眼观察	干测法		湿测法		
		手指搓土面	手指压土块	湿时搓成土球（直径1cm）	湿时搓成土条（直径约3mm）	湿时压成薄片
砂土	几乎全是砂粒	感觉全是砂粒，搓土面时沙沙作响	不成土块，为松散的单粒	不能搓成球，强搓成，一触即碎	搓不成条	压不成片
砂壤土	以沙为主，有少量细土	感觉主要是砂粒，稍有土的感觉，搓时有沙沙声	土块用手轻压或抛在铁锹上很容易散碎	可以搓成球，轻压即碎	可搓成条，但易断	可成片，片面很不平整，易碎
轻壤土	沙多，细土20%～30%	感觉有较多的黏质颗粒，搓时仍有沙沙声	用手压碎土块需相当于压断一根火柴棒的力	可以搓成球，压扁时边缘裂缝多而大	可成条，用手轻轻提起即断	可成片，片面较平整，边缘有裂口
中壤土	还可看到砂粒	感觉砂粒大致相当，有面粉状感觉	用手较难压碎干土块	搓成球压扁时边缘有小裂缝	可成条，弯成直径2cm的圆时易断	可成片，片面平整，边缘有小裂口
重壤土	几乎见不到砂粒	感觉不到砂粒的存在，土面细腻平滑	用手很难压碎干土块	可搓成球，压扁时边缘有很小裂缝	可成条及弯成圆环，将圆环压扁时有裂缝	可成片，片面平整，有弱反光，边缘无裂口
黏土	看不到砂粒	用手难以磨成粉面，土面细	用手压不碎干土块，锤击也不会成粉末	搓成球，球面有光泽，压扁后边缘无裂缝	可成条及弯成圆环，圆环压扁时无裂缝	可成片，片面平整，有强反光

1. 干测法

取玉米粒大小的干土块，先放在手掌中研磨，然后夹在拇指和食指间，用力使之破碎，并在手指间摩擦，根据指压时间大小和摩擦时的感觉来判断。

2. 湿测法

取小块土壤样品(比算盘珠略大些)，用手指捏碎，拣掉土壤样品内的细砾、新生体和侵入体等，加入适量水(土壤充分湿润，以挤不出水为宜，手感为似黏手又不黏手)，调匀，放在手掌心用手指来回揉搓，按搓成球、成条(直径 2~3mm)、成环(直径 2~3cm)的顺序进行，最后将环压扁成土片，观察各个环节的状况并加以综合判断。

【注意事项】

(1)目测指感法测定土壤质地时要重复几次，技术熟练，结果才会正确。

(2)湿测法测定中，加水量是一个关键，要适量，用手搓时要使水分均匀，否则会影响测定结果。

(3)湿测法中土条的粗细和圆环的直径大小直接影响结果的准确度，必须严格按规定进行。

【作业与思考】

有关测定数据全部记录到表 8 中。

表 8 目测手感法结果记录

土壤编号	测定特征		质地定名
	干测法	湿测法	

实训6　土壤酸碱度的测定

【实验目的】

了解土壤酸碱度的测定原理，初步学会用电位法测定土壤酸碱度，用简易比色法对土壤溶液的 pH 进行快速测定。

【材料及用品】

1. 实训备品

25 型酸度计、pH 玻璃电极、甘汞电极、高型烧杯、量筒、天平、磁力搅拌器、洗瓶、滤纸、白瓷比色盘、玛瑙研钵、比色卡片、玻璃棒等。

2. 药品及试剂配制

（1）pH 4~10 混合指示剂。称取麝香草酚蓝 0.025g、甲基红 0.065g、溴麝香草酚蓝 0.400g、酚酞 0.250g，溶于 400mL 中性酒精中，使之溶解，加入适量蒸馏水，用 0.1mol/L 氢氧化钠调至黄绿色，最后加入蒸馏水至 1000mL。该指示剂变色范围见表 9 所列。

表 9　pH 4~10 指示剂变色范围

pH	4.0	5.0	6.0	7.0	8.0	9.0	10.0
颜色	红	橙	黄	黄绿	青绿	蓝	紫

（2）pH 4~8 混合指示剂。称取溴甲酚绿、溴甲酚紫、甲酚红各 0.25g，放在玛瑙研钵中，加入 15mL 0.1mol/L 氢氧化钠和 5mL 蒸馏水，共同研磨，再用蒸馏水稀释至 1000mL。此指示剂变色范围见表 10 所列。

表 10　pH 4~8 指示剂变色范围

pH	4.0	4.5	5.0	5.5	6.0	6.5	7.0	8.0
颜色	黄	绿黄	黄绿	草绿	灰绿	灰蓝	蓝紫	紫

（3）pH 7~9 混合指示剂。称取甲酚红、麝香草酚蓝各 0.25g，放于玛瑙研钵中，加入 0.1mol/L 氢氧化钠 11.9mL，共同研磨，待完全溶解后再用蒸馏水稀释至 1000mL。其变色范围见表 11 所列。

表 11　pH 7~9 指示剂变色范围

pH	7.0	7.5	8.0	8.5	9.0
颜色	黄	橙	橙红	红紫	紫

以上 3 种混合指示剂宜贮于塑料瓶或茶色试剂瓶中。贮存期内若发现颜色改变，用稀酸或稀碱溶液调至原色。

(4)pH 4.01标准缓冲液。称取经过105℃烘2~3h的苯二甲酸氢钾($KHC_8H_4O_4$，分析纯)10.21g，用蒸馏水溶解后定容至1000mL，即pH为4.01、浓度为0.05mol/L的苯二甲酸氢钾溶液，必要时加百里酚防腐剂一小粒。

(5)pH 6.87标准缓冲液。称取经过120℃烘干的磷酸二氢钾(KH_2PO_4，分析纯)3.39g和无水磷酸氢二钠(Na_2HPO_4，分析纯)3.53g，溶于蒸馏水中，定容至1000mL，必要时加百里酚防腐剂一小粒。

(6)pH 9.18标准缓冲液。称取3.80g硼砂($Na_2B_4O_7 \cdot H_2O$，分析纯)，溶于蒸馏水后定容至1000mL，必要时加百里酚防腐剂一小粒。

(7)1mol/L氯化钾溶液。称取化学纯氯化钾(KCl)74.6g溶于400mL蒸馏水中，用10%氢氧化钾和盐酸调至pH 5.5~6.0，然后稀释至1000mL。

【内容与方法】

1. 酸度计(电位计)测定法

(1)测定原理。用水浸提液或中性盐浸提液(KCl)提取土壤中H^+或交换性氢、铝离子所交换出的H^+，以pH玻璃电极为指示电极，甘汞电极为参比电极，测定该溶液的电位差。由于参比电极的电位是固定的，因而电位差的大小取决于试液中的氢离子浓度，在酸度计上可直接读出pH。

(2)测定步骤。

①土壤水浸提液pH(活性酸)的测定：称取通过1mm筛孔的风干土样25.00g，置于50mL高型烧杯中，用量筒加入无CO_2的蒸馏水25mL，放入磁力搅拌器(或用玻璃棒)搅拌1min，使土壤充分分散，静止0.5h，此时要防止空气中氨或挥发性酸等影响。

将悬液放于电极架的托板上，先将pH玻璃电极的球泡插入下部悬液中，轻轻摇动以除去球泡表面的水膜，使电极电位达到平衡，再把饱和的甘汞电极插入上部清液中，再度轻摇烧杯，使电位平衡。按下读数开关，读取pH。

②土壤氯化钾浸提液pH(潜性酸)的测定：对酸性土壤，当水浸提液pH低于7时才有意义。其测量方法除将1mol/L氯化钾溶液代替无CO_2蒸馏水外，其余操作步骤与水浸提液相同。

附：25型酸度计的使用方法

(1)准备。

①电源前，检查电表指针是否在零位(pH 7处)，若不在零位，调至零位。

②接通电源，打开电源开关，指示灯即亮，预热30min左右，使仪器稳定。

③将玻璃电极的胶帽夹在电极的小夹子上，插头插入孔内，用螺钉固定。把甘汞电极的胶帽夹在大夹内。将线接在接线柱上。

(2)校正。

①把pH-mV开关旋至pH位置。

②将适量标准缓冲溶液注入烧杯，放在电极夹托板上，将电极浸入溶液中，轻轻摇动烧杯。

③将温度补偿器旋钮扳到标准溶液的温度位置上。

④把量程选择开关旋在标准溶液的pH范围之内(0~7或7~14)。

⑤旋动零点调节旋钮，使指针指于pH 7处。

⑥按下读数开关并锁住，旋转定位调节器旋钮，使指针指向缓冲溶液pH处。放开读数开关，指针应回到pH 7处，若不在pH 7处，用零点调节器调节；再按下读数开关，指针应指向缓冲溶液pH处，否则用定位调节器调节。重复该操作，直至放开读数开关时指针回pH 7处，按下读数开关时指针指在缓冲溶液pH位置时止，校正即告结束。测定过程中不再旋动定位器和零点调节器旋钮。

(3)测定。

①取出电极，用蒸馏水冲洗，用滤纸吸干。将待测液杯放在托板上，将电极插入待测液中。

②若待测液温度与标准溶液温度不同，旋转温度补偿器旋钮至待测液温度位置上。

③按下读数开关，表针所指处即待测液的pH。

④若指针摆动超出表度尺左端，放开读数开关，将量程选择开关调换位置，将表针调至pH 7处，再按下读数开关，读取待测液pH。

每组同学称两份样品，用酸度计测定法进行电位测定，并将实验结果填入表12。

表12 土壤pH测定结果

处理	H_2O浸提液	KCl浸提液(mol/L)
1		
2		
平均值		

2. 综合指示剂比色法

(1)测定原理。利用指示剂在不同的溶液中显示不同颜色的特性，根据指示剂显示的颜色确定土壤pH。

(2)测定步骤。

①取黄豆大小的土壤样品，置于白瓷比色盘穴中，加入指示剂3~5滴，以能湿润样品而稍有余为度。

②用玻璃棒充分搅拌，稍澄清，倾斜瓷盘或引入另一小穴中，观察溶液颜色，确定pH。

每位同学取两份样品进行混合指示剂比色，速测，并将实验结果填入表13。

表13 土壤pH测定结果

样品名称	pH

【注意事项】

用酸度计测定土壤 pH 时应注意以下事项。

(1)水土比的影响。一般土壤的悬液越稀，测得 pH 越高，此现象称为稀释效应。国际土壤学会曾规定 2.5∶1 为准。为了能相互比较，接近真实值，采用的水土比例是酸性土壤为 1∶1 或 2.5∶1，碱性土壤为 1∶1。

(2)用玻璃电极时，要注意以下几点。

①干放的电极使用前需用蒸馏水或稀盐酸溶液(0.1mol/L HCl)浸泡 12~24h 使之活化，但长期浸泡会因玻璃溶解而使功能减退。

②使用时应先轻轻震动电极，使球体部分无气泡。

③玻璃电极表面不能沾有油污，忌用浓硫酸或铬酸清洗玻璃电极表面。

(3)使用饱和甘汞电极时，要注意以下几点。

①发现电极内无氯化钾晶体时，应从侧口投入一些氧化钾晶体，以保持溶液的饱和状态。

②使用甘汞电极时，要将电极侧口的小橡皮塞拔下，保证氯化钾溶液维持一定的流速。

③甘汞电极不用时，可插入饱和氯化钾溶液中或前端用橡皮塞套套紧存放于纸盒中，不宜长时间浸在待测液中，以防流出的氯化钾污染待测液。

【作业与思考】

(1)编写实习报告，要求文字精练，实验过程叙述清楚，结果准确且有分析。

(2)比色法和电位法测土壤 pH 在精度上有何差别?

实训7 土壤有机质含量的测定(重铬酸钾法)

【实验目的】

土壤有机质是决定土壤肥力的物质基础，它对调节土壤水分、营养、气体、热量和刺激植物生长等都有重要的作用。土壤有机质含量是判断土壤肥力的重要依据，测定其含量是土壤分析中的主要项目之一。通过实训，了解土壤有机质测定的原理，掌握土壤有机质测定的方法和操作技能。

【材料及用品】

电子天平、远红外消煮器、硬质试管、移液管、牛角勺、锥形瓶、烧杯、酸式滴定管及滴定管架；蒸馏水、0.8mol/L 重铬酸钾标准溶液、0.2mol/L 硫酸亚铁溶液、邻啡罗啉指示剂、硫酸等。

【实验原理】

土壤有机质含量一般是通过测定土壤有机碳的量，再按土壤有机质平均含碳量为58%来进行概算的(将测得的土壤有机碳量乘以1.724)。在外加热条件下，用一定量的标准重铬酸钾浓硫酸溶液氧化土壤中的有机碳，剩余的重铬酸钾用硫酸亚铁溶液滴定还原，根据所消耗的重铬酸钾量计算有机碳的含量，再乘以常数1.724，即为土壤有机质含量。其氧化和滴定过程化学反应如下：

$$2K_2Cr_2O_7+8H_2SO_4+3C \longrightarrow 2K_2SO_4+2Cr_2(SO_4)_3+3CO_2+8H_2O$$

$$K_2Cr_2O_7+6FeSO_4+7H_2SO_4 \longrightarrow K_2SO_4+Cr_2(SO_4)_3+3Fe_2(SO_4)_3+7H_2O$$

【实验步骤】

(1)准确称取通过0.25mm孔径的风干土样0.100~0.500g，放入干燥的硬质试管中，用移液管准确加入重铬酸钾浓硫酸混合液10mL，小心摇匀。

(2)先将远红外消煮器的石蜡浴箱升温至185~190℃，在试管口加盖小漏斗，将所有试管同时插入浴箱加热，温度控制在170~180℃。自试管内大量出现气泡时开始计时，保持沸腾5min，取出冷却。

(3)冷却后将试管内容物洗入250mL锥形瓶中，使锥形瓶内总体积达60~80mL，加入邻菲啰啉指示剂3~5滴，用标准的0.2mol/L硫酸亚铁滴定，溶液颜色由橙黄(或黄绿色)经绿色、灰绿色突变为棕红色为终点，记录硫酸亚铁用量 V。

(4)在测定样品的同时，必须做两个空白试验，取其平均值为 V_0。空白试验可用纯沙或烧灼土壤代替土样，其余步骤同上。

【结果计算】

$$土壤有机质含量=\frac{(V_0-V)\cdot M\times0.003\times1.724\times1.1}{W}\times100\%$$

式中，V_0 为空白试验消耗硫酸亚铁体积(mL)；V 为土样消耗硫酸亚铁体积(mL)；M

为硫酸亚铁溶液的物质的量浓度(mol/L)；0.003 为 1/4 碳原子的毫摩尔质量(g)；1.724 为由土壤有机碳换算成有机质的平均换算系数；1.1 为校正系数；W 为烘干土质量(g)。

测定结果填入表 14 中。

表 14　土壤有机质测定结果

重复	风干土重(g)	烘干土重(g)	V(mL)	V_0(mL)	有机质(%)	平均
1						
2						
3						

【注意事项】

(1)有机质含量高于 5%者，可称土样 0.1g；有机质含量为 2%~3%者，可称土样 0.3g；含量少于 2%者，可称土样 0.5g。

(2)该法所测有机质含量，一般只为实际含量的 90%，因此，必须乘以校正系数 1.1。

(3)消煮好的溶液颜色一般应是黄色或黄中稍带绿色，如果以绿色为主，则说明重铬酸钾用量不足。在滴定时，消耗的硫酸亚铁量小于空白用量的 1/3 时，有氧化不完全的可能，应弃去重做。

【作业与思考】

(1)编写实验报告，要求数据齐全，计算结果正确。

(2)简述滴定时溶液的变色过程，并说明其理由。

实训8　溶液培养与缺素症观察

【实训目的】

了解营养液的配制和溶液培养的方法，学会观察植物的缺素症。

【材料及用品】

每组配备：容量约1L的带有木塞或泡沫塑料塞的广口瓶8个，镊子1把，移液管5mL 10支、1mL 12支，量筒1个，烧杯1个，培养皿1套，容量瓶11个；打气球1个，橡胶管1条，记号笔1支，棉花、标签纸、黑色蜡光纸适量；精度为0.1mg的分析天平1架(公用)、光照培养箱1台(公用)；1%升汞溶液、各种矿质盐(详见营养液的配制)、蒸馏水、1mol/L NaOH溶液、1mol/L HCl溶液；刺槐等植物的种子。

【内容与方法】

1. 幼苗培育

选取健康、饱满的刺槐种子，在温水中浸泡24~36h后捞出，用清水冲洗后以1%升汞溶液消毒5min，取出后用自来水冲洗3~5次，再用蒸馏水冲洗2次，然后放在铺有湿滤纸的培养皿中，置于培养箱中，温度控制在25℃左右。待幼根长出后播种到洁净、湿润的石英砂中，放在光照培养箱中培养，温度控制在20℃左右为宜。经常检查并加适量蒸馏水以保持湿润。待叶片展开后可适当浇一些稀释4倍的完全培养液。当幼苗长出2片真叶、根长到5~7cm时，选择大小一致、生长健壮的幼苗，移植到各水培皿中培养。

2. 营养液的配制

按表15配制原液。

表15　营养原液配方

序号	药品名称	浓度(g/L)	序号	药品名称	浓度(g/L)
1	$Ca(NO_3)_2 \cdot 4H_2O$	236	9	Na_2SO_4	21
2	KNO_3	102		EDTA-Na_2	7.45
3	$MgSO_4 \cdot 7H_2O$	98		$FeSO_4 \cdot 7H_2O$	5.57
4	KH_2PO_4	27	10	H_3BO_3	2.86
5	K_2SO_4	88		$MnCl_2 \cdot 4H_2O$	1.81
6	$CaCl_2$	111		$CuSO_4 \cdot 7H_2O$	0.08
7	NaH_2PO_4	24	11	$ZnSO_4 \cdot 7H_2O$	0.22
8	$NaNO_3$	170		$H_2MoO_4 \cdot 7H_2O$	0.09

配好以上原液后，再按表16配成完全培养液和缺乏某种元素的培养液，注意移液管不可混用。

以上各种溶液取好后，再用蒸馏水稀释至1000mL，分别倒入水培皿中，并在液面处做一记号。

表 16　试验培养液类型　　mL

培养液类型	1号	2号	3号	4号	5号	6号	7号	8号	9号	10号	11号
完全	5	5	5	5	—	—	—	—	—	5	1
缺 N	—	—	5	5	5	5	—	—	—	5	1
缺 P	5	5	5	—	1	—	—	—	—	5	1
缺 K	5	—	5	—	—	—	5	5	—	5	1
缺 Ca	—	5	5	5	—	—	—	5	—	5	1
缺 Mg	5	5	—	5	—	—	—	—	5	5	1
缺 Fe	5	5	5	5	—	—	—	—	—	—	1
全缺	蒸馏水										

3. 植物移植与培养

取出幼苗后，用蒸馏水将根系冲洗干净，用少量棉花把茎包好，固定在水培皿塞孔中，再把根浸在培养液中。移植时注意勿伤根系。水培皿塞孔上插入一支玻璃管至水培皿底部，以便每日打气和补充水分。水培皿要用内黑外白的蜡光纸包好。每一水培皿可培养 1~3 株植物，放在日光充足且温暖的地方，也可放在 20~30℃的光照培养箱中，培养期间注意每天用打气球向溶液中打气，以供给根部充足的氧气。用 NaOH 或 HCl 溶液调整溶液的 pH，使之保持在 5.5~6.0，还要补充蒸馏水至溶液原来的标记位置。培养液先是两周更换一次，1 个月后改为每周一次，最后隔 3~4d 更换一次，具体根据植株大小和气候情况而定。每两天观察一次，记录根、茎、叶的生长发育情况，注意记录缺乏必需元素时幼苗所表现的症状及最先出现症状的部位，并利用检索表(表 17)鉴定症状，把培养结果填入表 18。

表 17　植物营养元素缺乏症检索表

1. 初期症状表现在基部老叶上

　2. 叶片均匀失绿

　　3. 老叶呈黄绿或紫红色，新叶小而淡绿，枝硬化变细 ………………………… 缺氮

　　3. 枝叶灰绿，叶缘发紫，叶柄和叶脉呈紫色，新梢变细 ………………………… 缺磷

　2. 叶片脉间失绿

　　3. 由中部叶片向两端黄化，叶尖和边缘焦枯，新梢细 ………………………… 缺钾

　　3. 由基部叶片向上，叶脉间出现黄褐色斑，叶尖和叶基部仍保持绿色，茎细弱 ………… 缺镁

1. 初期症状表现在顶端幼叶上

　2. 顶芽枯死，叶片失绿

　　3. 叶小，茎、叶软弱，在枝顶直立簇生

　　　4. 主脉两侧失绿呈花斑，叶缘波浪形，左右不对称，叶小质脆，在枝顶直立簇生 ………… 缺锌

　　　4. 叶脉黄化，叶肉仍绿，进而叶肉黄化，叶厚脆易折断，枝顶小叶簇生 ………… 缺硼

　　3. 叶小，茎、叶软弱，呈杯状内卷，从叶尖和叶缘向后死亡 ………………………… 缺钙

　2. 顶芽仍活，叶片失绿

　　3. 幼叶萎缩失绿，有不规则坏死斑，叶簇生丛状枝 ………………………… 缺铜

　　　4. 叶片有坏死斑

　　　　5. 脉间失绿渐至主脉间，坏死小斑脱落穿孔 ………………………… 缺锰

5. 黄绿斑点散布全叶但不脱落，叶缘卷曲，枯死 …… 缺钼

4. 叶片无坏死斑

5. 脉间先失绿，后全叶黄化变白 …… 缺铁

5. 叶脉先失绿，后全叶黄化 …… 缺硫

表 18　不同培养液培养后植株生长表现

培养液种类	植株的外部表现			
	整个植株的外表	根	茎	叶
完全				
缺 N				
缺 P				
缺 K				
缺 Ca				
缺 Mg				
缺 Fe				
全缺				

【注意事项】

培养植物需 1.5~2 个月，应及早着手准备；打气、补充水分、更换培养液时尽量勿碰触植物；观察时勿触摸植物，以防枝折、伤根和叶片脱落。

【作业与思考】

每人独立完成书面实训报告一份，说明 6 种营养元素的缺素症在植物根、茎、叶上的表现。

实训9　园艺设施小气候观测

【实训目的】

通过对温室大棚内温度、湿度、光照等进行观测，进一步了解温室大棚的小气候特征及变化规律，学会小气候的观测方法和仪器使用方法。

【材料及用品】

(1)设施。所用设施为温室大棚。

(2)仪器。

①光照测定：总辐射表、光量子仪(测光合有效辐射)、照度计。

②空气温度、湿度测定：通风干湿表、干湿球温度表、遥测通风干湿球温度表、最高最低温度表(最好用自动记录的温湿度表)。

③土温测定：曲管地温表(5cm、10cm、15cm、20cm)或热敏电阻地温表。

④气流速度测定：热球或电动风速表。

⑤二氧化碳浓度测定：便携式红外 CO_2 分析仪。

【内容与方法】

设施内小气候包括温度(气温和地温)、空气湿度、光照、气流速度和二氧化碳浓度，是在特定的设施内形成的。本实训主要测定温室大棚内各个气候要素(包括温度、空气湿度、光照、气流速度和二氧化碳浓度)的分布特点、气流速度和日变化特征。由于同一设施内的不同位置、栽培植物状况和天气条件不同，各小气候要素也有所不同，所以应多点测定，而且应选择典型的晴天和阴天进行日变化特征观测。但是，根据仪器设备等条件，可适当增减测定点的数量和每天测定次数、测定项目。

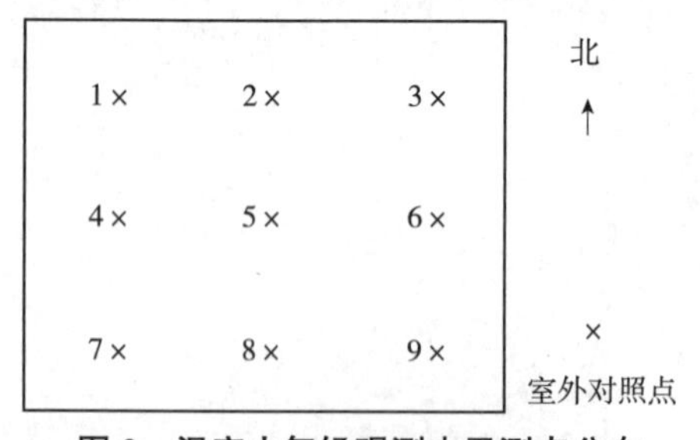

图2　温室小气候观测水平测点分布

1. 观测点

水平测点，视温室或塑料大棚的大小而定，如一个面积为300~600m^2的日光温室可布置9个测点(图2)，其中5点位于温室中央，称为中央测点，其余各测点以5点为中心均匀分布。与中央测点相对应，在室外可设置一个对照点。

垂直测点，测点高度以设施高度、植物生长状况、设施内气象要素垂直分布状况而定。在无植物时，可设20cm、50cm、150cm 3个高度；有植物时，可设定植物冠层上方20cm和植物层内1~3个高度。室外为150cm高度。土壤中应包括地面和地下根系活动层若干深度，设10cm、20cm、40cm等几个深度。

光照强度、CO_2 浓度、空气温度和湿度、土壤温度测定可按上述测点布置，若人力、物力不允许，可减少测点，但中央测点必须保留；而总辐射、光合有效辐射和风速测定，则一般只在中央测点进行。

2. 观测时间

要选择典型的晴天或阴天进行观测。

一天中每隔2h测一次温度(气温和地温)、空气湿度、气流速度和二氧化碳浓度，一般在20:00、22:00、0:00、2:00、4:00、6:00、8:00、12:00、14:00、16:00、18:00共测11次，但设施揭帘前后最好各测一次。总辐射、光合有效辐射、光照强度在揭帘以后、盖帘之前时段内每隔1h测一次，总辐射和光合有效辐射要在正午时再加测一次。

3. 观测值

视人力、物力可采取定点流动观测或线路观测方法。每组测一个项目，按每个水平测点顺序往返两次，在同一点上自上而下再自下而上进行往返两次观测，取两次观测平均值。在某一点按光照→空气温度、湿度→CO_2浓度→风→土壤温度的顺序进行观测。

【注意事项】

(1)测定前先画好结果记录表。

(2)测量仪器放置要远离加温设备。

(3)仪器安装好以后必须校正和预测一次，没问题后再进行正式测定。

(4)测定时必须按气象观测要求进行，如温度、湿度表一定要有防辐射罩，光照仪必须保持水平，不能与太阳光垂直，要防止水滴直接落到测量仪器上等。

(5)测完后一定要校对数据，发现错误及时更正。

【作业与思考】

将一天连续观测的结果，按测点分别填入汇总表和单要素统计表，并绘制成各要素的日变化图、水平分布图(等值线图)和垂直分布图。根据获得的数据和绘制成的图表，分析温室大棚小气候要素的时间、空间分布特点及形成的可能原因。

实训10　常见化肥的简易识别与鉴定

【实训目的】

(1)能够准确地识别常见化肥。

(2)能够掌握化肥的简易鉴定方法。

【材料及用品】

(1)用品。试管、试管架、量筒、漏斗、牛角匙、玻璃棒、试管夹、铁皮小勺、酒精灯；红色石蕊试纸、广泛 pH 试纸(pH 1~14)；肥料样本(每种肥料有专用角匙)。

(2)药品及试剂配制。

①钼酸铵溶液：称 7g 钼酸铵溶于 100mL 氨水(6mol/L)中，用蒸馏水稀释至 100mL。

②亚硝酸钴钠溶液：称 35g 亚硝酸钴钠溶解于 1000mL 蒸馏水中。

③稀盐酸溶液：取浓盐酸(相对密度 1.84)42mL，放入约 400mL 蒸馏水中，加蒸馏水稀释至 500mL，配制成约 1mol/L 的稀盐酸溶液。

④二苯胺试剂：1g 二苯胺溶于 100mL 浓硫酸(相对密度 1.84，分析纯)中。

⑤浓硝酸(相对密度 1.42)、稀硝酸(1∶2)、2%柠檬酸、10%硝酸银溶液、10%氯化钠溶液、10%硫酸钡、10%氢氧化钠、醋酸、碱面。

【内容与方法】

1. 物理鉴定方法

根据各种化肥的物理特征(颜色、气味、结晶与否、结晶形状、相对密度、吸湿性、溶解性等)区分不同的化肥(图 3)。

(1)外形观察。大部分氮肥(石灰氮除外)和钾肥是结晶体，如碳酸氢铵、硝酸铵、硫酸铵、尿素、氯化铵、氯化钾、硫酸钾、钾镁肥、磷酸二氢钾等。而大多数磷肥呈粉末状，如过磷酸钙、磷矿粉、钢渣磷肥、钙镁磷肥和石灰氮等。

(2)气味。一般大多数肥料无气味，而几种肥料有特殊气味，如具有氨臭味的碳酸氢铵，具有电石臭味的石灰氮，有刺鼻酸味的过磷酸钙。

(3)吸湿性和水溶性。取肥料半小匙(1~2g)于试管中，然后加 10~15mL 蒸馏水，充分摇匀，观察其溶解情况。

吸湿性：吸湿性强的，如硝酸盐肥料；吸湿性中等的，如过磷酸钙。

水溶性：易溶于水的(1/2 以上溶解的)，如硫酸铵、硝酸铵、尿素、氯化铵、硝酸钠、氯化钾、硫酸钾、硫酸铵等。微溶于水的(溶解部分不到 1/2 的)，如过磷酸钙、重过磷酸钙、硝酸铵钙等。难溶于水的，如钙镁磷肥、沉淀磷酸钙、钢渣磷肥、脱氟磷肥、磷矿粉和石灰氮等。

(4)烧灼现象。利用自制的铁皮小勺，取化肥少许，在酒精灯火焰上烧灼，仔细观察其现象：

①逐渐熔化并出现沸腾状，冒白烟，可闻到氨味，有黄色残烬，是硫酸铵。

②可燃烧，熔化，发烟，有氨味，水溶液呈碱性者，是碳酸氢铵。

③迅速熔化时冒白烟，有氨味者，是尿素。

④不易熔化，白烟甚浓，且闻到氨味和盐酸味的，是氯化铵。

⑤边熔化，边燃烧发亮，冒白烟，有氨味的，是硝酸铵。

⑥不燃烧，有跳动或爆炸声，无氨味者，是硫酸钾或氯化钾。

⑦燃烧并出现黄色火焰者，是硝酸钠；燃烧出现紫色火焰者，是硝酸钾；燃烧出现砖红色火焰者，为硝酸钙。磷肥、钙肥不起变化。

2. 化学鉴定方法

(1)氮肥的鉴定(图 3)。

①铵态氮肥的鉴定：用牛角勺取化肥试样少许，放在一只手的手心中，再取一小勺碱面与手心中的肥料混合，然后用另一只手的大拇指和食指揉搓，闻味，有氨味的为铵态氮肥。

取铵态氮肥试样 0.5g 放入试管中，加蒸馏水 10mL，使其溶解，以备下面鉴定：

取铵态氮肥试样溶液 2mL 于小试管中，加入二苯胺试剂 2~4 滴，若溶液变成蓝色，为硝酸铵。

取铵态氮肥试样溶液 2mL 于小试管中，加入 10%的氯化钡试剂 3~4 滴，产生白色沉淀，加少许稀盐酸也不溶解的，是硫酸铵。

取铵态氮肥试样溶液 2mL 于小试管中，加入稀盐酸数滴，产生气泡的，为碳酸氢铵。

取铵态氮肥试样溶液 2mL 于小试管中，加入数滴 10%的硝酸银溶液，产生白色沉淀，即使加入少许稀硝酸也不溶解的，是氯化铵。

②尿素肥料的鉴定：取一小勺试样于试管中，加水 2mL，溶解后加浓硝酸 15 滴，混合后静止，有白色结晶的，为尿素。

③硝态氮肥的鉴定：取一小勺试样放入小试管中，加二苯胺试剂 2~4 滴，若溶液变为蓝色，为硝态氮肥。

(2)磷肥的鉴定。取磷肥试样 0.5g 于试管中，加蒸馏水 10mL，微加热后过滤。取溶液 2mL 于试管中，加稀硝酸(1∶2)10~15 滴、钼酸铵溶液 1mL，加热，搅拌，如果有黄色沉淀析出，则为水溶性磷肥；如果无黄色沉淀析出，则为非水溶性磷肥。

取非水溶性磷肥试样 0.5g 于试管中，加 2%的柠檬酸溶液 10mL，微加热后过滤，取溶液 2mL 于试管中，加稀硝酸(1∶2) 10~15 滴、钼酸铵溶液 1mL，加热，搅拌，如果有黄色沉淀析出，则为弱酸水溶性磷肥；如果无黄色沉淀析出，则为难溶性磷肥。

(3)钾肥的鉴定。取肥料试样 1g 于试管中，加 5mL 蒸馏水溶解。取肥料试样溶液 2mL 于试管中，加 10%氢氧化钠 2mL，加热煮沸去氨后冷却，加醋酸酸化，加亚硝酸钴钠试剂 3~5 滴，静置 2min，产生黄色沉淀的，是钾肥。

取钾肥试样溶液 2mL 于试管中，加 10%的氯化钡溶液 3~4 滴，产生白色沉淀，加稀盐酸不溶解的，是硫酸钾。

取钾肥试样溶液 2mL 于试管中，加 10%的硝酸银溶液 3~5 滴，产生白色沉淀，加稀盐酸不溶解的，是氯化钾。

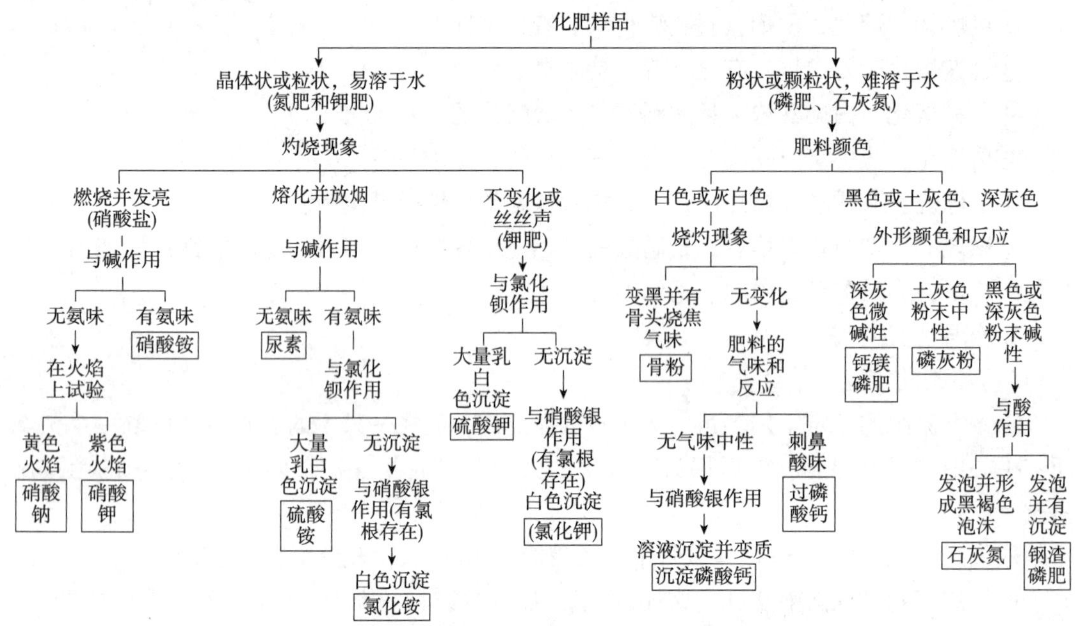

图 3 化学肥料的系统鉴定(关继东，2013)

【注意事项】

所有操作仪器使用前后，都要清洗干净；严格执行操作规范，以免烧伤或吸入有害气体。

【作业与思考】

(1)每人鉴定 3~4 个未知化肥样品，按化学肥料的系统鉴定程序(图 3)和常用化学肥料的简易识别方法(表 19)定性鉴定。

(2)独立完成书面实验报告，要求文字精练，实验过程叙述清楚，结果准确且有分析。

表 19 常用化学肥料的简易识别方法

外形	气味	加石灰揉搓	灼烧、吸湿性、溶解等情况	名称
结晶状	有氨臭	有氨臭	不熔化，不发火燃烧，但缓慢分解挥发，无残留物，有氨臭	碳酸铵
			熔化，发火燃烧，无残留物，有氨臭。易吸湿结块	硝酸铵
			熔化，不发火燃烧，无残留物，有氨臭。不易吸湿结块	硫酸铵
			不熔化，不发火燃烧，无残留物，有氨臭及刺鼻臭。不易吸湿结块	氯化铵
		无氨臭	熔化，有氨臭，无残留物	尿素
			不熔化，无氨臭，有爆裂现象，有残留	氯化钾
			不熔化，无氨臭，有爆裂现象，有残留	硫酸钾
粒状	无氨臭	有氨臭	发火燃烧，有氨臭。易吸湿。与盐酸作用有气泡发生	硝酸铵钙
			不发火燃烧，有氨臭。不易吸湿。与盐酸作用无气泡发生	磷酸铵
粉状	有酸味	无氨臭	易吸湿结块。入水沉淀。投入碳酸钠溶液有气泡发生	过磷酸钙
	无气味	无氨臭	不易吸湿结块。入水沉淀。水溶液呈碱性	钙镁磷肥
			不易吸湿结块。入水沉淀。水溶液呈中性	磷矿粉
	有腥味	无氨臭	不易吸湿结块。入水漂浮。水溶液呈碱性	石灰氮

实训 11　园林植物群落结构特征调查

【实训目的】

(1)掌握园林植物群落的综合评价方法。

(2)进一步加深对各园林植物群结构特点、种类组成特征、分布规律及结构与种间相互关系的认识。

(3)提高生态野外调查的实践能力，同时提升在园林植物配置应用的生态学构建能力。

【实训场所】

郊区天然植物群落分布处、市区公园绿地、行道绿化带等。

【材料及用具】

记录板、记录表、海拔仪、皮尺、测高器、围尺、罗盘仪、测杆、测绳、计算器、标签、塑料袋等。

【方法及步骤】

1. 勘查

按照一定线路行进，初步观察确定被调查城市植物群落分布的大体状况，选出能代表当地一般情况的调查地段或调查片区。对该地段或片区情况进行描述和记载，主要项目有：调查地段或片区所处该城市中心标志性建筑物的方位(包括经、纬度)、海拔高度、地形地貌以及土壤状况等。记载的目的是供材料分析时参考。在勘查的基础上选择样地，如果群落内部分布和结构都比较均一，则采用少数样地；如果群落结构复杂且变化较大、植物分布不规则，则应提高取样数目。取样方法包括有样地取样(指有规定面积的取样，如样方法、样线法)、无样地取样(指不规定面积的取样，如点四分法)。采用各种取样方法调查时要填写相应调查表(表 20 至表 24)。

表 20　样地概况调查记录

样地编号________　样地面积和形状________　群落名称________　地形________

海拔________m　坡向________　坡度________　坡位________

小气候特征________　土壤状况________　调查日期________　调查人________

表 21　乔木层调查

总覆盖度________　各层高度：Ⅰ层________m；Ⅱ层________m　分布状况________

序号	植物名称	层次	株数	高度(m)	胸径(cm)	盖度(%)	密度(株/hm^2)	频度(%)	生活型	郁闭度
1										
2										
3										
…										

注：起测胸径为 4cm，4cm 以下作为幼树。

表 22　灌木层调查

总覆盖度________　　各层高度：Ⅰ层________m；Ⅱ层________m　　分布状况________

序号	植物名称	层次	株数	多度	盖度（%）	平均高度（m）	优势年龄	分布状况	生活型	物候	备注
1											
2											
3											
…											

注：①多度分为极多、很多、多、较多、尚多、稀少、单株；②盖度用某种植物覆盖林地面积的百分率来表示，可分为75%以上、50%~75%、25%~50%、5%~25%、5%以下。

表 23　草本层调查

总覆盖度__________　　平均高度__________m　　分布状况__________

序号	植物名称	多度	盖度(%)	平均高度(m)	分布状况	生活型	物候	备注
1								
2								
3								
…								

表 24　层间植物调查

序号	植物名称	多度	生长方式	着生树种及部位	分布状况	生活型	物候	备注
1								
2								
3								
…								

2. 样方法

样方法也称为最小面积调查法。在一块样地上选定样点，将指南针放在样点的中心，水平向正北0°、东北45°、正东90°引方向线，量取相应的长度。则四点可构成所需大小的样方。

(1)样方的范围。选择具有代表性的小面积统计植物种类数目，并逐渐向外围扩大。

(2)记录方法。以面积大小为 x 轴，以种数为 y 轴，填入每次扩大面积后所调查的数值，并连成平滑曲线。曲线上由陡变缓之处相对应的面积就是群落的最小面积。

(3)植物群落调查所用的最适样方大小。乔木层惯用样方大小为(10×10)~(40×50)m^2，灌木层为(4×4)~(10×10)m^2，草本层为(1×1)~(3×3.3)m^2。

(4)样方数目。乔木2个，灌木3个，草本5个。

(5)记载内容。样方内的乔木应记载每株树(胸径4cm以上)树高(目测)、胸径、冠幅、第一活枝高和生长状况等；记载每种植物的名称(不能确定名称的，采集标本)、株数、平均高度、生长状况和分布状况等。

3. 样线法

(1)样线的设置。主观选定一块代表地段，并在该地段的一侧设一条线(基线)。然后沿基线用随机或系统取样选出待测点(起点)。沿起点分别布线进行调查。

(2)样线的长度和取样数目。草本，6 条 10m 样线；灌木，10 条 30m 样线；乔木，10 条 50m 样线。

(3)样线的记录。记录样线两侧 0.5m 范围内每种植物的个体数(N)。

4. 点四分法(中心点四分法、中点象限法)

在所要调查的林分中，用测绳或皮尺在群落中设置若干条平行线，在线上每隔 5m 或 10m 设点(或进行随机布点)。在每个点上用木杆做垂线，划分为 4 个象限，在每个象限中找距点最近的一株树，记载树种名称，测定点到树的距离、树的胸径、树高(目测)和冠幅。共计测定 20 个点，记录数据。

5. 城区行道树调查

(1)行道树布局和生长状况。主要调查并记录树木种群名称、树间距、树高(目测)、胸径和冠幅。

(2)行道树生存状况。主要调查并记录是否有刀伤、刻痕、铁丝、绳索捆绑或是否受油腻生活污水及酸碱性污水侵袭。

6. 内业计算

对群落中的相关参数进行计算。

(1)多度。表示一个种在群落中的个体数目，常用目测估计法确定。

$$相对多度=(某种植物的个体数/同一生活型植物的个体总数)\times 100\%$$

(2)密度。指单位面积上的植物株数，用公式表示：

$$d=N/S$$

式中：d 为密度；N 为样地内某种植物的个体数目；S 为样地面积。

(3)盖度与显著度。盖度是指植物地上部分垂直投影面积占样地面积的百分比，即投影盖度。乔木的投影盖度称为显著度。盖度反映了植物在群落中占的空间大小，是群落结构的一个重要指标。

$$相对显著度=\frac{某个种的盖度}{全部种的盖度}\times 100\%$$

(4)频度。指某物种在调查范围内出现的频率，是表示物种分布均匀状况的指标。频度越大，种群个体的水平分布越均匀。频度大小常用包含该种个体出现的样方数占全部样方数的百分比表示。

$$频度=某物种出现的样方数/样方总数\times 100\%$$

(5)树胸径。指树木胸高直径，即距地面大约 1.3m 处的树干直径。乔木须测定此项指标，一般以 10cm 分级为宜，如 0~10cm、10~20cm……可用卷尺测量圆周值换算直径。

(6)优势种和建群种。根据以上调查数据进行计算，利用重要值确定各层的优势种和群落的建群种。重要值是植物的密度、频度和盖度的综合指标，某个种的重要值越大，在群落中越重要。

重要值=相对密度+相对频度+相对盖度

相对密度=某一种的株数/全部种的株数之和×100%

相对频度=某一种的频度/全部种的频度之和×100%

相对盖度=某一种的盖度/全部种的盖度之和×100%

【注意事项】

在调查群落结构特征时，遇到下列现象时进行仔细观察，并对所观察的现象进行描述、分析：寄生、共生、根连生、依存、附生、缠绕、绞杀、树干挤压、树冠摩擦、化感作用、竞争等。

【作业与思考】

(1) 整理表格，确定所调查群落各层的优势种，并分析优势种。

(2) 比较人工植物群落和天然植物群落结构的异同。

(3) 对所观察到的植物种间关系按观察顺序进行详细描述、说明、分析。

参 考 文 献

Taiz Lincoln，Zeiger Eduardo，2009. 植物生理学[M]. 4 版. 宋纯鹏，等译. 北京：科学出版社.
关继东，向民，王世昌，2013. 园林植物生长发育与环境[M]. 北京：中国林业出版社.
关继东，朱志民，2014. 园林植物生长发育与环境[M]. 北京：科学出版社.
黄昌勇，2000. 土壤学[M]. 北京：中国农业出版社.
贾东坡，冯林剑，2015. 植物与植物生理[M]. 重庆：重庆大学出版社.
金雅琴，张祖荣，2012. 园林植物栽培学[M]. 上海：上海交通大学出版社.
冷平生，2010. 园林生态学[M]. 北京：中国农业出版社.
李合生，2006. 现代植物生理学[M]. 2 版. 北京：高等教育出版社.
李明扬，2006. 植物学[M]. 北京：中国林业出版社.
李扬汉，1982. 植物学(上、下册)[M]. 北京：高等教育出版社.
刘常富，陈伟，2003. 园林生态学[M]. 北京：中国农业出版社.
陆时万，吴国芳，等，2003. 植物学(上、下册)[M]. 2 版. 北京：高等教育出版社.
潘瑞炽，2004. 植物生理学[M]. 北京：高等教育出版社.
王三根，2003. 植物生长调节剂与施用方法[M]. 北京：金盾出版社.
王忠，2009. 植物生理学[M]. 2 版. 北京：中国农业出版社.
魏岩，2003. 园林植物栽培与养护[M]. 北京：中国科学技术出版社.
谢德体，2015. 土壤肥料学[M]. 北京：中国林业出版社.
许玉凤，曲波，2008. 植物学[M]. 北京：中国农业大学出版社.
严贤春，2013. 园林植物栽培养护[M]. 北京：中国农业出版社.
杨继，等，2000. 植物生物学[M]. 北京：高等教育出版社.
姚家玲，2017. 植物学实验[M]. 北京：高等教育出版社.
张立军，梁宗锁，2007. 植物生理学[M]. 北京：科学出版社.
周云龙，1999. 植物生物学[M]. 北京：高等教育出版社.
邹良栋，2012. 植物生长与环境[M]. 北京：高等教育出版社.